困ったときの
有機化学

第2版

上

D.R.クライン 著

竹内敬人・山口和夫 訳

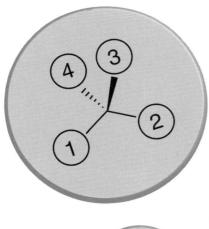

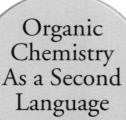

Organic
Chemistry
As a Second
Language

First Semester Topics

化学同人

Organic Chemistry As a Second Language
First Semester Topics

Fourth Edition

Dr. David R. Klein

Johns Hopkins University

Copyright © 2017, 2012, 2006, 2005 John Wiley & Sons, Inc. All rights reserved.
This translation published under license with the original publisher John Wiley & Sons, Inc.
through Japan UNI Agency, Inc., Tokyo.

はじめに

有機化学は本当に暗記科目なのだろうか

　有機化学は，みんなが言うように本当に難しいのだろうか．答えはイエスでもありノーでもある．難しい，なぜなら簡単な科目より有機化学の勉強のほうが時間がかかるから．そんなことはない，なぜなら難しいと言っている人はあまり勉強していないから．みんなに聞いてみると，有機化学は暗記科目だと思っている学生が多い．そんなことはない！　彼らはいままで，有機化学が大学で一番難しい科目だと間違った噂を流していたのだ．成績の悪い自分たちを納得させるために．

　暗記科目でないなら，何だろう．この質問に答えるため，有機化学を映画にたとえる．刻々と変わる映画の場面を思い浮かべよう．映画館でそんな作品を見始めたら，話がわからなくならないよう，1 秒たりともおろそかにできない．映画が終わるまでトイレも我慢するだろう．そのはずだ．

　有機化学もまったく同じである．それは一つの長い話だけれども，集中すれば筋を追っていける．話はどんどん進むけれども，みんなつながっている．でも集中していないと，すぐにわからなくなってしまう．

　同じ映画を 5 回以上見てセリフを逐一言える人を，君も一人くらいは知っているだろう．その人はどうしてそんなことができるのだろうか．映画を覚えようとしているわけではない．初めて映画を見たときは，その筋を知る．2 度見た後は，それぞれの場面が映画の筋に必要であることがわかる．3 回目には，それぞれの会話がその場面に必要であることがわかる．そして 4 回目には，多くのセリフをそらんじているだろう．セリフを覚えようとがんばったことはないだろう．話の主題に関係するから，そのセリフを覚えるのだ．君が映画の台本をわたされて，10 時間でできるだけ覚えなさいと言われても，おそらくそれほど覚えられないだろう．かわりに 10 時間部屋にこもり，その映画を 5 回繰り返し見たら，覚えようとしなくても，その映画の多くをそらんじられるだろう．すべての人の名前，場面の順番，そしてセリフの多くも覚えているだろう．

　有機化学もまったく同じである．暗記ではない．話をつくり上げる筋，場面，それぞれの考え方を理解することである．もちろん，用語はすべて覚える必要があるけれども，繰り返し練習すれば，その用語にも慣れるだろう．次に，この本の話の筋を簡単に紹介しよう．

この本の筋書き

　前半は化学反応にたどり着くまでの話である．つまり，反応を理解するために，分子の性質について学ぶ．まず原子，分子の構成要素を，ついでそれらが結びついて結合をつくるときに何が起こるかを見る．特定の原子間の特別な結合に焦点を絞り，分子の形や安定性に結合の性質がどうかかわっているかを知る．そして，分子について議論するための用語が必要になり，分子を書いたり名

— iii —

iv ◎　はじめに

づけたりする方法を学ぶ．分子が空間をどのように動き回るかを知り，似たような分子の関係を探っていく．この時点で，分子の重要な性質を知り，化学反応を調べるための知識が身につくことになる．

　後半では化学反応を取り上げる．カテゴリーに基づいて，いくつかの章に分けられている．各章は，全体の流れに沿った筋書きで進められる．

この本の性格

　この本は，君が効率よく有機化学を学習し，時間を浪費しないように助けてくれる．この本は，有機化学の筋書きにおける主要な場面を指摘する．重要な原理を復習し，それらがどうして有機化学で重要になるかを説明する．各章で，教科書や講義をよりよく理解するための手段を提供する．同時に，試験の問題を解くうえで必要になる大事な技術を身につけるために，多くの機会を提供する．いいかえれば，有機化学の言葉を学ぶ．この本は，君の教科書，講義，そのほかの学習法のかわりになるものではない．有機化学のクリフノート（その科目の概要をまとめたアメリカの参考書シリーズ）ではない．講義に出席し，さらにこの本で学習すれば身につくような，基本的な考え方を中心に解説する．この本を有効に使いこなすには，有機化学でどのように学習していけばいいか知る必要がある．

質問と練習の大切さ

　この本には独立した二つの側面がある．

　　1．原理を理解する．
　　2．問題を解く．

この二つの側面は完全に異なるけれども，問題を解かせることで，先生は君がどのくらい理解しているか推測できる．講義ノートに原理は書かれているけれども，問題を解く方法は君自身が見つけなければならない．多くの学生は，このことでつまずいてしまう．この本では，問題を解くまでの各プロセスを丁寧に見ていく．君がすぐに始めるべきは，ごく簡単な習慣だけである．的確に質問できるようになること．

　おなかが痛くて病院にいくと，決まった質問を続けてされるだろう．いつから痛みますか，どこが痛みますか，痛みはときどきですか，それとも続きますか，最後に何を食べましたか，など．医師は，二つのとても重要で難しいことをしている．（1）正しい質問をして，（2）その答えに基づいて診断する．

　君が熱いコーヒーをひざにこぼし，マクドナルドを訴えようとしたときを想像しよう．弁護士のところへいくと，彼／彼女は続けて質問をしてくるだろう．繰り返すけれども，弁護士はとても難しい二つのことをしている．（1）正しい質問をして，（2）その答えに基づいて判断する．さらに繰り返すけれども，最初の段階は質問をすることである．

　実際，どんな職業や商売であれ，問題を判断するための最初のステップは，質問をすることである．同じことが，有機化学で問題を解くときにもあてはまる．あいにく君は，自分で問題を解けるよう期待されている．この本では，共通のタイプの問題をいくつか見，そのような状況でどんな質問をするべきなのかを学ぶ．もっと重要なのは，かつて見たことがない問題に対しても質問ができ

る技術を身につけることである.

　多くの学生は，試験で解けない問題に出合うと，平常心を失う．彼らの心中で何が起こっているかを聞けるとしたら，こんなふうだろう．「できない……落第しそうだ」．こうした考えは非生産的だし，貴重な時間の浪費である．ほかのすべてを失敗しても，いつも自分に尋ねられる次の質問を思いだそう．「いま，どんな質問をしたらいいのだろうか」

　問題を解くことを真に身につける唯一の方法は，毎日，問題をやり続けることである．ただ本を読むだけでは，問題を解く方法を決して身につけることはできない．挑戦しよう．そして失敗しても，再び挑戦しよう．間違いからこそ学ぶべきである．問題を解けないときは，欲求不満になるかもしれない．でも，それが学習のプロセスである．この本で練習問題に出合ったら，いつでも鉛筆をもち，それを解いてみよう．決して飛ばしてはいけない．問題を解くうえで必要な技術を身につけるために，それらは用意されている．

　最も悪いのは，解答マニュアルを読み，問題の解法がわかったと思ってしまうことである．そのような方法は，うまくいかない．もし A の成績がほしければ，少しは汗をかかなければならない（苦労しなければ得るものはない）．それは，暗記するのに丸一日を費やすことを意味するのではない．暗記に集中する学生は苦痛を味わうが，ほとんどは A をとれないだろう．

　単純な公式である──それぞれの原理が筋書きにどう適合しているかを理解するまで，その原理を復習すること．それから残りすべての時間を問題を解くことに費やすこと．心配しなくていい．この有機化学の講義は，それに対して君が正しい姿勢で臨めば，悪いことにはならない．この本は，君が学習を続けるときのロードマップになるだろう．

訳者まえがき

　本書は，2016 年に John Wiley & Sons 社から出版された David R. Klein 博士による *Organic Chemistry As a Second Language: Fourth Edition, First Semester Topics and Second Semester Topics* の翻訳である．書名の前半部を直訳すれば，「第二言語としての有機化学」となるだろう．本書は，いわゆる教科書とは違って，有機化学の講義がわからなくなり困ったときに，学生が自習するための副読本である．そのようなわけで，日本語版では「困ったときの有機化学」と題している．

　原書は，2003 年の初版から第一，第二セメスター用の 2 冊に分かれており，およそ 4 年ごとに改訂版がだされている．日本語版『困ったときの有機化学 第 1 版』は，2007 年に出版された原書第 2 版「第一セメスター」の翻訳であり，2009 年 6 月に出版された．その後，一部修正を加えながら，増刷を重ねてきた．

　原書第 4 版が 2016 年に出版されたのを機会に，この翻訳を『困ったときの有機化学 第 2 版（上・下）』として出版したいとの提案が，化学同人の加藤貴広氏からあった．原書第 4 版の内容に目を通したところ，第一セメスター用の上巻は原書第 2 版に比べて大幅に改訂されており，翻訳第 2 版を出版するべきであると判断した．下巻の内容も，本著者ならではの，有機化学に困ったときにおおいに助けとなるものであった．下巻の翻訳を希望している読者からのメッセージも目にし，上巻の共訳者である竹内敬人先生のほかに，神奈川大学の同僚である木原伸浩先生にも加わってもらい，新たに下巻の翻訳にも取り組むことにした．

　さて，大学で有機化学の序論を教えるとき，厄介な問題が一つある．それは，高校で有機化学をほとんど，あるいはごく少ししか学習していない新入生が多いことである．現行の学習指導要領の枠でいえば，「化学基礎」は履修しているが，「化学」を履修していない，あるいは履修したが，入試科目としては勉強していない学生の多さである．そのうえ，「化学」を履修しても，高校での授業は有機化学の前で終わってしまった，という話もよく聞く．

　こうしたことのために，新入生の有機化学度というべきものが，かなりばらついている．このばらつきをなくすための唯一の方法は，学生たち，とくに有機化学度の低い学生たちにたくさん演習をこなしてもらうことである．しかし，世にでている有機化学の演習書は，ある程度有機化学を学んでいることが前提になっているものが多い．高校での学習経験が少なく，大学で始まった講義についていくのにいささか困難を覚える学生向けではない．その点，本書は有機化学度の低い学生たちが講義についていけるように工夫されている．大学での講義はどんどん進むから，高校の復習をやっているわけにはいかない．大学レベルの内容を有機化学度が低くても理解できるように，という狙いで書かれている本書は，おおいに役立つだろう．

訳者まえがき ◎ vii

　だからといって，本書が有機化学度の高い学生たちに必要ないというわけではない．有機化学度が高くても，多くの学生は腕力不足である．私は学生たちに，有機化学は記憶の学問ではない，頭だけの学問でもない，腕力が必要な学問だと，いつも言っている．有機化学に強くなるためには，腕力が強くなければならない．演習を重ねること，問題を解くことによって初めて腕力は強くなる．その意味で，本書は格好の練習台になるだろう．

　本書は上巻15章，下巻10章からなる．上巻は，構造に関する7章までと，反応と合成に関する8章以降の二つに大きく分けられる．新たに「アルキン」，「アルコール」，「エーテルとエポキシド」の反応と合成が12〜14章として加えられ，翻訳第1版の12章と13章であった「生成物の予測」と「合成」が15章「合成」にまとめられている．1章のタイトルから始まり，その後しばしばでてくるbond-line drawing の訳語として，今回は「線構造式」を用いた．前版では「ケクレ構造式」と訳していたが，これは適切ではない．線構造式は訳語として必ずしも定着していないが，今後広く認められることを願っている．

　各章ごとに，基本的な概念を理解するための解説があり，例題とそれに続く数多くの練習問題が用意されている．また，基本的な概念を翻訳する手段として，多くのたとえ話が盛り込まれている．たとえば2章「共鳴」では，共鳴構造式の互いの関係を桃とプラムとネクタリンの関係にたとえている．6章「立体配座」では，ニューマン投影式を3枚の羽根をもった2台の扇風機にたとえている．7章「立体配置」では，エナンチオマーとジアステレオマーの関係を2組の双子の兄弟にたとえている．

　15章「合成」には書き込み用のページ（テンプレート）が用意されている．矢印の左右に出発物と生成物を書き込み，合成のための試薬を考える．学生は，これらのテンプレートをコピーして，実際の書き込み用に使う．

　本書の特色を改めて述べれば，懇切丁寧なところである．教師が黒板に書くのが面倒で，つい口で言うだけに終わらせがちな内容を，とても丁寧に書いている．典型的なのは，曲がった矢印の説明である．たいてい「電子の移動を示すもの」程度の説明ですませてしまうところを，かゆいところに手が届く，いや，もうくどいくらいに丁寧に説明している．本書を読み，著者が要求するだけの演習を確実に行えば，曲がった矢印を正しく使えるようになるだろう．

　シクロヘキサンの書き方の練習も，ほかの本にはまずない項目である．私も学生たちに，テストの問題でシクロヘキサンを書かせるが，一通り教えた後も，ひどい形のものを書く．とくに，アキシアル水素と炭素の結合が紙面に垂直，エクアトリアル水素と炭素の結合が骨格の炭素-炭素結合に平行という基本が，なかなか理解できない．この項目は本書のなかでもヒットといってよい．

　今回新たに翻訳した下巻では，NMR, IR 分光法が2，3章に，芳香族化合物が1，4，5章に，カルボニル化合物が6〜8章に，アミン，ディールス-アルダー反応が9，10章に配置されている．下巻には，有機化学度が低い学生には難しい高度な内容も盛り込まれているが，上巻の内容を理解して有機化学度が上がり，腕力がついた学生には，内容が理解できるようにわかりやすくまとめられている．上巻だけでも有機化学の基礎的内容を理解するのに役立つが，下巻に収められている練習問題を繰り返し解いていけば，4年生や大学院生として行う有機化学の研究に必要な腕力をつけるための助けにもなるだろう．

　本書が，有機化学を初めて学ぶ立場の学生だけではなく，それを教える立場の教師にとっても，困ったときに少しでも役立てば幸いである．最後に，本書の出版にあたり，たいへんお世話になっ

た加藤貴広氏をはじめとする化学同人の方々に謝意を表したい.

2018 年 11 月

山口和夫

······
目　次
······

はじめに　*iii*

訳者まえがき　*vi*

1章　線構造式　*1*

1.1　線構造式の読み方　*1*

1.2　線構造式の書き方　*5*

1.3　避けるべき誤り　*6*

1.4　さらなる練習　*7*

1.5　形式電荷を決める　*8*

1.6　書かれていない孤立電子対を見つける　*12*

2章　共　鳴　*17*

2.1　共鳴とは何か　*17*

2.2　曲がった矢印——共鳴構造を書くための道具　*18*

2.3　二つの掟　*20*

2.4　よい矢印を書く　*23*

2.5　共鳴構造における形式電荷　*25*

2.6　順序を踏んで共鳴構造を書く　*29*

2.7　パターン認識による共鳴構造の書き方　*33*

　　π結合のとなりの孤立電子対　*33*

　　C^+のとなりの孤立電子対　*36*

　　C^+のとなりのπ結合　*37*

　　2個の原子にはさまれたπ結合. 原子の一つは電気陰性原子(N, Oなど)　*38*

　　環をぐるりと一周するπ結合　*39*

2.8　共鳴構造の相対的重要性を評価する　*41*

3章　酸−塩基反応　*46*

3.1　ファクター1——電荷はどの原子上にあるか　*47*

3.2　ファクター2——共鳴　*49*

3.3　ファクター3——誘起効果　*53*

3.4　ファクター4——軌道　*55*

3.5　四つのファクターに順位をつける　*56*

3.6　ほかのファクター　*60*

3.7　定量的測定(pK_a値)　*60*

3.8　平衡の位置を予測する　*61*

3.9　反応機構を示す　*62*

x ◎ 目 次

4章 三次元構造 65

4.1 軌道と混成状態 65
4.2 三次元構造 68
4.3 孤立電子対 71

5章 命 名 法 73

5.1 官 能 基 74
5.2 不 飽 和 76
5.3 主 鎖 77
5.4 置 換 基 80
5.5 立体異性 83
5.6 番号づけ 85
5.7 慣 用 名 90
5.8 名称から構造へ 91

6章 立体配座 92

6.1 ニューマン投影式の書き方 93
6.2 ニューマン投影式の安定性に順位を
　　つける 96
6.3 いす形立体配座を書く 99
6.4 いすの上に基を配置する 103
6.5 環の反転 106
6.6 いすの安定性を比較する 112
6.7 命名法で混乱しない 115

7章 立体配置 116

7.1 立体中心を探しだす 117
7.2 立体中心の立体配置を決める 119
7.3 命 名 法 127
7.4 エナンチオマーを書く 131
7.5 ジアステレオマー 135
7.6 メソ化合物 136
7.7 フィッシャー投影式を書く 139
7.8 光学活性 143

8章 反応機構 145

8.1 はじめに 145
8.2 求核剤と求電子剤 145
8.3 塩基性と求核性 148
8.4 イオン反応機構における矢印の
　　押しだしのパターン 150
8.5 カルボカチオンの転位 155
8.6 反応機構に含まれる情報 159

目次 ◎ xi

| 9章 | 置換反応 | 163 |

9.1 反応機構 *163*
9.2 ファクター1——求電子剤(基質) *166*
9.3 ファクター2——求核剤 *168*
9.4 ファクター3——脱離基 *170*
9.5 ファクター4——溶媒 *172*
9.6 すべてのファクターを考える *174*
9.7 置換反応の重要な教訓 *175*

| 10章 | 脱離反応 | 176 |

10.1 E2反応機構 *176*
10.2 E2反応の位置選択性 *177*
10.3 E2反応の立体選択性 *179*
10.4 E1反応機構 *182*
10.5 E1反応の位置選択性 *183*
10.6 E1反応の立体選択性 *183*
10.7 置換反応と脱離反応 *184*
10.8 試薬の働きを決める *185*
10.9 反応機構を決める *187*
10.10 生成物を予測する *189*

| 11章 | 付加反応 | 193 |

11.1 位置選択性を表す用語 *193*
11.2 立体化学を表す用語 *195*
11.3 2個の水素を付加させる *202*
11.4 水素とハロゲンを付加させるマルコウニコフ反応 *205*
11.5 水素と臭素を付加させるアンチマルコウニコフ反応 *211*
11.6 水素とヒドロキシ基を付加させるマルコウニコフ反応 *215*
11.7 水素とヒドロキシ基を付加させるアンチマルコウニコフ反応 *218*
11.8 合成の方法 *223*
　11.8A 一段階合成 *223*
　11.8B 脱離基の位置を変える *224*
　11.8C π結合の位置を変える *227*
　11.8D 官能基を導入する *228*
11.9 2個の臭素の付加，臭素とヒドロキシ基の付加 *230*
11.10 二つのヒドロキシ基のアンチ付加 *235*
11.11 二つのヒドロキシ基のシン付加 *237*
11.12 アルケンの酸化的切断 *239*
11.13 反応のまとめ *241*

| 12章 | アルキン | 242 |

12.1 アルキンの構造と性質 *242*
12.2 アルキンの合成 *244*
12.3 末端アルキンのアルキル化 *246*
12.4 アルキンの還元 *248*
12.5 アルキンの水和 *251*
12.6 ケト-エノール互変異性 *255*
12.7 アルキンのオゾン分解 *261*

xii ◎ 目 次

13章　アルコール　　262

13.1　アルコールの命名と分類法　262

13.2　アルコールの溶解度を予測する　263

13.3　アルコールの相対的酸性度を
　　　予測する　265

13.4　アルコールの合成——復習　267

13.5　還元によるアルコールの合成　269

13.6　グリニャール反応によるアルコール
　　　の合成　275

13.7　アルコールの合成法——まとめ　278

13.8　アルコールの反応——置換と脱離　280

13.9　アルコールの反応——酸化　283

13.10　アルコールをエーテルに変換する　285

14章　エーテルとエポキシド　　287

14.1　エーテル序論　287

14.2　エーテルの合成　290

14.3　エーテルの反応　292

14.4　エポキシドの合成　293

14.5　エポキシドの開環　295

15章　合　成　　301

15.1　一段階合成　302

15.2　多段階合成　305

15.3　逆合成解析　306

15.4　自分で問題をつくる　307

練習問題の解答　309

索　引　336

【下巻の目次】

1章　芳香族性

2章　IR 分光法

3章　NMR 分光法

4章　芳香族求電子置換反応

5章　芳香族求核置換反応

6章　ケトンとアルデヒド

7章　カルボン酸誘導体

8章　エノールとエノラート

9章　ア　ミ　ン

10章　ディールス-アルダー反応

1章

線構造式

　有機化学とうまくつきあうには，有機化学者が使っている画法を読み解けるようになる必要がある．ある分子の図を読むときは，そこに含まれるすべての情報を読み解くことが絶対に必要になる．この技術が身についていないと，最も基本的な反応や概念を把握することができない．

　分子にはいろいろな書き表し方がある．例として，同じ化合物を三つの異なる画法で描いたものを次に示す．

　明らかに，右端の構造（線構造式，line-bond structure）は一番手早く書けるし，素早く読みとれるし，情報を伝える最善の方法である．有機化学のどんな教科書でもよいから，後半のどこかのページを開いてほしい．どのページにも線構造式で書かれた図がちりばめられているのに気づくだろう．たいていの学生は，これらの図を問題なく読む能力がどんなに大切かを理解しないままに，これらの図に時間をかけてなじんでいく．この章は，これらの図を手早く巧みに読む技術を君が身につけられるよう助けてくれるだろう．

1.1　線構造式の読み方

　線構造式は，炭素骨格（分子の骨格をつくる炭素原子のすべてのつながり）と，それに結合している―OHや―Brなどの官能基（functional group）のすべてを示す．結合線はジグザグ形式で書き，その角や末端はすべて炭素原子を表す．たとえば，次に示す化合物は7個の炭素原子からなる．

　結合線の末端も炭素原子を表すことは忘れがちなので，注意する．たとえば，次の分子は6個の炭素原子からなる（数えて確かめてみなさい）．

二重結合(double bond)は2本の結合線で，三重結合(triple bond)は3本の結合線で表す．

三重結合は直線形であるから，これを書く際は，ジグザグではなく直線的に書くこと(分子の三次元構造については4章で扱う)．最初はおおいに混乱するかもしれない．というのも，三重結合にはいくつの炭素原子が含まれているかが，すぐには見てとりにくいからである．そこで，はっきりさせよう．

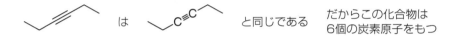

以下に示すように，三重結合の両側に小さい隙間を空ける書き方もよく用いられる．

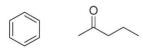

どちらの書き方も普通に用いられるから，どちらの三重結合にも目を慣らしておく必要がある．三重結合に迷わされないようにしよう．三重結合の2個の炭素原子と，それに結合している2個の炭素原子を直線的に書く．ほかの結合はジグザグに書く．

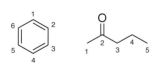

例題 1.1 次のそれぞれの図に含まれる炭素原子を数えなさい．

解答 左の分子は6個の，右の分子は5個の炭素原子をもつ．

練習問題 次のそれぞれの図に含まれる炭素原子を数えなさい．

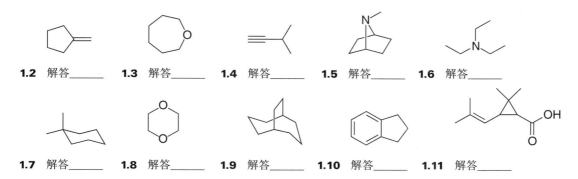

1.2 解答＿＿＿   1.3 解答＿＿＿   1.4 解答＿＿＿   1.5 解答＿＿＿   1.6 解答＿＿＿

1.7 解答＿＿＿   1.8 解答＿＿＿   1.9 解答＿＿＿   1.10 解答＿＿＿   1.11 解答＿＿＿

　さて，炭素原子の数え方がわかったから，次に，線構造式における水素原子の数え方を学ぼう．ほとんどの水素原子は表にでてこないので，線構造式は手早く書ける．炭素原子以外の原子（たとえば窒素や酸素）に結合している水素原子は書かなくてはならない．

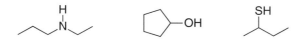

　しかし，炭素原子に結合している水素原子は書かない．それぞれの炭素原子上に何個の水素原子があるかを決める規則，すなわち中性の炭素原子はつねに4本の結合をもつという規則がある．次の図の影をつけた炭素原子は2本の結合をもつだけである．

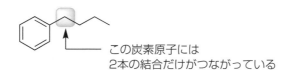

この炭素原子には
2本の結合だけがつながっている

したがって，水素原子に結合しているもう2本の結合があると推定できる（これで合計4本となる）．この規則があるから，水素原子を書かずにすませることができ，図を書く際に時間を大幅に節約できるのだ．誰でも4まで数えることができ，表にはでていない水素原子を数えることができるというのが前提である．

　そういうわけで，君にとって必要なのは，炭素原子につながって見える結合を数えるだけでよく，そうすれば，炭素原子が4本の結合をもつのに必要な水素原子の数がわかる．この作業を何回か繰り返せば，もういちいち数えなくてもすむようになる．このタイプの図を見るのに慣れて，いちいち数えなくても，すべての水素原子を一目で「見る」ことができるようになるだろう．この段階に達するように，少し練習をしてみよう．

4 ◎ 1章 線構造式

例題 1.12 次の分子は9個の炭素原子をもっている．それぞれの炭素原子に結合している水素原子を数えなさい．

解答

1本の結合 ∴ 3H

4本の結合 ∴ Hなし

4本の結合 ∴ Hなし

2本の結合 ∴ 2H

1本の結合 ∴ 3H

1本の結合 ∴ 3H

3本の結合 ∴ 1H

4本の結合 ∴ Hなし

4本の結合 ∴ Hなし

練習問題 次のそれぞれの分子について，各炭素原子に結合している水素原子を数えなさい．例として，最初の問題の解答を示しておく（数字は，いくつの水素が各炭素原子に結合しているかを示す）．

1.13

1.14

1.15

1.16

1.17

1.18

1.19

1.20

これで，線構造式を用いることで，どれだけ時間の節約になるかがわかっただろう．全部の炭素Cや水素Hを書かないことで，時間が節約できるのはいうまでもないが，書くのが簡単なだけでなく，読むのも同様に簡単である．たとえば次の反応式を見てみよう．

$$(CH_3)_2CHCH=CHCOCH_3 \xrightarrow[Pt]{H_2} (CH_3)_2CHCH_2CH_2COCH_3$$

何が起こっているかを読みとるのは簡単ではない．起こっている変化を見抜くために，反応式をしばらく眺める必要がある．しかし，線構造式を用いて式を書き直すと，反応式は簡単になってすぐに読みとれる．

式を見ただけで，何が起こっているかを見てとれる．この反応では2個の水素原子を二重結合に付加させることで，二重結合を単結合(single bond)に変換している．このタイプの図を楽に読めるようになれば，反応の際に起こっている変化を見抜く準備ができたことになる．

1.2　線構造式の書き方

この画法の読み方がわかったところで，次にこれらの書き方を学ぶ．次の分子を例にしよう．

この分子を線構造式で書く際は，炭素骨格に注目し，CとH以外の原子はすべて書き忘れないようにする．そうすると，上の分子は次のようになる．

問題に取り組む前に，役立ちそうな点をあげておこう．

1．直鎖状に連なっている炭素原子はジグザグに書く．

2．二重結合を書くときは，ほかの結合からなるべく離す．

3．ジグザグを書くときは，どの方向に向けてもかまわない．

練習問題 次のそれぞれの構造式について，線構造式を枠の中に書きなさい．

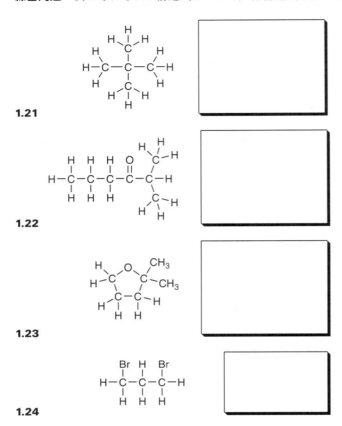

1.21

1.22

1.23

1.24

1.3 避けるべき誤り

1. 5本以上の結合をもつ炭素原子を決して書いてはならない．これは絶対ダメである．炭素原子は4個の(結合性)軌道(orbital)をもつだけだから，4本の結合をつくるだけである(結合は，ある原子の軌道がほかの原子の軌道と重なることによって生じる)．これは周期表第2周期(横の列)のほかのすべての元素にあてはまる．この点については，後の章で詳しく述べる．

2. 構造式を書く際は，すべてのHおよびCを書くか，あるいはCもHも書かない線構造式を用いる．Hを書かずにCだけを書いてはならない．

$$C-C-C-C-C \quad \text{こう書いてはならない}$$
（下にC，中央上にC）

この書き方はよくない．すべてのCを省くか(こちらのほうがよい)，あるいはHも書くかである．

1.4 さらなる練習 ◎ 7

（構造式の図）　または　（構造式の図）

3．ジグザグに炭素を書く場合，すべての結合がなるべく離れるように努める．

（構造式の図）　は　（構造式の図）　よりよい

1.4　さらなる練習

　君がもっている教科書を開いて，後半のページをぱらぱらとめくってみよう．どれでもよいから線構造式で書かれた構造式を選び，そこには何個の炭素原子があり，それぞれに何個の水素原子がつながっているかを正しくいえることを確かめよう．

　さて，次の反応式を調べ，どのような変化が起こったかを考えよう．

（構造式の図）

反応がどのようにして起こったのかは気にしなくてよい．後(11章)で学習すれば，わかるようになる．とりあえずは，君が見た変化を記述することに集中しよう．上の例では2個の水素原子が取り込まれ，二重結合が単結合に変換されている．二重結合が単結合に変換されたのは明らかだが，見落としてならないのは，この過程で水素原子が2個取り込まれたことである．

　別の例を考えよう．

（構造式の図）

この例では，HとBrが取り除かれ，単結合が二重結合に変換されている(10章で，取り除かれるのは実際にH^+とBr^-であることを学ぶ)．水素原子が取り除かれたことをのみ込めなければ，出発物の水素原子を数えて，生成物の水素原子数と比較する必要がある．

（構造式の図）

　もう一つ例を考えよう．

（構造式の図）

8 ◎ 1章 線構造式

この例では，臭素原子が塩素原子で置き換えられている（9章で学ぶ）．線構造式をよく見ると，この場合，ほかの変化は起こっていないことがわかる．

練習問題　次のそれぞれの変換で，どのような変化が起こっているかを示しなさい．

1.25

解答 _____

1.26

解答 _____

1.27

解答 _____

1.28

解答 _____

1.29

解答 _____

1.30

解答 _____

1.31

解答 _____

1.32

解答 _____

1.5 ┃ 形式電荷を決める

　形式電荷（formal charge，プラスでもマイナスでもありうる）は，構造式に含める必要がある場合が少なくない．これは非常に重要である．本来書くべきところに形式電荷を書かないと，君が書

1.5 形式電荷を決める ◎ 9

いた構造式は不完全(そして誤り)となる．形式電荷が必要な場合にそれを決め，書き表すことができなければならない．これができないと，次の章で扱う共鳴構造を書くことができず，本書の学習を終えるのに大変苦労することになる．

　形式電荷とは，予期された数の価電子(valence electron)を示さない原子がもつ電荷である．ある原子の形式電荷の計算に際して，各原子がもつと考えられる価電子の数を知る必要がある．この数は周期表からわかる．というのも，周期表の各列は期待される価電子の数を教えてくれる(価電子とは，原子価殻に含まれている，あるいは最外殻に含まれている電子をさす．たぶん高校化学で学んで覚えているだろう)．たとえば，炭素は4B(14)族にあるから4個の価電子をもっている．これが炭素原子がもつべき価電子の数である．

　次にすべきことは，線構造式中の原子が実際にもっている電子を数えることである．だが，どうすればよいのだろうか．

　例を見てみよう．次の化合物の中心炭素原子を考える．

$$\text{H}_3\text{C}-\overset{\overset{\displaystyle \ddot{\text{O}}\text{H}}{|}}{\underset{\displaystyle |}{\text{C}}}-\text{CH}_3$$

すべての結合は，2個の原子に共有される2個の電子を表していることを思いだそう．まず2個の電子を切り離し，1個を中心原子に，1個をほかの原子に割り当てる．

$$\text{H}_3\text{C}\cdot\ \overset{\overset{\displaystyle \ddot{\text{O}}\text{H}}{\cdot}}{\underset{\displaystyle \text{H}}{\cdot\text{C}\cdot}}\ \cdot\text{CH}_3$$

そして中心原子の炭素を直接取り囲んでいる電子を数える．

$$\text{H}_3\text{C}\cdot\ \overset{\overset{\displaystyle \ddot{\text{O}}\text{H}}{\cdot}}{\underset{\displaystyle \text{H}}{\boxed{\cdot\text{C}\cdot}}}\ \cdot\text{CH}_3$$

4個の電子がある．これは原子が実際にもっている電子数である．

　ここで，原子がもつと考えられる価電子の数(いまの場合は4)と，実際にもっている価電子の数(いまの場合は4)とを比較する．両者は等しいので，問題の炭素原子は形式電荷をもっていない．これは本書を通じての学習で，君が書く線構造式のほとんどにあてはまる．しかし，ときとして原子がもつと考えられる価電子の数と，実際にもっている価電子の数とが異なることもある．このような場合に形式電荷が伴う．そこで，形式電荷をもつ原子の例を調べてみよう．

　次の構造の中の酸素原子を見てみよう．

まず，酸素原子は何個の価電子をもつと考えられるかを決める．酸素は周期表の6B(16)族にあるから，6個の価電子をもつべきである．次に，この化合物の酸素原子を調べて，何個の価電子を実際にもっているかを確かめる．C—O結合を分割して構造式を書き直してみる．

C—O結合の酸素原子からの電子に加えて，酸素はさらに3対の孤立電子対(lone pair)をもっている．孤立電子対の2個の電子は結合をつくるのに使われない．孤立電子対は原子のまわりの2個の点で表され，上記の酸素原子は3対の孤立電子対をもつ．それぞれの孤立電子対を2個の電子と数えることを忘れてはならない．つまり，酸素原子は実際には7個の電子をもつが，これはもつと考えられる数よりも1個多い．したがって酸素原子はマイナス1の形式電荷をもつ．

例題 1.33 次の化合物の窒素原子を調べ，形式電荷をもつかどうかを決めなさい．

$$\begin{array}{c} H \\ | \\ H-N-H \\ | \\ H \end{array}$$

解答 窒素原子は周期表の5B(15)族にあるから，5個の価電子をもつと予想される．では，実際には何個もっているだろうか．

$$\begin{array}{c} H \\ \cdot \\ H\cdot\overset{\cdot}{N}\cdot H \\ \cdot \\ H \end{array}$$

実際には4個しかもっていないから，予想より1個少ない．つまり窒素原子はプラス1の形式電荷をもつ．

$$\begin{array}{c} H \\ | \\ H-\overset{+}{N}-H \\ | \\ H \end{array}$$

1.5 形式電荷を決める

練習問題 次のそれぞれの化合物について、酸素原子または窒素原子が形式電荷をもつかどうかを決めなさい。形式電荷をもつ場合は、構造式にその電荷を書きなさい。

1.34　1.35　1.36　1.37　1.38　1.39

1.40　1.41　1.42　1.43　1.44　1.45　H₃C−C≡N:

ここで最も重要な炭素原子について考えよう。炭素はつねに4本の結合をもつことを学んだ。誰でも4まで数えることができ、何個の水素原子が含まれているかを理解できることが前提で、線構造式を用いて水素原子を省略した。これはあくまで形式電荷をもたない炭素原子の話である（ほとんどの化合物の、ほとんどの炭素原子は形式電荷をもたない）。しかし、形式電荷を学んだので、炭素が形式電荷をもつとどうなるかを考えてみよう。

炭素が形式電荷をもつなら、炭素が4本の結合をもつと単純には前提にできない。実際3本の場合もある。なぜだろうか、考えてみよう。まずC⁺を、ついでC⁻を考える。

もし炭素原子がプラス1の形式電荷をもつなら、炭素は3個の価電子しかもたない〔炭素は周期表の4B(14)族にあるから、4個の電子をもつと考えられる〕。電子を3個しかもっていないと、結合を3本しかつくることができない。つまり、プラス1の形式電荷をもつ炭素原子は結合を3本しかもてないことになる。水素原子を数えるときは、このこと忘れてはならない。

C⁺上に水素原子は結合していない　　C⁺上には水素原子が1個結合している　　C⁺上には水素原子が2個結合している

では、炭素原子がマイナス1の形式電荷をもつとどうなるかを考えよう。マイナス1の形式電荷をもつのは、本来もつべき数よりも電子を1個多くもっているからである。つまり5個の価電子をもつ。このうち2個の電子は孤立電子対をつくり、ほかの3個の電子が結合にかかわる。

$$H-\overset{H}{\underset{H}{C:^-}}$$

5個の電子のすべては結合をつくるのに使われないので、孤立電子対が残る。炭素は5本の結合をもつことは決してない。なぜなのだろうか。電子は軌道と呼ばれる領域に存在している。これらの軌道はほかの原子の軌道と重なって結合をつくることもできるし、また（孤立電子対と呼ばれる）2個の電子を含むこともできる。炭素は原子価殻に4個の軌道をもつだけなので、結合を5本つくるようなことはない。結合をつくるための5個の軌道をもっていないからである。上の図には4個の軌道（1個は孤立電子対用、3個は結合用）があるのが見てとれるだろう。

したがって，マイナス1の形式電荷をもつ炭素原子は3本の結合をつくるだけである（プラス1の形式電荷をもつ炭素原子と同じ）．水素原子を数えるとき，忘れないようにしよう．

C⁻上に水素原子は
結合していない

1.6　書かれていない孤立電子対を見つける

上記のすべての例（酸素，窒素，炭素）から，原子上の形式電荷を知るためには，その原子上に孤立電子対が何対あるかを知らなければならないことがわかっただろう．同様に，原子上に孤立電子対が何対あるかをはっきりさせるためには，その原子上の形式電荷を知らなければならない．次に示した，窒素原子をもつ場合を考えよう．

孤立電子対を書くと，形式電荷の値がわかる（2対の孤立電子対はマイナス1の形式電荷を，1対の孤立電子対はプラス1の形式電荷を意味する）．同様に，形式電荷を書けば，孤立電子対がどれだけあるかがわかる（マイナス1の形式電荷は2対の孤立電子対を，プラス1の形式電荷は1対の孤立電子対を表す）．だから図には孤立電子対または形式電荷を示さなければならない．通常は，形式電荷を書いて孤立電子対を省略する．このほうが楽に書ける．というのも，図に2個以上の形式電荷を書くことはめったにないからである．だから，すべての原子の孤立電子対を書く時間が節約できる．

形式電荷はつねに書かなくてはならないが，孤立電子対は通常書かないことが確立されているので，書かれていない孤立電子対を見つける練習が必要になる．これは線構造式で，書かれていないすべての水素原子を見つける練習と大差ない．一度数え方を覚えれば，たとえ孤立電子対が書かれていなくても，ある原子上にいくつあるかを数えられるはずである．

どうしたらできるか，例を見てみよう．

この場合，酸素原子に注目する．酸素は周期表の6B(16)族に属しているから，6個の価電子をもつと考えられる．次に形式電荷を考慮にいれる．この酸素原子がマイナス1の形式電荷をもっていることは，電子を1個多くもつことを意味する．つまり，この酸素原子は6 + 1 = 7個の価電子をもつはずである．これから孤立電子対の数を求めることができる．

酸素は1本の結合をもつが，これは7個の電子のうちの1個を結合に用いていることを意味する．残りの6個は孤立電子対に含まれるはずである．1対の孤立電子対は2個の電子を含むから，3対の孤立電子対があることになる．

1.6 書かれていない孤立電子対を見つける ◎ 13

この手順を振り返ってみよう.

1. 周期表に基づいて，原子がもつべき電子を数える.
2. 形式電荷を考慮する．マイナス 1 の形式電荷は電子 1 個の過剰，プラス 1 の形式電荷は電子 1 個の不足を意味する.
3. これで原子が実際にもっている価電子の数がわかった．この数を用いて，孤立電子対の数を求める.

ここで，ありふれた例に慣れておこう．孤立電子対を数えたり確認したりする方法を知ることは大切だが，数えるのに時間を浪費しないようになるほうが，実際にはもっと大切である．今後出合うだろう，ありふれた例になじんでおく必要がある．順にやってみよう.

酸素が形式電荷をもっていなければ，結合は 2 本，孤立電子対は 2 対である.

酸素原子がマイナス 1 の形式電荷をもつなら，結合は 1 本，孤立電子対は 3 対である.

酸素原子がプラス 1 の形式電荷をもつなら，結合は 3 本，孤立電子対は 1 対である.

例題 1.46 次の構造式について，すべての孤立電子対を書きなさい．

解答 酸素はプラス 1 の形式電荷と 3 本の結合をもっている．これは酸素原子が孤立電子対を 1 対もっていることを意味する，と気づけるようになろう．

このことに気づけるようになるまでは，孤立電子対を数えて答えをだせばよい．

酸素は 6 個の価電子をもつはずである．酸素原子がプラス 1 の形式電荷をもつのは，電子を 1 個失っていることを意味する．したがって，酸素原子は 6 - 1 = 5 個の価電子をもつことになる．ここで孤立電子対がいくつあるかを数える．

酸素は 3 本の結合をもつが，これは 5 個の電子のうち 3 個を，結合をつくるのに使うことを意味する．残る 2 個は孤立電子対の中にあるに違いない．孤立電子対は 1 対である．

練習問題 上記のありふれた例を復習し，それからこの問題に手をつけよう．次のそれぞれの構造式について，すべての孤立電子対を書きなさい．数えないで，いくつの孤立電子対があるかを考えなさい．そのあと数えてみて，自分が正解を得ていたかどうかを確かめなさい．

1.47　1.48　1.49　1.50　1.51　1.52

次に，窒素原子のありふれた例を考えてみよう．窒素が形式電荷をもっていなければ，結合は 3 本，孤立電子対は 1 対である．

窒素がマイナス 1 の形式電荷をもつなら，結合は 2 本，孤立電子対は 2 対である．

1.6 書かれていない孤立電子対を見つける ◎ 15

⬡—$\overset{-}{N}H$ は ⬡—$\overset{..}{N}$—H と同じ

⬡—N^- は ⬡—$\overset{..}{N}{:}^-$ と同じ

⬡＝N^- は ⬡＝$\overset{..}{N}{:}^-$ と同じ

窒素がプラス 1 の形式電荷をもつなら，結合は 4 本，孤立電子対はないはずである．

$-\overset{|}{\underset{|}{N^+}}-$ は孤立電子対をもたない

$\diagdown \overset{+}{\underset{\|}{N}}\diagup$ は孤立電子対をもたない

$\equiv N^+-$ は孤立電子対をもたない

例題 1.53 次の構造式について，すべての孤立電子対を書きなさい．

$$\overset{-}{N}=\overset{+}{N}=\overset{-}{N}$$

解答 中央の窒素原子はプラス 1 の形式電荷と 4 本の結合をもつ．ここではがんばって，この窒素原子は孤立電子対をもっていないこと，ほかのそれぞれの窒素原子はマイナス 1 の形式電荷と 2 本の結合をもっていることに気づいてほしい．

$$\overset{..}{\underset{..}{N}}=\overset{+}{N}=\overset{..}{\underset{..}{N}}{}^-$$

このことに気づけるようになるまでは，孤立電子対を数えて答えをだせばよい．窒素は 5 個の価電子をもつと考えられる．中央の窒素原子はプラス 1 の形式電荷をもつが，これは 1 個の電子を失ったことを意味する．いいかえれば，この窒素原子は 5 − 1 = 4 個の価電子をもつはずである．ここで，孤立電子対がいくつあるかを数える．この窒素は 4 本の結合をもつから，結合をつくるのにすべての電子を用いている．したがって，この窒素原子には孤立電子対がない．

　残りの窒素原子のそれぞれにはマイナス 1 の形式電荷がある．つまり，これら窒素原子のそれぞれは価電子を 1 個よぶんに，つまり 5 + 1 = 6 個もっている．それぞれの窒素原子は 2 本の結合をもっている．つまり，それぞれの窒素原子には 4 個の電子が使われずに残っているので，2 対の孤立電子対ができる．

16 ◎ 1章 線構造式

練習問題 窒素のありふれた例を復習してから，この問題に取り組もう．次のそれぞれの構造式について，すべての孤立電子対を書きなさい．<u>数えないで</u>，いくつの孤立電子対があるかを考えなさい．そのあと数えてみて，自分が正解を得ていたかどうかを確かめなさい．

1.54　**1.55**　**1.56**　**1.57**　**1.58**　**1.59**

追加問題　次のそれぞれの構造について，すべての孤立電子対を書きなさい．

1.60　**1.61**　**1.62** $H-C\equiv C^-$　**1.63**　**1.64**

1.65　**1.66**　**1.67**　**1.68**

2章

共　鳴

　この章では，共鳴構造を手際よく書くのに必要な手段を学ぶことにしよう．この手段の重要性を，どう説明したらわかってもらえるだろうか．共鳴は，初めから終わりまで有機化学の全内容にかかわる重要な考え方である．共鳴は，すべての章，すべての反応にかかわり，もし共鳴の規則を身につけないと，君の悪夢の中に現れるかもしれない．共鳴をマスターしないと，この講義でAの成績は望めない．では，共鳴とは何だろうか．なぜ，共鳴が必要なのだろうか．

2.1　共鳴とは何か

　1章で学んだ線構造式は，分子を書くうえで最良の方法の一つである．手早く書けるし，読みやすい．だが，一つ大きな欠点がある．実は分子を完全に書いているのではない点である．実際のところ，ただ一つの画法で，ある分子を完全に書くことはできない．ここに問題がある．

　線構造式は，原子がお互いどのように結合しているかを示すのには優れているが，それぞれの電子がどこにあるかを示すのは不得手である．というのも，電子はある時間にある決まった場所にいる，というような固体粒子ではないからである．電子はむしろ，電子密度(electron density)の雲として考えるのが一番よい．電子が雲の中を飛び回っているのではなく，電子が雲そのものである，というのだ．電子は多くの場合，分子の広い部分にわたって存在している．

　では，電子がいる場所を書けないとすると，どのように分子を書けばよいのだろうか．その答えが共鳴(resonance)である．この問題に対して回答するのに，われわれは共鳴という考え方を使う．つまり，一つの分子を表すのに二つ以上の図を用いる．われわれはいくつかの構造式を書き，それらを共鳴構造(resonance structure)と呼ぶ．そしてそれら複数の図を，頭の中で一つに融合させる．このしくみをより理解するために，次のたとえ話を考えよう．

　友だちに，ネクタリンがどんなものか説明してほしいと頼まれたとする．彼は見たことがないのだ．君は絵を書くのがとくに上手とはいえないので，次のように説明する．

　　桃を想像してごらん．次にプラムを想像してごらん．ネクタリンはその両方の特徴をもっているんだ．中身の味は桃に近いけれど，外側はプラムのようにつるつるしている．桃のイメージとプラムのイメージを頭の中で一緒にしてごらん．それがネクタリンさ．

　重要な点は，ネクタリンが1秒ごとに桃になったりプラムになったりしているのではないと理解す

18 ◎ 2章 共鳴

ることである．ネクタリンはいつでもネクタリンである．桃のイメージはネクタリンを描写するのに不十分であるし，プラムのイメージもまたしかりである．しかし，同時に二つをイメージすることによって，ネクタリンがどんなものかがわかってくる．

　分子の絵を書く問題は，いま取り上げたネクタリンを説明する問題と同じである．一つの絵では，分子全体に広がった電子密度の性質を適切に書けない．この問題を解決するために，われわれはいくつかの絵を書き，それらを頭の中で一つのイメージにまとめる．ネクタリンの場合と同じである．

　例を見てみよう．

上の化合物は二つの重要な共鳴構造をもっている．共鳴構造が，矢尻が二つあるまっすぐな矢印で隔てられ，構造全体が括弧で囲われているのに注意しよう．矢印と括弧は，これが一つの分子の共鳴構造であることを示している．分子の構造が，二つの異なる共鳴構造の間を行ったり来たりするのではない．

　なぜ共鳴が必要であるかがわかったら，次になぜ共鳴構造がそれほど重要であるかを理解できるようになろう．本書で学ぶ反応の95％は，一つの分子に電子密度の低い領域が，別の分子に高い領域があるために起こる．そこで，二つの分子がどのように，またいつ互いに反応するかを予測するには，まず，どこに電子密度の低い部分があるか，どこに高い部分があるかを予測する必要があり，このためには共鳴をしっかり理解しておかなければならない．この章では，共鳴構造を書く規則を応用して，電子密度が高い，あるいは低い部分を予測する方法の例を多く学ぶ．

2.2 　曲がった矢印 ── 共鳴構造を書くための道具

　本書の前半から，次のような問題にでくわすだろう．「ここに構造式がある．この共鳴構造を書きなさい」．もっとも後半では，君はその化合物のすべての共鳴構造を書けるようになるだろうし，また書けなければならない．そのときになって，もしこれができないと大変困ることになる．では，ある化合物のすべての構造式はどうしたら書けるだろうか．そのためには「曲がった矢印」（curved arrow）を学ぶ必要があり，君を助ける手段になるだろう．

　正確にはいったい何が起こっているのか．ここは，こんがらがりやすいところである．これらの矢印は，実際の過程（電子の移動など）を示しているのではない．この点はすこぶる重要である．というのも，8章で反応機構を書くときも，曲がった矢印を使うからである．両者はまったく同じように見えるが，反応機構における矢印は電子密度の流れに対応している．これに対してここでの曲がった矢印は，分子のすべての共鳴構造を書くための補助として用いられる．電子は実際には移動していない．後で「この矢印は，電子がここからあそこに移動するのを示している」などというのだから，少し混乱するかもしれない．でも，ここでは電子が動くことを意味していないし，実際動いていない．図の中で電子は一定の場所に固定している粒子として扱われるので，一つの図から別の

2.2 曲がった矢印——共鳴構造を書くための道具 ◎ *19*

図に目を移すとき，われわれは電子を「動かす」必要がある．矢印は，一つの化合物のすべての共鳴構造をどのように書くかをはっきりさせるのに用いられる手段である．では，これらの重要な曲がった矢印の特徴を見てみよう．

すべての矢印は頭と尾をもっている．それらを適切な場所に正確に書くことが大切である．尾は電子がどこからでるかを示し，頭は電子がどこにいくかを示している（実際には電子はどこにもいかないのだが，動けるものとして扱い，すべての共鳴構造を書けるようにすることを忘れない）．

尾 ⟶ 頭

だから，矢印を正しく書く際に注意すべきは二つの点，つまり尾が正しい場所にあること，頭が正しい場所にあることである．そこで，どこに矢印を書くことができるか，どこに書いてはならないか，その規則を見ておく必要がある．まず電子について少し話しておこう．というのも，矢印は電子を描写するものだからである．

原子軌道は最大2個の電子をもつことができる．したがって，どの軌道にも3通りの可能性がある．

原子軌道中の電子の数	注釈	結果
0	言うべきことは何もない（電子がないのだから）	—
1	ほかの原子軌道（同様に1個の電子を含む）と重なり，ほかの原子と結合をつくる	結合
2	原子軌道は電子で満たされ，孤立電子対と呼ばれる	孤立電子対

つまり，電子を満たせる場所は2カ所しかない．結合と孤立電子対である．したがって，電子は結合からでてくるか，孤立電子対からでてくるかのいずれかである．同様に，結合をつくるか，または孤立電子対をつくるかする場合に電子は動ける．

まず，矢印の尾を見てみよう．上に，矢印の尾は電子がどこからでてくるのかを示すと述べた．尾は電子がある場所，つまり結合か孤立電子対からでてこなければならない．例として次の共鳴構造を考える．

左の構造から右の構造が，どのようにして得られるのだろうか．二重結合をつくる電子が「動かされている」ことに気づこう．これこそ結合に由来する電子の例である．曲がった矢印が，結合から電子が移動して別の結合をつくる様子を示している．

20 ◎ 2章 共 鳴

次に，電子が孤立電子対から移動する例を見てみよう．

プラス1の形式電荷からでてくる矢印を書いてはならない．矢印の尾は電子があるところからでなければならない．

矢印の頭も，尾と同様にシンプルである．矢印の頭は電子が移動する先を示している．だから矢印の頭は，結合をつくる2原子の間を直接に示すか，

あるいは孤立電子対をつくる原子を指し示す．

矢印の頭がそっぽを向いているような図を書いてはならない．

よくない矢印

矢印の頭は電子の移動先を示していることを忘れないようにしよう．矢印の頭は電子がいける場所，つまり結合をつくるか孤立電子対をつくるかする場所を示していなければならない．

2.3 二つの掟

曲がった矢印が何かはわかったが，電子を押しだすために，いつ曲がった矢印を使えばよいのだろうか．また，どこに電子を押しだせばよいのだろうか．まず，電子を押しだせない場所を知る必要がある．矢印を書く際に決して破ってはならない二つの重要な掟がある．共鳴構造を書く際の「二つの掟」である．

1. 汝，単結合を切ることなかれ
 2. 汝，第2周期の元素では，オクテット(octet，電子8個)の制限を超えるなかれ

一つずつ，その意味を見ていこう．

 1. <u>単結合を切ることなかれ</u>　共鳴構造を書く際には，<u>単結合を切ってはならない</u>．定義により，共鳴構造は同じ原子を同じ順序でもっていなければならない．

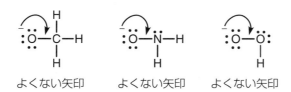

単結合を切ってはならない

この規則に対する例外はほとんどない．熟達の有機化学者だけが，どういう場合にこの規則を破るのが許されるのかを知っている．先生によっては，たまにこの規則を破ることもあるだろう．そんなことがあっても，それはごく例外の場合だと思ってほしい．君が出合う実質的にすべての場合で，<u>この規則を破ることはできない</u>．つまり，共鳴構造を書く際には単結合を決して切らないという習慣を身につけなくてはならない．

　君がこの規則を決して破らないようにする簡単な方法がある．共鳴構造を書く際，単結合に矢印の尾を決して書かないことだ．

 2. <u>第2周期の元素では，オクテット(電子8個)の制限を超えるなかれ</u>　第2周期の元素(C, N, O, F)は，その原子価殻に4個の軌道をもつだけである．これら4個の軌道のそれぞれは，結合をつくるか，孤立電子対をもつかのいずれかに用いられる．各結合は1個の軌道を必要とし，各孤立電子対は1個の軌道を必要とする．したがって第2周期の元素は5本や6本の結合をもつことはない．最大4である．同様に，第2周期の元素は4本の結合と1対の孤立電子対をもつこともできない．というのも，これでは5個の軌道が必要になるからである．また同様に，第2周期元素が3本の結合と2対の孤立電子対をもつことは<u>決してない</u>．第2周期の元素では(結合)＋(孤立電子対)の数が4を超えることはない．次に，この第二の掟を破るような矢印の動きの例を見てみよう．

よくない矢印　　よくない矢印　　よくない矢印

これらの図のそれぞれで，中央の原子はほかの原子と新たな結合をつくることはできない．これらの原子は5個の軌道をもたないからである．<u>これは不可能である</u>．こんなことをしてはならない．

　上の例がよくないのは明らかである．しかし，線構造式では水素原子が省略されているため(それに孤立電子対もたいてい省略されているため．ここではわかりやすいように孤立電子対を書くことにしよう)，規則が破られているのを見つけるのはより難しい．水素原子を補ってみること，オクテットを超える電子があるかどうかを確かめることに慣れる必要がある．

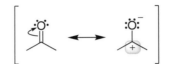

最初は，左の構造式の矢印が第二の掟を破っていると見抜くのは難しいかもしれない．しかし，水素原子を数えてみると，上の矢印は5本の結合をもつ炭素原子をつくってしまうことがわかるだろう．

ここからは第二の掟を「オクテット則」(octet rule)と呼ぼう．共鳴構造を書くとき，第2周期の元素でオクテットを<u>超える</u>と規則を破ることになるので，気をつけなければならない．しかし，オクテットより<u>少ない</u>電子数なら，まったく問題はない．たとえば

この炭素原子はオクテットの
電子をもっていない

中心の炭素原子のまわりには6個の電子しかなく，この図はまったく問題ない．当面，電子が8個を超えた場合に限って，われわれは「オクテット則」が犯されたと考えることにしよう．

われわれの二つの掟（単結合を切るな，「オクテット則」を犯すな）は，曲がった矢印の二つの部分（尾と頭）に対応している．よくない尾は第一の掟を，よくない頭は第二の掟を破る．

例題 2.1 次の化合物について，構造式に書かれた矢印を見て，それが共鳴構造を書く際の二つの掟を破っているかどうかを確かめなさい．

解答 まず，第一の掟が破られていないかどうか見てみる．単結合を切っていないだろうか．これを確かめるために，矢印の<u>尾</u>に注目する．もし矢印の尾が単結合からでているなら，その単結合を切っていることになる．尾が二重結合からでているのであれば，第一の掟は破られていない．この例では，尾は二重結合からでているので，第一の掟は破られていない．

次に，第二の掟が破られていないかどうか見てみる．オクテット則は犯されていないだろうか．これを確かめるために，矢印の<u>頭</u>に注目する．5本めの結合をつくっていないだろうか．C^+は結合を3本だけもっていて，4本もってはいないことを思いだそう．上記の矢印のように動かすと，炭素はいまや4本の結合をもつことになるが，第二の掟は破られていない．

二つの掟は破られていないから，上記の矢印は正しく書かれている．

練習問題 次のそれぞれの構造式について，どの矢印が二つの掟のどちらを破っているかを確かめ，また理由を説明しなさい（この問題を解くには，すべての水素原子と孤立電子対を数えるのを忘れないように）．

2.4 よい矢印を書く ◎ 23

2.2 _____

2.3 _____

2.4 _____

2.5 _____

2.6 _____

2.7 _____

2.8 _____

2.9 _____

2.10 _____

2.11 _____

2.12 _____

2.4　よい矢印を書く

　これまでに，よい矢印とよくない矢印を区別できるようになった．そこで，実際に矢印を書く練習が必要だろう．矢印の尾は結合もしくは孤立電子対からでなければならないこと，また矢印の頭は結合もしくは孤立電子対をつくるように動かなければならないことを，すでに習った．二つの共鳴構造を与えられ，一つの構造をもう一つの構造に変化させる矢印を示しなさいといわれたとす

24 ◎ 2章 共 鳴

る．一つの共鳴構造からもう一つの構造に変わる際に，現れたり消えたりするすべての結合，すべての孤立電子対を探す必要があるのは理解できるだろう．例として，次の共鳴構造を考えよう．

左の図を右の図に変える曲がった矢印は，どうしたら引くことができるだろうか．二つの構造の違いをよく見て，考えてみよう．「第一の構造から第二の構造にするには，どのように電子を押しだせばよいか」．まず，消える二重結合または孤立電子対を探すことから始める．これは矢印の尾をどこに置くべきかを教えてくれる．この例では，消える孤立電子対はないが，二重結合は消える．そこで，矢印の尾を二重結合のところに置けばよいとわかる．

次は，どこに矢印の頭を置くべきかである．現れる孤立電子対または二重結合を探す必要がある．酸素原子のところに新しい孤立電子対が現れるから，どこに矢印の頭を置けばよいかがわかる．

二重結合を動かして，ある原子上に孤立電子対をつくらせる場合には，2個の形式電荷，すなわち結合を失った炭素原子上のプラス1の形式電荷と，孤立電子対を得た酸素原子上のマイナス1の形式電荷が生じることに注意しよう．これはきわめて重要な点である．形式電荷は前章で紹介したが，これはいまや共鳴構造を書く際の手段になっている．とりあえずは矢印を書くことに専念し，次節で形式電荷にもどることにする．

一つの共鳴構造をもう一つの構造に変える矢印を1本だけ書く方法を知るのは，ごく簡単なことである．だが，一つの共鳴構造をもう一つの構造に変えるのに，矢印を2本以上書く必要がある場合はどうか．そんな例を見てみよう．

例題 2.13 次の二つの構造について，左の図を右の図に変えるような曲がった矢印を書きなさい．

解答 二つの図の違いに注目する．まず，消える孤立電子対または二重結合を探すことから始める．酸素が孤立電子対を1対失い，下の二重結合も消えることがわかる．このことから，2本の矢印が必要であることが自動的にわかる．1対の孤立電子対と1本の二重結合を失うには，二つの尾が必要である．

次に，現れる二重結合または孤立電子対を探す．$C=O$ が現れ，マイナス1の形式電荷をもつ C も現れる（C^- は孤立電子対をもつ C であることを思いだそう）．したがって頭が二つ必要であり，矢印が2本必要であることも確かめられた．

2.5 共鳴構造における形式電荷 ◎ *25*

矢印が2本必要であることがわかった。図の上側から始める。酸素原子から孤立電子対が消え，C＝Oが生じる。この矢印を書いてみる。

ここで作業を止めると，第二の掟を破ることになるので注意する。中央の炭素原子は5本の結合を得ることになる。この問題を避けるためには，ただちに第二の矢印を書く必要がある。C＝Cが消えて（オクテットの問題が解消する），炭素上に孤立電子対が生じる。いまや2本の矢印が書けた。

矢印を書くのは自転車に乗るのとよく似ている。以前に経験がないと，誰かがやっているのをいくら見ても上達しない。どうやってバランスをとるか自分で学ばなければならない。誰かを見るのは手始めとしてはよいが，本気で学ぼうというのであれば，自転車に乗らざるをえない。何回かは転ぶだろう。だが，それは学習の一段階だ。矢印を書くのも同じことである。学ぶただ一つの方法は，練習することだ。

では，いよいよ矢印を書くという自転車乗りを始めよう。初めて自転車に乗るというのに，険しい崖のそばで始めるのは馬鹿げている。矢印を書く最初の経験を，試験の最中にするのはもってのほかだ。いますぐ練習を始めよう。

練習問題 曲がった矢印を書き，左の構造を右の構造に変えなさい。多くの場合，2本以上の矢印を書かなくてはならない。

2.14

2.15

2.16

2.17

2.18

2.19

2.5 共鳴構造における形式電荷

われわれは正しい矢印を書く作法（そして，よくない矢印を書かない作法）を学んだ。前節では，

26 ◎ 2章 共 鳴

与えられた共鳴構造に矢印を書き込む問題が課された．レベルをもう一段階上げてみよう．共鳴構造が与えられていない場合でも，矢印を書けるようにならなければならない．とっつきやすいように矢印を残しておくので，適切な形式電荷をもつ共鳴構造を書くことに集中しよう．次の例を考える．

この例では，酸素原子上の孤立電子対の1対が結合をつくろうと下におりてこようとしている一方，C＝C二重結合が押しやられて孤立電子対になろうとしているのが見てとれる．2本の矢印が同時に動かされれば，二つの掟のどちらも破らないことになる．では，どうすれば共鳴構造を書けるだろうか．われわれは矢印の示す意味を知っているのだから，矢印を追いかけるのは容易である．酸素のもつ孤立電子対の1対を消し，酸素と炭素の間に二重結合を書き，C＝C二重結合を消し，炭素上に孤立電子対を書けばよい．

矢印は言葉であり，われわれに何をすべきかを語ってくれる．だが，ここで引っかかりやすいところがでてくる．新しい構造に形式電荷をつけるのを忘れてはならない．形式電荷を割り当てる規則を適用すると，酸素がプラス1の形式電荷を，炭素がマイナス1の形式電荷を得ることがわかる．この変化を書く限り，孤立電子対を書く必要はない．

形式電荷を書くのは絶対に大切である．形式電荷なしの共鳴構造は間違っている．事実，形式電荷を書き忘れたら，共鳴構造のすべてのポイントを失うことになる．なぜなのか．いま書いた共鳴構造を見てみよう．炭素原子上にマイナス1の形式電荷があることに注意する．このことから，この炭素原子は高い電子密度をもつ場所であるとわかる．初めに示された分子の図からは，このことは読みとれない．

だからこそ共鳴構造が必要なのである．共鳴構造は，どこに電子密度の高い場所があるか，低い場所があるかを教えてくれる．もし形式電荷をもたない共鳴構造を書いたりしたら，いったいどこに，わざわざ共鳴構造を書く意味があるのだろう．

適切な形式電荷が不可欠であるとわかったら，共鳴構造を書く際にはどうすべきかを確かにする必要がある．形式電荷のことになると少しあぶなっかしくなるようであれば，前章の形式電荷を復

2.5 共鳴構造における形式電荷 ◎ 27

習するとよい．より重要なのは，いちいち数えなくても，形式電荷を書けるようになることである．酸素，窒素，炭素で事情は同じであることを学んだ．これを覚えておくのは重要である（もし必要なら，これらを復習されたい）．

　形式電荷を割り当てるもう一つの方法は，矢印を適切に読むことである．先ほどの例をもう一度見てみよう．

矢印が語っていることを考える．酸素は1対の孤立電子対（2個の電子はともに酸素上にある）を失い，結合をつくろうとしている（2個の電子のうち，1個は酸素に，もう1個は炭素に共有されようとしている）．つまり，酸素は電子を1個失おうとしている．このことから，酸素は共鳴構造においてプラス1の形式電荷をもたなければならないことがわかる．右下の炭素原子について同じ考察をすれば，炭素がマイナス1の形式電荷を得ることがわかる．電子はどこにでもいけるわけではないことを思いだそう．矢印はまさに，われわれが共鳴構造を書くのを助ける道具である．この道具をうまく使うために，われわれは電子が動くものと考える．しかし，実際にはそうではない．

　練習してみよう．

例題 2.20　次のそれぞれの構造について，示された矢印を動かしたときに得られる共鳴構造を書きなさい．形式電荷を含めるのを忘れないこと．

解答　何が起こっているかを知るために矢印を「読んで」みる．酸素上の孤立電子対の1対が結合を形成するために下りてきて，C＝C二重結合が押されて炭素原子上に孤立電子対ができる．つまり，酸素原子上の1対の孤立電子対を除き，炭素と酸素の間を二重結合とし，C＝C二重結合を除き，炭素原子上に孤立電子対を書く．最後に形式電荷を書く．

　ここで，いささか微妙な点を述べておこう．先ほど孤立電子対は書かなくてもよい，形式電荷だけを書けばよいといった．ときとして，孤立電子対が書かれていない構造に矢印が書かれているのを見るだろう．このとき矢印は負電荷からでている．

28 ◎ 2章 共 鳴

左の図は有機化学者が通常使う書き方だが，右の図のほうが正確である．講義ノートの中に先生が曲がった矢の尾を負電荷の上に書いたものを見つけたら，実際は電子が孤立電子対からでていることを忘れないようにしよう（右の図を参照）．

君が書いた図を再度チェックする方法の一つは，書いた共鳴構造がもつ全電荷を数えることである．全電荷は出発構造と同じはずである．もし出発構造がマイナス 1 の形式電荷をもつなら，君が書いた共鳴構造もマイナス 1 の形式電荷をもつはずである．そうでないとすると，どこか間違いをしたことになる．共鳴構造を書くときに全電荷を変えることはできない（電荷の保存といわれる）．

練習問題　次のそれぞれの構造について，示された矢印を動かしたときに得られる共鳴構造を書きなさい．形式電荷を含めるのを忘れないこと（ヒント：孤立電子対が書かれている場合と書かれていない場合がある．しかし，書かれていなくても，それを考慮することを忘れてはならない．書かれていない孤立電子対を見つける訓練が必要になる）．

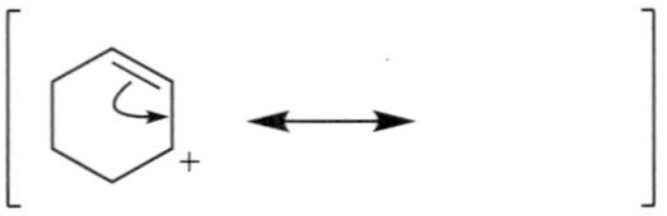

2.21

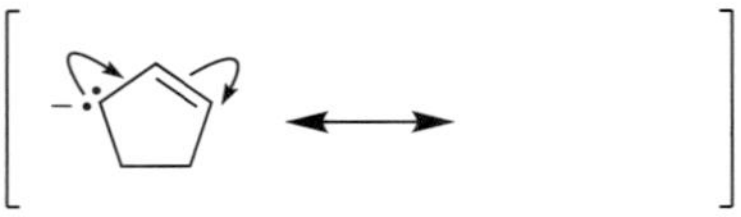

2.22

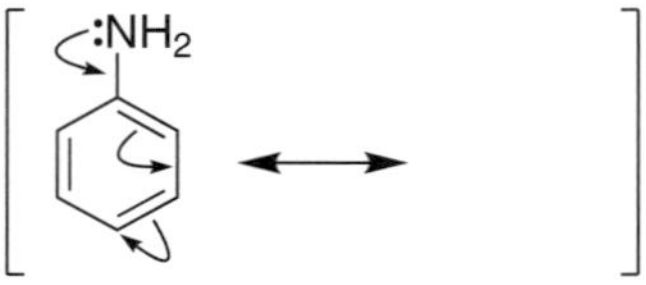

2.23

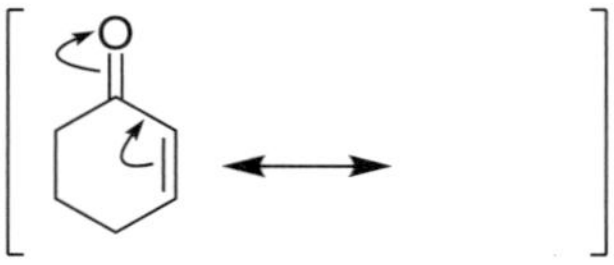

2.24

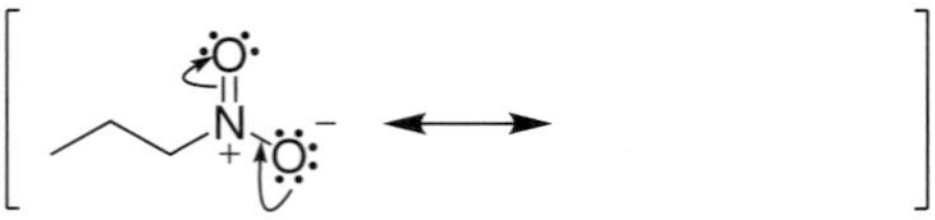

2.25

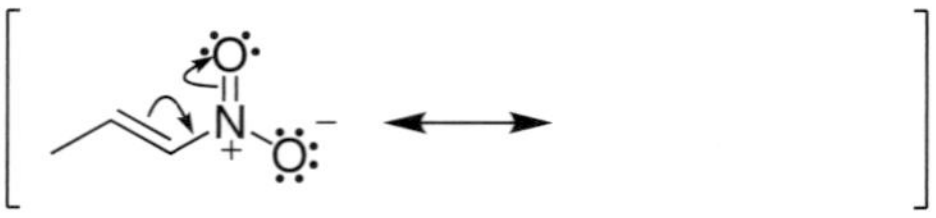

2.26

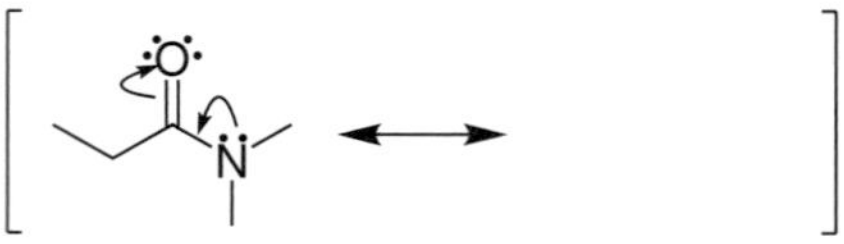

2.27

2.6　順序を踏んで共鳴構造を書く　◎　*29*

2.28

2.6　順序を踏んで共鳴構造を書く

　必要な道具立てはそろった．なぜ共鳴構造が必要なのか，それらが何を表すのかを知った．また曲がった矢印が何を表すのかを知った．二つの掟を破っているよくない矢印を見抜くことも覚えた．ある構造を次の構造に変えるような矢印の書き方も，形式電荷をどう書くかも習った．いまや共鳴構造を書くために曲がった矢印を使う準備ができた．

　まず，分子の中で共鳴が関与している部分を見つける．孤立電子対または結合からだけ電子を動かすことができるのを思いだそう．単結合から矢印をだすことはできないから（これは第一の掟を破る），すべての結合を考える必要はない．つまり，二重結合または三重結合だけを考えればよい．二重結合と三重結合は$\overset{パイ}{\pi}$結合（訳注参照）を含む．われわれは孤立電子対とπ結合を探せばよい．通常，分子の限られた領域にだけ，これらの特徴が含まれる．

　共鳴が関与している場所が見つかったら，二つの掟を破ることなく電子を押しだすなんらかの方法があるかを調べる．順序立てて進めるために，この手順を三つの質問に分ける．

　　1．二つの掟を破ることなく，<u>孤立電子対をπ結合に変換</u>できるか
　　2．二つの掟を破ることなく，<u>π結合を孤立電子対に変換</u>できるか
　　3．二つの掟を破ることなく，<u>π結合を別のπ結合に変換</u>できるか

第四の可能性（孤立電子対を別の孤立電子対に変換する）を案じることはない．電子は，ある原子から別の原子にジャンプできないからである．上の三つの可能性だけがありうる．

　では，孤立電子対を結合に変換する第一段階から始めて，この三段階を進んでみよう．次の例を考える．

訳注　炭素原子の軌道（原子軌道）にはs軌道とp軌道の2種類があり，ほかの原子と結合をつくるときには，この2種類の軌道を混ぜ合わせて（混成，hybridization という），混成軌道をつくる．混成軌道には，2種類の原子軌道の混ぜ合わせの違いにより，sp^3，sp^2，sp混成軌道の3種類がある．

　たとえばメタンの炭素原子は4個のsp^3混成軌道をもち，それぞれが水素原子と結合するのに用いられる．ここで炭素−水素結合は，炭素原子のsp^3混成軌道と水素原子のs軌道との重なりからできている．このタイプの結合は$\overset{シグマ}{\sigma}$結合と呼ばれる．

　これに対して，エチレン $H_2C=CH_2$ の炭素原子は3個のsp^2混成軌道と1個のp軌道（混成には関与しない）をもち，前者を用いて2個の水素原子と第二の炭素原子とを結合する．第二の炭素原子もsp^2混成軌道を用いるのはいうまでもない．この炭素−炭素結合もσ結合である．

　2個の炭素原子は，さらにそれぞれのp軌道の重なりによって第二の結合をつくる．このタイプの結合はπ結合と呼ばれる．すなわちエチレンなどにある二重結合は，同じタイプの結合が2本あるのではなく，σ結合1本とπ結合1本からできている．

　アセチレン $HC\equiv CH$ の炭素原子は，2個のsp混成軌道と2個のp軌道をもつ．sp混成軌道は炭素原子間の結合や水素原子との結合に用いられ，これらの結合はやはりσ結合である．残る2個のp軌道の重なりによって2本のπ結合ができる．つまり，アセチレンなどの三重結合はσ結合1本とπ結合2本からできている．

　混成軌道については3.4節と4.1節にも説明がある．

30 ◎ 2章 共 鳴

π結合に変えることができる孤立電子対はないだろうか．孤立電子対をπ結合にするような矢印を書いてみる．

この操作は二つの掟を破らない．単結合を切ってもいないし，オクテット則を犯してもいない．だから，これは正しい構造である．この孤立電子対を逆の方向には動かせないことに注意しよう．そうすると，オクテット則を犯すことになる．

次の例で，もう一度やってみよう．

孤立電子対を下に動かしてπ結合をつくることができるだろうか．書いてみる．

これはオクテット則を犯す．炭素に5本の結合ができてしまうから，矢印をこのようには動かせない．この例では，孤立電子対をπ結合に変える方法はない．

では第二段階，π結合の孤立電子対への変換を試みよう．孤立電子対をつくるように二重結合を動かすことで，この場合は結合をどちらの方向にも動かせることがわかる．

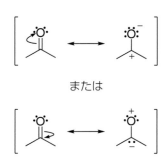

または

2.6　順序を踏んで共鳴構造を書く　◎　31

どちらの構造も二つの掟を破っておらず，正しい共鳴構造であることがわかる（実は，下側の構造は正しいことは正しいのだが，重要な共鳴構造ではない．次節では，どの構造式が重要で，どの構造式が重要でないかを決める方法を学ぶ）．

　第三段階はπ結合から別のπ結合への変換である．次の例を考えてみよう．

よくない．オクテット則を犯している

よい．オクテット則を犯していない

上側の構造の矢印はオクテット則を犯す（炭素に5本の結合が生じる）のに対して，下側の構造の矢印はオクテット則を犯さない．下側の構造の矢印は正しい共鳴構造を与える．

　いまやわれわれは三つの段階すべてを学んだ．そこで，これらの段階を組み合わせることを考えてみよう．ときにはオクテット則を犯すので行えない段階もあるが，二つの段階を同時に行うことによって，オクテット則を犯さずにすませることもできる．たとえば，次の構造で孤立電子対を結合に変えようとすると，オクテット則を犯すことになるが，

同時に第二段階（π結合を孤立電子対に変換する）を行えばうまくいく．

いいかえれば，1本の矢印を動かすだけでオクテット則を犯すだろうかと，あわてて結論しないことである．別の矢印を動かすことで問題を回避できないかと，まずは考えてみる．

　別の例として，次の構造を考えてみよう．C＝O結合を動かして孤立電子対にしない限り，C＝C結合をほかの結合に変えることはできない．

よくない　　　よい

このようにして，われわれは電子を「一回り」させることができる．
　ここから共鳴構造を書く練習を始めよう．

例題 2.29　次の化合物のすべての共鳴構造を書きなさい．

解答　すべての孤立電子対を見つけて，分子を書き直すことから始める．ここで酸素は 2 本の結合をもっているから，孤立電子対は 2 対である（こうして 4 個すべての軌道を用いる）．

まず第一段階を試す．孤立電子対を π 結合に変えられるだろうか．孤立電子対を下ろそうとすると，炭素原子に 5 本の結合ができてしまい，オクテット則が犯される．

第二の掟を破る

炭素に 5 本めの結合ができるのを防ぐ唯一の方法は，炭素から電子をもち去るような矢印を書くことである．しかしこれを試みると，単結合を切ることになり，第一の掟を破ってしまう．

第一の掟を破る

孤立電子対を動かして π 結合をつくることはできないので，第二段階に進む．π 結合を孤立電子対に変換できるだろうか．それはできる．

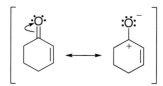

第三段階に進む．π 結合を別の π 結合に変えられるだろうか．二つの掟を破らない動きが一つだけある．

2.7 パターン認識による共鳴構造の書き方 ◎ 33

そこで共鳴構造は次のようになる.

練習問題 2.30 次の化合物について，三段階のすべてを試み（二つの掟を破らないように注意すること），共鳴構造を書きなさい.

この練習問題を解くために，孤立電子対を数え，各原子についてオクテット則を犯していないか気を配り，形式電荷をあてはめるなど，すべての可能性を考えるのは，とても時間をとる作業であることに気づいただろう. 幸いなことに，この面倒な作業のすべてを避ける方法がある. いくつかのパターンを学び，また，そのパターンを認識できるように訓練すれば，共鳴構造を手早く，効率よく書けるようになる. この技術を磨くことにしよう.

2.7 パターン認識による共鳴構造の書き方

共鳴構造をうまく書けるようになるために，学ぶべきパターンが五つある. まずそれらを列挙し，ついで例題や練習問題を通して，各パターンを詳しく見ていこう. パターンとは次のようなものである.

1. π 結合のとなりの孤立電子対
2. C^+ のとなりの孤立電子対
3. C^+ のとなりの π 結合
4. 2 個の原子にはさまれた π 結合. 原子の一つは電気陰性原子
5. 環をぐるりと一周する π 結合

π結合のとなりの孤立電子対

次の二つの例を見てみよう.

34 ◎ 2章 共鳴

どちらの例でも，π結合の「となりに」孤立電子対をもつ．「となりに」というのは，孤立電子対がただ1本の──それより多くも少なくもない──単結合によって二重結合とへだてられている，ということである．次のすべての例から，その点がわかるだろう．

どの場合にも，孤立電子対を動かしてπ結合をつくり，またπ結合をとりだして孤立電子対にすることができる．

形式電荷がどうなったかを見てみよう．孤立電子対をもつ原子がマイナス1の形式電荷をもっている場合，その原子はマイナス1の形式電荷を，最後には孤立電子対を受けとる原子に渡す．

孤立電子対をもつ原子が初めにマイナス1の形式電荷をもっていない場合，その原子は最後にはプラス1の形式電荷をもつ．マイナス1の形式電荷は，最後に孤立電子対を受けとる原子のところにいく（電荷の保存則を思いだそう）．

2.7 パターン認識による共鳴構造の書き方 ◎ 35

このパターン（π結合のとなりの孤立電子対）を読めるようになれば，形式電荷を数えたり，オクテット則が犯されないか確認したりする手間を省くことができる．そんなことを考えることなく，矢印を動かして新しい共鳴構造を書けるようになる．

例題 2.31 次の化合物の共鳴構造を書きなさい．

解答 これはπ結合のとなりの孤立電子対の例である．つまり2本の矢印を動かす．1本は孤立電子対からで，π結合をつくる．もう1本はπ結合からで，孤立電子対をつくる．

ここで形式電荷に注意すること．もともと酸素上にあったマイナス1の形式電荷が，いまは炭素に移動している．

練習問題 次のそれぞれの化合物について，いま学んだパターンを見つけて，共鳴構造を書きなさい．

2.32

2.33

2.34

2.35

36 ◎ 2章 共 鳴

2.36

2.37

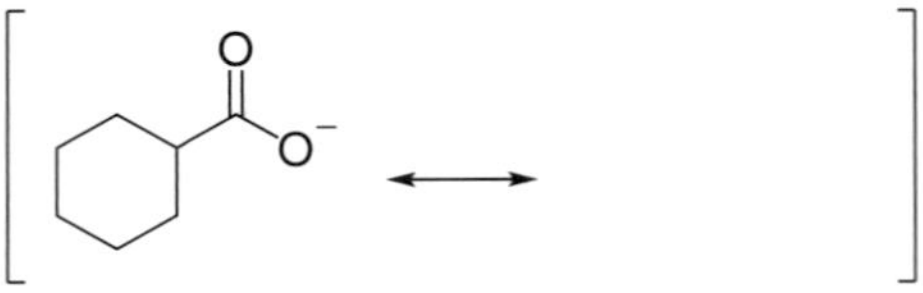

2.38

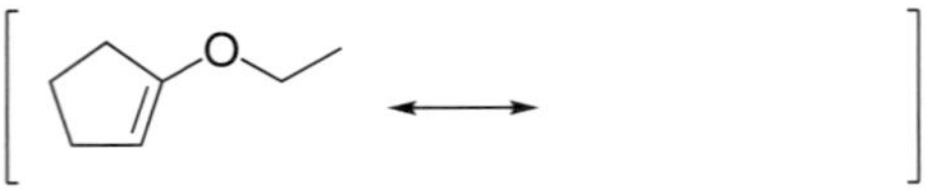

2.39

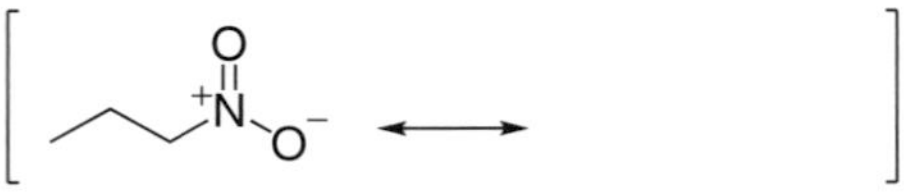

　孤立電子対は π 結合のとなりでなければならない．もう一つ離れた原子の孤立電子対を動かしても，うまくいかない．

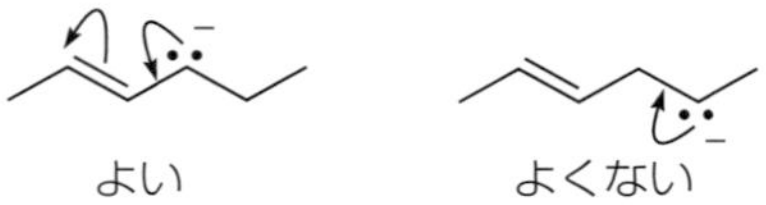

よい　　　　　　よくない

C⁺ のとなりの孤立電子対

　次の二つの例を見てみよう．

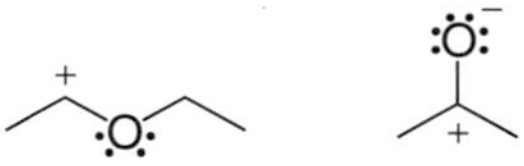

どちらの例でも，孤立電子対をプラス 1 の形式電荷のとなりにもつ．上の 2 例とも，孤立電子対を動かして π 結合をつくることができる．

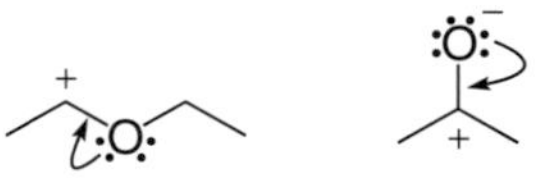

ここで形式電荷がどうなるかに注意しよう．孤立電子対をもつ原子がマイナス 1 の形式電荷をもっていると，電荷は最後には打ち消し合う．

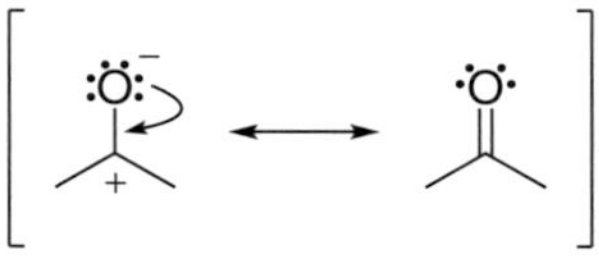

一方，孤立電子対をもつ原子が初めにマイナス 1 の形式電荷をもっていない場合，最後にはプラス

1の形式電荷をもつ（電荷の保存則である）．

練習問題 次のそれぞれの化合物について，いま学んだパターンを見つけて，共鳴構造を書きなさい．

2.40

2.41

2.42

2.43

問題2.41と2.43では，プラス1の形式電荷とマイナス1の形式電荷が打ち消し合って二重結合をつくることに注意しよう．一方，形式電荷を組み合わせても二重結合をつくれない場合がある．ニトロ基の場合である．ニトロ基の構造は次のようになる．

形式電荷がない場合には共鳴構造は書けない．

オクテット則を
犯している

電荷が消えるのだから，これは一見よさそうである．だが，このような書き方は許されない．この窒素原子は5本の結合をもっていて，オクテット則を犯すからである．

C⁺のとなりのπ結合

これはごくやさしい場合である．

38 ◎ 2章 共 鳴

1本の矢印をπ結合から新しいπ結合に動かせばよい.

この過程で, 形式電荷がどうなるかに注意しよう. もう一方の端に移動している.

プラス1の形式電荷のとなりに, 共役した複数の二重結合(複数の二重結合がそれぞれ, ただ1本の単結合でへだてられている. 次ページも参照)をもつこともできる.

このような場合, すべての二重結合を動かすことができる.

矢印は何が起こっているかを説明してくれるので, それぞれの共鳴構造についての形式電荷を数えて時間を浪費する必要はない. 正電荷を穴(つまり電子が欠けている場所)にたとえてみよう. 電子を穴に押し込むと, その穴の近くに新しい穴ができる. このようにして, 穴はある場所から次の場所へと移っていく. 曲がった矢印の尾はπ結合の上に置かれ, 正電荷の上に置かれるのではないことに注意しよう. 曲がった矢印の尾を正電荷の上に置かないように(これは, よくある間違いである).

練習問題 次のそれぞれの化合物について, いま学んだパターンを見つけて, 共鳴構造を書きなさい.

2.44

2.45

2.46

2個の原子にはさまれたπ結合. 原子の一つは電気陰性原子(N, O など)

次の例を見てみよう.

2.7 パターン認識による共鳴構造の書き方 ◎ 39

このような場合は，電気陰性(electronegative)原子にπ結合を動かし，孤立電子対をつくる．

形式電荷がどうなるか，注意しよう．二重結合はプラス1の形式電荷とマイナス1の形式電荷に分離される(形式電荷が集まって二重結合をつくる第二のパターンと逆である)．

練習問題 次のそれぞれの化合物について，いま学んだパターンを見つけて，共鳴構造を書きなさい．

2.47

2.48

2.49

環をぐるりと一周するπ結合

二重結合と単結合が交互に現れる場合，この交代系を共役系(conjugated system)と呼ぶ．

共役二重結合

共役系が環を巻いている場合，われわれは電子を環状に移動させることができる．

矢印を時計回りに動かそうと，反時計回りに動かそうとかまわない(どちらにしても同じ結果が得られる．それに電子は実際に動いているわけではない)．

まとめていえば，これまでに矢印を動かす次の五つのパターンを学んだ．

1．π結合のとなりの孤立電子対
2．C⁺のとなりの孤立電子対

40 ◎ 2章 共 鳴

　3．C$^+$のとなりのπ結合
　4．2個の原子にはさまれたπ結合．ただし原子の一つは電気陰性原子
　5．環をぐるりと一周するπ結合

　この五つのパターンの練習をしよう．

練習問題　次のそれぞれの化合物について，いま学んだパターンを見つけて，共鳴構造を書きなさい．

2.50 _____

2.51 _____

2.52 _____

2.53 _____

2.54 _____

2.55 _____

2.56 _____

2.57 _____

2.58 _____

2.59 _____

2.60 _____

2.8 共鳴構造の相対的重要性を評価する

すべての共鳴構造が同じように重要なわけではない．ある化合物が掟を破らない複数の共鳴構造をもつことはありうるが，ほとんどの場合，それらの共鳴構造のあるものは，ほかの構造に比べてより重要である．「重要」という意味を理解するために，章の初めに使ったたとえ話に立ちもどってみよう．

共鳴の概念を理解するために，ネクタリン(桃とプラムの交配種)のたとえを使った．さて，今度は3種の果物，桃，プラム，キウイの交配種をつくるとしよう．われわれがつくった交配種は，桃の性質65％，プラムの性質30％，キウイの性質5％をもつ．交配種に対するキウイフルーツの寄与は小さいので，この果物はやはりネクタリンのように見えると期待される．しかし，このキウイフルーツの寄与は依然として重要である．というのもキウイフルーツは，新しい果物がもつ複合された匂いに(あるいは外観にも)何かしらユニークなものを加えたかもしれないからである．

共鳴構造を比較するときも同様の考え方が成り立つ．ある共鳴構造は共鳴混成体(resonance hybrid)への寄与は小さいかもしれないが，それらはやはり重要であり，その化合物の反応性を説明したり，あるいは予測するのに役立つかもしれない．問題になっている化合物の真の性質を理解するには，共鳴構造を比較して，どれがおもな寄与をするか，どれの寄与が小さいか，どれが重要ではないかを知らなければならない．

共鳴構造を比較する際に従うべき四つの規則がある．あるいは君は，この段階で，ここまで学んできたことのすべてをきちんとフォローするのは難しいと思っているかもしれない．どんなふうに矢印を延ばすべきかに関する二つの掟，共鳴構造が掟を破っていないかどうかを決める三つの手順，そのうえ，どの共鳴構造が重要かを決める四つの規則まであるのだ．しかし，君もこれで終わりと聞けば，少しはほっとするだろう．もうこれ以上，規則も手順もない．共鳴構造については，ほとんど終わったといってもよい．もっといい話もある．共鳴構造を書くのは自転車に乗るようなものである．最初に自転車に乗るのを習うときは，転ばないように，すべての動きを集中して行わなければならない．おまけに，左側に倒れそうになったときに体をどちらに傾けるかとか，ハンドルをどちらに切るべきかといったいろいろな規則を覚えなければならない．しかし，いったんコツをのみ込めば，手放しでも乗れるようになる．共鳴も同じことである．たくさんの練習が必要だが，自分で気づく前に君は共鳴の権威になっているだろう．本書をマスターするには，そうでなければならない．

重要性の順に並べた次の規則は，共鳴構造の寄与の相対的重要性に対する評価に用いられる．

規則 1 寄与が最も大きい共鳴構造は，電子で満たされたオクテットを最大数もつものである．次の例を見てみよう．

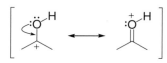

寄与は小さい　　寄与は大きい

左の共鳴構造はオクテットが満たされていない炭素原子(C^+)をもっているのに対して，右の共鳴

42 ◎ 2章 共 鳴

構造のすべての炭素原子は電子で満たされたオクテットをもつ．したがって右の共鳴構造の寄与が大きい．また，右の共鳴構造のほうが左の共鳴構造より多くの共有結合をもっている．したがって，この規則を次のようにいいかえることもできる．寄与が最も大きい共鳴構造は，共有結合を最大数もつものである．多くの共有結合をもつ共鳴構造は，電子で満たされたオクテットをより多くもっているからである．

　左の共鳴構造で見たように，オクテットは満たされていないが，正電荷をもつ炭素原子に出合うのはめずらしくない．これに対して，酸素は炭素よりもはるかに電気陰性なので，オクテットが満たされていない酸素を含む共鳴構造を書いてはならない．このことは次の例によって示される．

寄与は大きい　　　　寄与は小さい　　　　重要でない

左の構造では，すべての原子のオクテットが満たされており，この共鳴構造は寄与が大きい．中央の共鳴構造は，炭素原子のオクテットが満たされていないので，寄与が小さい．右の共鳴構造は，正電荷をもつ酸素原子のオクテットが満たされていないので，重要ではない．重要ではない共鳴構造を書いてはならない．

規則2　形式電荷が少ない構造ほど寄与が大きい．次の例を見てみよう．

寄与は最も大きい　　　寄与は大きい　　　寄与は小さい

この例で左の共鳴構造は，すべての原子が電子で満たされたオクテットをもち，形式電荷をもたないので，最も重要(寄与が最大)である(共鳴混成体に対して最大の寄与)．中央の共鳴構造は，満たされたオクテットをもっているので寄与は大きいが，形式電荷をもっているため寄与は左の構造より小さい．右の共鳴構造は，オクテットが満たされていない炭素原子をもつので，寄与は小さい．

　次の例のように分子全体として正味の電荷がある場合，新しい電荷をつくるのはよくない．電荷をもつ化合物の場合，共鳴構造を書く目的は電荷を非局在化(delocalization)，すなわち電荷をなるべく多くの場所に分散させることである．

$CH_3-C=CH_2$ ⟷ CH_3-C-CH_2 ✖ CH_3-C-CH_2

重要ではない

非局在化した負電荷

この場合，右の共鳴構造は重要ではない(つまり書くべきではない)．

2.8 共鳴構造の相対的重要性を評価する ◎ 43

規則3 ほかの条件が同じであれば，<u>電気陰性度が大きいほうの元素上に負電荷がある構造の寄与はより大きい</u>．例として，重要な共鳴構造が二つある前の例を見てみよう．第一の共鳴構造では酸素上に負電荷が，第二の共鳴構造では炭素上に負電荷がある．酸素のほうが炭素より電気陰性度が大きいので，最初の構造の寄与が主である．

$$CH_3-\overset{..\overset{-}{O}}{\underset{}{C}}=CH_2 \longleftrightarrow CH_3-\overset{:O:}{\underset{}{C}}-\overset{-}{C}H_2$$

寄与は大きい　　　　　　　寄与は小さい

　同様に，電気陰性度が小さいほうの元素上に正電荷がある構造は，より安定である．次の例では，どちらの共鳴構造も電子で満たされたオクテットをもっているので，次には正電荷の場所を考える．窒素の電気陰性度は酸素のそれより小さいので，N^+ をもつ共鳴構造の寄与が主になる．

寄与は小さい　　　　　　　寄与は大きい

規則4 同じようによい線構造式をもつ共鳴構造は，<u>同等</u>(equivalent)といわれ，共鳴混成体へ同等に寄与する．例として，次に示す炭酸イオン($CO_3{}^{2-}$)を考えよう．

同等，寄与は大きい　　　　　　重要ではない

このイオンは正味の電荷をもっているので，規則2を思いだせば，なすべきことは電荷をなるべく非局在化して，新しい電荷をつくらないようにすることである．炭酸イオンの実際の構造(共鳴混成体)では，2個の負電荷が3個の酸素原子の間で均等に分配されている．

例題 2.61 次の化合物について，重要な共鳴構造をすべて書きなさい．

解答 エナミンで明らかな共鳴パターンは，π結合のとなりの孤立電子対だから，次のように2本の曲がった矢印を書いて，電荷が分離した共鳴構造をつくる．

44 ◎ 2章 共 鳴

この構造を見ると，π結合のとなりの孤立電子対という同じパターンがあるのに気づく．そこで次のように2本の曲がった矢印を書いて，もう一つの共鳴構造をつくる．

重要な共鳴構造が合わせて三つ得られる．

これら三つの共鳴構造のそれぞれで，すべての原子は電子で満たされたオクテットをもっている．形式電荷をもっていない第一のものは最も重要であるが，残りの二つも共鳴混成体に対してなんらかの寄与をする．

注意すべきは，次に示す3番目の構造を書いてはならないことである．C^+とC^-の双方をもっているので，重要ではないからである．

重要ではない

この3番目の構造には二つの重要な欠点がある．（1）上記のほかの共鳴構造はすべて電子で満たされたオクテットをもつが，3番目の構造は電子で満たされたオクテットをもたない．（2）負電荷を炭素原子（電気陰性原子ではない）上にもつ．二つの欠点の一つだけでも，この共鳴構造の寄与を小さくする．さらにこれらの欠点が合わさると（C^+とC^-），この共鳴構造は重要でなくなる．これは，C^+とC^-の双方をもつあらゆる共鳴構造に成り立つ．一般に，この種の構造は重要ではない．

練習問題 次のそれぞれの化合物について，重要な共鳴構造をすべて書きなさい．

2.62

2.63

2.64

2.8 共鳴構造の相対的重要性を評価する ◎ 45

2.65

2.66

2.67

2.68

2.69

2.70

2.71

2.72

2.73

2.74

3章
酸−塩基反応

　有機化学の教科書であれば，どれでも最初の数章は分子の構造，すなわち原子はどのようにして結合をつくるか，これらの結合をどのように書くか，分子をどう書き表すか，分子をどう命名するか，分子は三次元ではどう見えるか，空間の中で分子はどのようにねじれたり曲がったりするか，といったことを中心に扱う．構造に関してはっきりした理解を得て初めて，反応へと進む．しかし，ここに一つの例外がある．それは酸−塩基(acid-base)の化学である．

　酸−塩基の化学は，後の反応のところ(本書では8章以降)で扱われるほうがよさそうに思えるが，有機化学の教科書では最初の何章かで扱われることが多い．有機化学の講義で酸−塩基の化学が早く扱われるのには重要な理由がある．この理由を理解することによって，君は酸−塩基の化学がかくも重要であるかを，よりよくのみ込めるだろう．

　有機化学の講義の初めのほうで酸−塩基の化学を教える理由を理解するために，まず酸−塩基の化学とは何かについて，ごく簡単に理解することから始めよう．簡単な反応にまとめる．

$$H-A \xrightleftharpoons{-H^+} A^-$$

　上の反応では，平衡の左辺に酸(HA)，右辺に共役塩基(A^-, conjugate base)がある．HA は，ほかに与えることができるプロトン(H^+)をもっているので酸である．A^- はプロトンをとりもどそうとするので塩基である(酸はプロトンを与え，塩基はプロトンを受けいれる)．A^- は HA からプロトンを除いたときに得られる塩基なので，HA の共役塩基と呼ばれる．

　ここで問題は，HA がどの程度プロトンをだしやすいかである．もしきわめて容易にプロトンをだすなら，HA は強酸である．しかしプロトンをだししぶるなら，HA は弱酸である．では，HA がプロトンをだしやすいかどうかは，どうすればわかるだろうか．共役塩基を見ればわかるのだ．

　共役塩基は負電荷をもつことに注意しよう．本当に問題になるのは，この負電荷はどれだけ安定かである．もしこの負電荷が安定であれば，HA は容易にプロトンを放出するだろう．したがって，HA は強酸となる．不安定であれば，HA はプロトンを容易に放出しないから，弱酸となる．

　つまり酸−塩基の化学を完全にマスターするためには，次の技術が必要とされる．負電荷に注目して，それがどれだけ安定かを決めさえすればよい．もしこれができれば，酸−塩基の化学はまったく楽なものになる．もし電荷の安定性を決められなかったら，酸−塩基の化学の学習が終わっても，まだ不安を残すことになる．反応を予測するためには，どんな種類の電荷が安定か，不安定か

3.1　ファクター1 ── 電荷はどの原子上にあるか　◎　47

を知る必要がある．

　これでなぜ酸-塩基の化学を講義のごく初めに教えるかがわかっただろう．電荷の安定性は，分子の構造を理解する重要な部分である．反応とは電荷が互いにどう作用するかにほかならないから，とても重要である．どんなファクターが電荷を安定化し，どんなファクターが不安定化するかについて十分な知識を得て初めて，反応の議論を始めることができる．この章では，四つの最も重要なファクターを順番に注目していこう．

3.1　ファクター1 ── 電荷はどの原子上にあるか

　電荷の安定性を決める最も重要なファクターは，電荷がどの原子上にあるかである．例として，次の二つの構造を考えよう．

左の化合物は負電荷を酸素原子上に，右の化合物は硫黄原子上にもつ．どのように比較すればよいのだろうか．それには周期表を用いて，二つの傾向を考える．すなわち，同じ周期に属する原子間の比較と，同じ族に属する原子間の比較である．

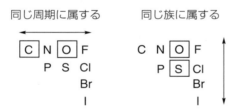

同じ周期に属する原子間の比較から始めよう．たとえば炭素と酸素を比較する．

左の構造は電荷を炭素上に，右の構造は酸素上にもつ．どちらがより安定だろうか．電気陰性度（electronegativity）は周期表で左から右に進むにつれて大きくなることを思いだそう．

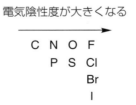

電気陰性度は元素の電子に対する親和力の物差し（原子がどのくらい容易に新しい電子を受けいれるか）であるから，酸素上の負電荷は炭素上の負電荷よりも安定であるといえる．

　次に同じ族に属する原子，たとえばヨウ化物イオン（I⁻）とフッ化物イオン（F⁻）を比較しよう．

ここは少しややこしい．というのも，安定化の傾向は電気陰性度の順と逆だからである．

フッ素はヨウ素よりも電気陰性度が大きいのは事実である．だが，同じ族にある原子を比較する場合，原子の大きさという，より重要な要因がかかわってくる．ヨウ素はフッ素に比べて大きい．そのため電荷がヨウ素に置かれると，その電荷はきわめて大きな体積に広がる．電荷がフッ素に置かれた場合，電荷はごく小さいスペースに押し込まれる．

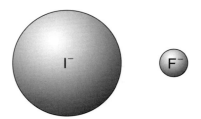

フッ素はヨウ素より電気陰性度が大きいけれども，ヨウ素のほうが負電荷をよりよく安定化できる．もし I^- が F^- より安定であれば，HI は HF より強酸であるはずである．なぜなら HI は HF より容易にプロトンを放出するからである．

まとめていえば，二つの重要な要因がある．電気陰性度(同じ周期に属する原子を比較する場合)と大きさ(同じ族に属する原子を比較する場合)である．ただし第一の要因(同じ周期に属する原子を比較する)のほうが，はるかに重要である．別の言葉でいえば，C^- と F^- の安定度の差は，I^- と F^- の差よりもはるかに大きい．

これで，この節の最初の問題に答えるために，必要な情報はすべて得た．次に示した電荷は，どちらがより安定だろうか．

2個のイオンを比較してみると，左側では酸素原子が負電荷をもち，右側では硫黄原子が負電荷をもっている．酸素と硫黄は周期表の同じ族に属しているから，大きさのほうにより注目すべきである．硫黄は酸素より大きいから，硫黄のほうが負電荷をより安定化できる．

例題 3.1 次の化合物中の影をつけた2個のプロトンを比較し，どちらの酸性が強いか決めなさい．

解答 それぞれの化合物から影をつけたプロトンを引き抜いて，得られる共役塩基の構造を書いてみ

3.2 ファクター2 —— 共鳴 ◎ 49

よう.

ここで二つの共役塩基を比較し，どちらがより安定かを考える．いいかえれば，どちらの負電荷がより安定かを考える．比較するのは，窒素原子上の負電荷と，酸素原子上の負電荷である．つまり，周期表の同じ周期に属する2個の原子を比較するのだから，より重要な要因は電気陰性度である．酸素は窒素より電気陰性度が大きいから，酸素のほうが負電荷を安定化できる．酸素上のプロトンのほうが容易に取り除けるから，酸性が強い.

練習問題 3.2 次の化合物中の影をつけた2個のプロトンを比較し，どちらの酸性が強いか決めなさい．まず二つの共役塩基を書き，次にそれらを比較しよう.

共役塩基1　　　　　共役塩基2

3.3 次の化合物中の影をつけた2個のプロトンを比較し，どちらの酸性が強いか決めなさい.

共役塩基1　　　　　共役塩基2

3.4 次の化合物中の影をつけた2個のプロトンを比較し，どちらの酸性が強いか決めなさい.

共役塩基1　　　　　共役塩基2

3.5 次の化合物中の影をつけた2個のプロトンを比較し，どちらの酸性が強いか決めなさい.

共役塩基1　　　　　共役塩基2

3.2　ファクター2 —— 共鳴

前の章ではもっぱら共鳴構造を書くことに専念した．まだ十分に身につけていないなら，この節

50 ◎ 3章 酸-塩基反応

に手をつける前に，前章を復習したほうがよい．すでに述べたが，共鳴は有機化学のあらゆる分野
に登場してくる．酸-塩基の化学でも例外ではない．

　ここで共鳴がどういう役割を果たすかを見るために，次の二つの化合物を比較しよう．

どちらの場合も，プロトンを除くと電荷は酸素上に生じる．

では，これらの共役塩基の安定性を比較しよう．ファクター1（電荷はどの原子上にあるか）を用い
て決めることはできない．どちらの場合も電荷は酸素にある．しかし，この2個の負電荷には決定
的な差がある．左図の電荷は，次に示すように共鳴で安定化されている．

　共鳴が何を意味するかを思いだそう．それは，二つの構造が平衡状態にあるという意味ではな
い．そうではなくて，ただ一つの化合物があるだけであり，どこに電荷があるかを一つの図で適切
に表現できないことを意味する．実のところ，電荷は2個の酸素に一様に広がっている．これを示
すために，二つの図を書くことが必要になる．

　では，負電荷の安定化において，共鳴はどのような役割を果たすのだろうか．熱い（熱すぎて長
くもてない）ポテトがあると考えてみよう．もし別の冷えたポテトをつかんで，最初のポテトの熱
さの半分を冷えたポテトに移すことができれば，どちらも熱すぎてもてないことにはならない．こ
こも実は同じ考えで説明できる．電荷を2個以上の原子に広げられるとき，その状態を電荷の「非
局在化」（delocalization）と呼ぶ．非局在化された負電荷は，局在化している（1個の原子にとどま
る）負電荷より安定である．

電荷は1個の原子にとどまる（局在化）

　このファクターはきわめて重要で，カルボン酸が酸性を示すことを説明してくれる．

カルボン酸は共役塩基が共鳴で安定化しているので，酸性を示す．カルボン酸はきわめて酸性が強
いとはいえないことに注意しよう．アルコールやアミンといったほかの有機化合物に比べれば酸性
は強いが，硫酸や硝酸といった無機酸と比較すると，さほど強いとはいえない．カルボン酸がプロ
トンを失う上記の平衡では，10,000分子に1個の割合でプロトンを放出する．酸の世界では，これ

3.2 ファクター2 —— 共鳴 ◎ 51

は強い酸性とはいいがたい．つまり，すべては相対的である．

さて，われわれは共鳴（負電荷の非局在化）が安定化のファクターであることを学んだ．そこで問題は，安定化の度合を大まかに見積もるにはどうすればよいかである．たとえば次の例を考えよう．

負電荷は4個の原子，つまり1個の酸素原子と3個の炭素原子に広がって安定化されている．酸素に比べると，炭素は負電荷をもつのが好都合とはいえないが，負電荷を1個の酸素にとどめておくよりは，1個の酸素原子と3個の炭素原子に広げるほうが具合がよい．電荷をまわりに広げると，それだけ安定化される．

しかし，電荷を分担する原子の数がすべてではない．たとえば次に示すように，電荷を1個の酸素原子と3個の炭素原子に広げるよりは，2個の酸素原子に広げるほうがよい．

より安定

さて，それぞれ共鳴安定化している二つの陰イオン性（負電荷をもつ）塩基を比較するための基本的骨組みができた．いま学んだばかりの次の規則を念頭に置いて，塩基を比較していく．

1．非局在化していればいるほど安定化される．4個の原子に広がっている電荷は，2個の原子に広がっている電荷よりも，より安定である．しかし
2．1個の酸素原子のほうが，多数の炭素原子よりもよい．

では問題をやってみよう．

例題 3.6 次の化合物中の影をつけた2個のプロトンを比較し，どちらの酸性が強いか決めなさい．

解答 プロトンを1個引き抜いて，得られる共役塩基の構造を書いてみる．もう一方にも同じことを行う．

ここで二つの共役塩基を比較し，どちらがより安定かを考える．左の構造では，電荷は窒素原子上に局在化している．右の構造では，負電荷は窒素原子と酸素原子にわたって非局在化している（共鳴構造を書いてみよう）．電荷は非局在化するほど安定になるから，右の構造のほうが安定である．

より酸性なプロトンとは，酸から離れたときに，より安定な共役塩基を生じるものである．

練習問題 3.7 影をつけた2個のプロトンを比較し，どちらの酸性が強いか決めなさい．

_____ _____
共役塩基1   共役塩基2

3.8 影をつけた2個のプロトンを比較し，どちらの酸性が強いか決めなさい．

_____ _____
共役塩基1   共役塩基2

3.9 影をつけた2個のプロトンを比較し，どちらの酸性が強いか決めなさい．

_____ _____
共役塩基1   共役塩基2

3.10 影をつけた2個のプロトンを比較し，どちらの酸性が強いか決めなさい．

_____ _____
共役塩基1   共役塩基2

3.3 ファクター3 —— 誘起効果 ◎ 53

3.11 影をつけた2個のプロトンを比較し，どちらの酸性が強いか決めなさい．

_____ _____
共役塩基1 共役塩基2

3.12 影をつけた2個のプロトンを比較し，どちらの酸性が強いか決めなさい．

_____ _____
共役塩基1 共役塩基2

3.3 ファクター3 —— 誘起効果

次の化合物を比較しよう．

どちらの化合物がより酸性だろうか．この問題を解くただ一つの方法は，プロトンを除いて共役塩基を書くことである．

これまでに学んだファクターを検討してみよう．ファクター1はどちらについても答えをだせない．ファクター2も同様に両方について答えられない．どちらも負電荷は共鳴によって2個の酸素原子に非局在化している．こうしてファクター3が必要になる．

二つの化合物の違いは明らかに塩素原子の有無である．塩素はどんな効果を及ぼすだろうか．これを知るために，われわれは誘起(induction)と呼ばれる概念を理解する必要がある．

われわれは，電気陰性度が原子の電子に対する親和力の目安であることを知っている．そうすると，電気陰性度が異なる2個の原子をつなげればどうなるだろうか．たとえばC—O結合を考えよう．酸素の電気陰性度のほうが大きいから，炭素と酸素で共有されている2個の電子(この2個の電子が炭素と酸素の間の結合をつくる)は，酸素原子によってより強く引っ張られる．この結果，2個の原子に電子密度の差がでる．酸素は電子に富み，炭素では不足する．これを通常は，それぞれ「部分」負電荷，「部分」正電荷を意味する記号$\delta-$と$\delta+$で表す．

54 ◎ 3章 酸–塩基反応

$$\delta^- OH$$
（プロパン-2-オールの構造, $\delta+$ on central carbon）

電子密度の「引き寄せ」は誘起と呼ばれる．この節の最初の例にもどると，3個の塩素原子は，それらが結合している炭素原子から電子密度を引き寄せ，これによって炭素原子は電子不足（$\delta+$）になる．すると，この炭素原子は負電荷をもつ領域から電子密度を引き寄せるので，誘起効果（inductive effect）は負電荷を安定化する．

（酢酸イオンとトリクロロ酢酸イオンの構造）
より安定

距離が大きくなると，誘起効果は急激に減衰する．したがって，次の二つの化合物には大きな差がある．

（トリクロロ酢酸イオンと3,3,3-トリクロロプロパン酸イオンの構造）
より安定

例題 3.13 次の化合物中の影をつけた2個のプロトンを比較し，どちらの酸性が強いか決めなさい．

（Cl₃C–CH(OH)–CH₂–C(CH₃)₂–OH の構造）

解答 まず，それぞれの共役塩基を書いてみる．

（2つの共役塩基の構造）

左の構造では，電荷は隣接する塩素原子の誘起効果によっていくぶん安定化されている．これに対して右の構造では，この安定化はない．したがって，左の構造がより安定である．
　より酸性が強いのは，離れるとより安定な負電荷を生じるプロトンである．つまり次に示すプロトンのほうが酸性が強い．

（Cl₃C–CH(OH)–CH₂–C(CH₃)₂–OH の構造，左のHを強調）

3.4　ファクター4 —— 軌道　◎　55

練習問題 3.14　影をつけた2個のプロトンを比較し，どちらの酸性が強いか決めなさい．

共役塩基1　　　　共役塩基2

3.15　影をつけた2個のプロトンを比較し，どちらの酸性が強いか決めなさい．

共役塩基1　　　　共役塩基2

3.16　影をつけた2個のプロトンを比較し，どちらの酸性が強いか決めなさい．

共役塩基1　　　　共役塩基2

3.4　ファクター4 —— 軌道

　これまでに学んだ三つのファクターは，次の化合物中の影をつけた2個のプロトンの酸性の差を説明できない．

　どちらのプロトンの酸性が強いかを決めるために，それぞれのプロトンを除いて，生じた共役塩基を比較してみよう．

　どちらの場合も負電荷は炭素上にあり，ファクター1は役に立たない．どちらの場合も負電荷は共鳴によって安定化されないから，ファクター2も役に立たない．どちらの場合も誘起効果が関与しないので，ファクター3もまた役に立たない．解答を得るには，電荷が収まっている軌道のタイプを考える．

　混成軌道（hybrid orbital）の形を手短かにまとめよう．sp^3, sp^2, sp 各混成軌道はだいたい同じ形をしているが，大きさが違う．

sp 軌道はほかの軌道に比べて小さく，また密であるのに注意しよう．前のローブ（白い）と後ろのローブ（黒い）とが交わるところにある原子核に近い．したがって sp 軌道にある孤立電子対は，正電荷を帯びた原子核に近く，核に近いということで安定化される．

したがって sp 軌道上にある負電荷は，sp^3 または sp^2 軌道上にある負電荷よりも安定である．

より安定

どの炭素が sp, sp^2 または sp^3 軌道であるかを決めるのはごく簡単である．三重結合の炭素は sp 軌道，二重結合の炭素は sp^2 軌道，すべてが単結合である炭素は sp^3 軌道である．詳しくは次の章（分子の三次元構造を扱う）で学ぶ．

例題 3.17 次の化合物中のプロトンで，最も酸性が強いものを示しなさい．

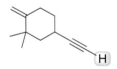

解答 すべてのプロトンがどこにあるかを認識するのが大切である．もしできなければ，線構造式を扱う1章を復習しなければならない．sp 軌道では，プロトンが1個だけ脱離して負電荷を残す．sp^2 または sp^3 軌道では，すべてのプロトンは脱離して後に負電荷を残す．最も酸性の強いプロトンを次に示す．

3.5　四つのファクターに順位をつける

これまでに四つのファクターを一つずつ検討してきた．次に，それらの重要性に順位をつける必要がある．いいかえれば，何を最初に注目すべきか，そして，もし二つのファクターが競合する場合はどうすべきか，である．

1. どの原子に電荷があるか（同じ周期に属する原子の比較と，同じ族に属する原子の比較との違いを思いだそう）．

3.5 四つのファクターに順位をつける ◎ 57

2．一方の共役塩基を他方の共役塩基よりも安定にするような共鳴効果はないか．

3．それぞれの共役塩基を安定化する，あるいは不安定化する誘起効果(電気陰性原子または
アルキル基)はないか．

4．比較しているそれぞれの共役塩基で，どの軌道に負電荷があるか．

この順序について，重要な例外がある．次の二つの化合物を比較しよう．

$$H \!\!=\!\!\equiv\!\!=\!\! H \qquad NH_3$$

どちらの化合物の酸性が強いかを予測するには，それぞれの化合物からプロトンを取り除き，共役
塩基を比較する．

$$H \!\!=\!\!\equiv\!\! :^- \qquad \bar{:}\ddot{N}H_2$$

これら2個の負電荷を比較すると，二つのファクター，すなわち第一のファクター(どの原子に電
荷があるか)と第四のファクター(どの軌道に電荷があるか)が競合するのに気づく．第一のファク
ターによると，窒素上の負電荷のほうが炭素上の負電荷より安定である．しかし第四のファクター
によると，sp軌道上の負電荷はsp³軌道上の負電荷(窒素上の負電荷はsp³軌道にある)よりも安定
である．一般的にいうと，ファクター1はほかのファクターよりも優勢である．しかし，この場合
は例外であり，ファクター4(軌道)が優勢で，炭素上の負電荷のほうが安定である．

$$H \!\!=\!\!\equiv\!\! :^- \qquad \bar{:}\ddot{N}H_2$$
より安定

この場合，sp混成炭素上の負電荷はsp³混成窒素上の負電荷より安定であることを示す．まさにこ
の理由によって，NH_2^-は三重結合からプロトンを引き抜くための塩基として用いられる．

　もちろん，ほかにも例外はある．しかし，いま述べたものが一番一般的である．多くの場合，君
は四つのファクターを適用でき，酸性に対する定性的評価が可能になるだろう．

例題 3.18　次に示す影をつけた2個のプロトンを比較し，どちらの酸性が強いか決めなさい．

解答　最初にすべきなのは，共役塩基を書くことである．

こうすれば比較が可能になり，四つのファクターを用いて，どちらの負電荷がより安定であるかを問
うことができる．

　1．原子　左の共役塩基は負電荷を窒素原子上にもち，右の共役塩基は負電荷を炭素原子上にも

58 ◎ 3章 酸-塩基反応

　　　つ．このファクターだけに基づいて，左の共役塩基がより安定であると予測できる．
　2．**共鳴**　どちらの共役塩基も共鳴によって安定化されていない．
　3．**誘起**　どちらの共役塩基も誘起効果によって安定化されていない．
　4．**軌道**　左の共役塩基は負電荷を sp^3 混成原子上にもち，右の共役塩基は負電荷を sp 混成原子
　　　上にもつ．このファクターだけに基づいて、右の共役塩基がより安定であると予測で
　　　きる．

つまり1のファクター(原子)と4のファクター(軌道)が競合する．一般的には，1のファクターは4
のファクターに優先する．しかし，これは先ほど学んだ一つの例外である．この場合，sp 混成炭素原
子上の負電荷は，sp^3 混成窒素原子上の負電荷よりも安定なので，4のファクターが支配的になる．し
たがって，次に示す影をつけたプロトンの酸性がより強い．

　　　四つのファクターを記憶し，また，その優先順位を覚えておこう．

　1．原子（Atom）
　2．共鳴（Resonance）
　3．誘起（Induction）
　4．軌道（Orbital）

順序を覚えるのにてこずるようなら，縮めて ARIO と覚えてしまうのがよい．

練習問題　次のそれぞれの化合物には，各2個のプロトンに影がつけてある．それぞれの場合につい
て，どちらのプロトンの酸性が強いかを決めなさい．

3.19　　　　　　　　　　　　　　　　_____　　_____
　　　　　　　　　　　　　　　　　　　　共役塩基 1　　　　　　　共役塩基 2

3.20　　　　　　　　　　　　　　　　_____　　_____
　　　　　　　　　　　　　　　　　　　　共役塩基 1　　　　　　　共役塩基 2

3.21　　　　　　　　　　　　　　　　_____　　_____
　　　　　　　　　　　　　　　　　　　　共役塩基 1　　　　　　　共役塩基 2

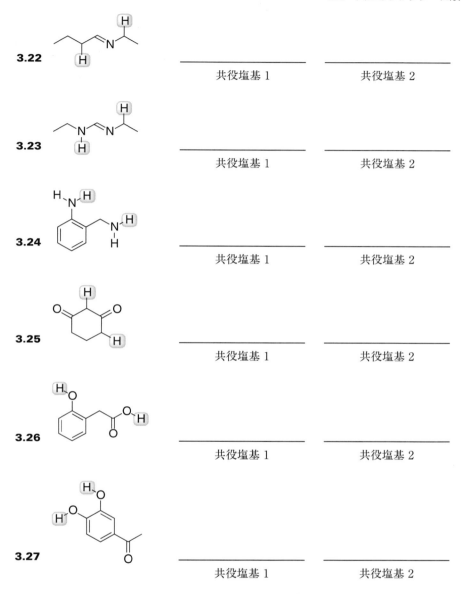

3.6 ほかのファクター

前の節では，共役塩基の安定性を比較するため，四つのファクターを用いた．しかし，ほかのファクターがない，と思ってはならない．実は共役塩基の安定性に影響する，ほかのファクターもある．次の二つの化合物は，そのようなファクターのよい例を説明できる．

これらの化合物の安定性を比較するためには，それらの共役塩基を比較する必要がある．

tert-ブトキシド　エトキシド

この例に四つのファクター(ARIO)をあてはめてみると，これらの共役塩基の安定性は等しいと予測される．しかし，右(エトキシド)のもののほうが左のものより安定であることがわかっている．なぜだろうか．安定性の差は，それぞれの共役塩基と，それらを取り巻く溶媒分子との間の相互作用で最もよく説明される．

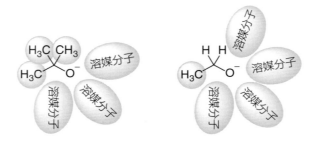

左の tert-ブトキシドイオンはエトキシドイオンに比べて大きく，立体的に阻害されているので，tert-ブトキシドイオンはエトキシドイオンに比べて少ない数の溶媒としか相互作用しない．この相互作用は共役塩基を安定化するので，(より多くの安定化相互作用をもつ)エトキシドイオンのほうが tert-ブトキシドイオンより安定である．またこれが，エタノールのほうが tert-ブチルアルコールより安定な理由である．<u>溶媒和効果</u>(solvating effect)と呼ばれるこの作用は，一般的に，これまでに学んだ四つのファクター(ARIO)のどれよりも弱い．

3.7 定量的測定(pK_a 値)

これまでに述べてきたすべては，異なるプロトンの酸性を比較する<u>定性的</u>(qualitative)な方法だった．いいかえれば，あるプロトンがほかのプロトンより<u>どれだけ</u>酸性が強いかとはいえなかったし，また，各プロトンがどれだけ酸性かを<u>正確には</u>いえなかった．われわれは，どちらのプロトンがより酸性かというように，酸性を相対的に述べたに過ぎなかった．

酸性を定量的(quantitative)に測定する方法がある．すべてのプロトンに対して，それらがどれだけ酸性かを定量的に示す数値が与えられる．その値を pK_a と呼ぶ．ある構造を眺めただけで，正確な pK_a を予測することはできない．pK_a 値は実験によってしか求めることができない．先生は君に，ある種の化合物の一般的な pK_a（たとえば，すべてのアルコールプロトン RO—H はおおむね同じ pK_a をもつ）を知っておくように求めるだろう．ほとんどの教科書には覚えやすいように表がついている．また，この表を暗記しなさいといわれることもあるだろう．どちらにしても，数値の意味するところを理解しなければならない．

pK_a 値が小さければ小さいほど，プロトンの酸性は強い．ちょっとおかしいと思うかもしれないが，そうなのである．pK_a が 4 の化合物は，pK_a が 7 の化合物より酸性が強い．次にわれわれは，4 と 7 の差は何かを知らなくてはならない．これらの数は大きさの桁を示す．pK_a が 4 の化合物は，pK_a が 7 の化合物よりも 10^3 倍(1000 倍)酸性が強い．pK_a が 10 の化合物と 25 の化合物とを比較すると，前者は後者よりも 10^{15} 倍(1,000,000,000,000,000 倍)酸性が強い．

3.8 平衡の位置を予測する

われわれは電荷の安定性を比較する方法を知った．そこで，平衡においてどちら側が有利かを予測することを始めよう．次の場合を考える．

$$H-A \ + \ B^- \ \rightleftharpoons \ A^- \ + \ H-B$$

この平衡は，H^+ を獲得しようとする二つの塩基の争いと見なせる．A^- と B^- が競い合っている．ときには A^- が，ときには B^- がプロトンを獲得する．もし A^- と B^- が大量にあって，両方をプロトン化できるだけの H^+ がない場合，どの時点をとっても，プロトンをもっている A^-（HA になる）と B^-（HB になる）が，それぞれある数しか存在できない．その数は，（君が考えなければならない）負電荷の安定性に制御される平衡によって決まる．A^- が B^- より安定であれば，A^- は負電荷をもっていても，いっこうにかまわない．そこで B^- がほとんどのプロトンを獲得する．しかし，もし B^- が A^- より安定であれば，逆の効果が見られる．

別の見方もできる．上の平衡では，1 個の A^- が一方の側に，1 個の B^- が他方の側にある．平衡はどちらにせよ，より安定な負電荷をもつ側が有利となる．A^- がより安定であれば，平衡は A^- が生じる方向に傾く．

$$H-A \ + \ B^- \ \rightharpoonup \ \boxed{A^-} \ + \ H-B$$

B^- がより安定であれば，平衡は B^- が生じる方向に傾く．

$$H-A \ + \ \boxed{B^-} \ \leftharpoondown \ A^- \ + \ H-B$$

負電荷の相対的安定性を比較すれば，平衡の位置は容易に予測可能となる．

62 ◎ 3章 酸－塩基反応

例題 3.34 次の反応について，平衡の位置を予測しなさい.

$$H_2S + CH_3O^- \rightleftharpoons HS^- + CH_3OH$$

解答 平衡の両辺を見て，それぞれの負電荷を比較する．ついで四つのファクターを用いて，どちらがより安定かを考える.

1. 原子 左辺の負電荷は酸素上にあり，右辺の負電荷は硫黄上にあり，硫黄上の負電荷のほうが安定である.
2. 共鳴 どちらも共鳴による安定化はない.
3. 誘起 どちらの構造も誘起効果を示さない．したがって，このファクターは役に立たない.
4. 軌道 右辺と左辺で違いはない.

ファクター1に基づいて，右辺の負電荷のほうが安定であり，したがって平衡は右辺にかたよると結論できる．このことは次式のように表される.

$$H_2S + CH_3O^- \rightleftharpoons HS^- + CH_3OH$$

練習問題 3.35 次の反応について，平衡の位置を予測しなさい.

3.36 次の反応について，平衡の位置を予測しなさい.

3.37 次の反応について，平衡の位置を予測しなさい.

3.9 反応機構を示す

　本書の後半で，君は反応機構を書くのに多くの時間を使うことになる．反応機構は，反応する間に電子がどのように移動して生成物ができるかを示している．場合によってはいくつもの段階が必要になるが，別の場合には一つの段階ですむときもある．酸－塩基反応は一段階だけで，反応機構はきわめて単純である．電子がどのように流れるかを示すために，（共鳴構造を書く場合と同じように）曲がった矢印を用いる．唯一の相違点は，（単結合の切断を含む）反応がどのように起こるか

3.9 反応機構を示す ◎ 63

を示すために矢印を用いるのだから，ここでは単結合の切断が許される点である．共鳴を書く場合は，単結合の切断は許されない（第一の掟）．反応機構を書く場合でも，第二の掟（オクテット則を犯さない）は依然として有効である．決してオクテット則を犯してはならない．第2周期の元素は，2.3節で学んだように5本以上の結合をもつことはできない．

　矢印の移動の点からいえば，すべての酸−塩基反応は同じであり，次のように示される．

$$A{-}H \qquad :B^-$$

つねに2本の矢印がある．1本は塩基からでて，プロトンを攻撃する．第二の矢印は結合（プロトンと，結合している任意の原子との間）からでて，いまプロトンと結合している原子に向かう．これがすべてである．いつも矢印は2本である．それぞれの矢印は頭と尾をもつから，君がミスをする可能性のある場所は四つある．頭のどちらかを間違って書くか，尾のどちらかを間違って書くかである．少し練習すれば，簡単な仕事であること，そして酸−塩基反応はいつも同じ機構をもつことがわかるだろう．

例題 3.38　次の酸−塩基反応の機構を示しなさい．

$$\text{PhOH} + CH_3O^- \rightleftharpoons \text{PhO}^- + CH_3OH$$

解答　矢印は2本だけであることを忘れないように．一方は塩基から水素へ，他方は結合（プロトンを失う結合）から原子（いまプロトンと結合している原子）へと向かう．

$$\text{PhÖH} + CH_3\ddot{O}{:}^- \rightleftharpoons \text{PhÖ}{:}^- + CH_3\ddot{O}H$$

練習問題 3.39　次の酸−塩基反応の機構を示しなさい．

$$\text{(炭素アニオン)}^- + H{-}\overset{O}{}{-}H \longrightarrow \text{(アルカン)} + HO^-$$

3.40　次の酸−塩基反応の機構を示しなさい．

$$\text{(炭素アニオン)}^- + \overset{H}{\underset{}{N}} \longrightarrow \text{(アルカン)} + \bar{N}$$

64 ◎ 3章 酸−塩基反応

練習問題 次のそれぞれの化合物について，水酸化物イオン(HO⁻)を加えたときに起こる反応の機構を示しなさい(それぞれの場合で，最も酸性が強いプロトンを決めなければならないことを思いだそう).

3.41 CH₃SH

3.42

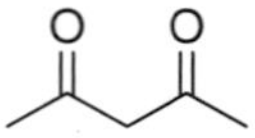

3.43

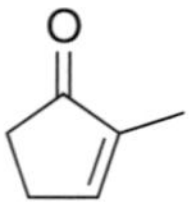

練習問題 次のそれぞれの化合物について，アミドイオン(H₂N⁻)を加えたときに起こる反応の機構を示しなさい(それぞれの場合で，最も酸性が強いプロトンを決めなければならないことを思いだそう).

3.44

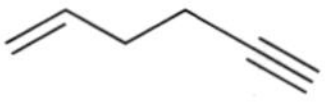

3.45

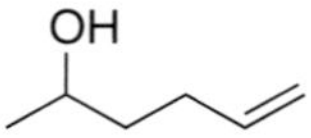

4章
三次元構造

　この章では，分子の三次元(three-dimentional, 3D)構造をどのように予測するかについて学ぶ．本書の後半で学ぶ反応性の問題に深くかかわるので，分子の三次元構造はきわめて重要である．分子が互いに反応するためには，分子の反応部位が空間的に接近できなければならない．分子の構造が反応部位の接近を妨げるようなことがあれば，反応は起こらない．この概念を<u>立体化学</u>(stereochemistry)という．

　三次元構造の重要性を理解しやすいように，たとえ話をしてみよう．君は感謝祭の夕食用に，七面鳥に詰めものをしていて，手をまさに七面鳥につっこんでいると考えてみよう．ちょうどそのとき，誰かがやってきて握手を求めたが，君は手がふさがっているので握手できない．分子についても同じことがいえる．二つの分子が反応する際，各分子には反応する特定の部位がある．これらが互いに接近できないと，反応は起こらない．

　この本の後半で君は，反応が二つの可能な結果のどちらを選ぶか，決めなければならない場面にしばしば出合うだろう．他方の結果は克服すべき立体的問題(分子の三次元構造が反応部位の接近を許さない)を抱えているという理由で，一方を選ぶことも多い．実際，S_N1 とか S_N2 といった反応を最初に学び終えたら，すぐにもこの種の決定法を学ぶだろう．ここで分子の三次元構造の重要性がわかったとして，いくつかの基礎的な知識を仕上げておこう．

　分子全体の三次元構造を決めるためには，各原子の三次元構造を決めることができなければならない．これは，まわりの原子とどのように結合しているかを分析することで達成できる．これはすなわち分子の三次元構造，つまり原子が 3D 空間でどのように結合しているかを決めているものである．原子は互いに結合しているから，結合を詳しく調べる必要がある，というのはもっともな話である．とくにわれわれは，すべての原子に対するすべての結合の正確な場所と角度を知る必要がある．難しそうに聞こえるかもしれないが，実際には簡単で，少し練習を積めば，分子を見ただけで，その三次元構造がわかるようになる(実際には考える必要すらないほど)．われわれはそのような状態にならなければならないし，この章の目的もそこにある．

4.1 軌道と混成状態

　分子の三次元構造を決めるためには，どのように原子が三次元的に結合しているかを知らなければならない．だから，まず軌道から学び始めるのが適当だろう．結局のところ，結合とは軌道が重

なったものであるから.

ある原子の1個の電子が,ほかの原子の1個の電子と重なるときに結合が生じる.2個の電子は両方の原子に共有され,それが結合と呼ばれる.電子は軌道と呼ばれる領域にあるので,われわれが本当に知る必要があるのは,すべての原子について原子軌道はどこにあるか,角度はどれだけかである.だが,原子軌道の可能な配列は限られているので,それほど複雑ではない.どんな可能性があるかを学び,軌道を見たときにどれであるかを判定すればよい.

2種類の簡単な原子軌道,s軌道とp軌道がある(有機化学ではd軌道とf軌道はまず扱わない).s軌道は球形であり,p軌道は2個のローブ(前のローブと後ろのローブ)をもつ.

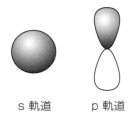

s軌道　　p軌道

第2周期に属する原子(C, N, O, Fなど)は,原子価殻に1個のs軌道と3個のp軌道をもつ.これらの軌道は通常,混じり合って混成軌道(sp^3, sp^2, sp)をつくる.s軌道とp軌道の<u>性質</u>の数学的混合によって,これらの軌道が生じる.では,混合とはどういう意味だろうか.

三角形のプールと五角形のプールを考えてみよう.まずこれらを並べる.われわれは魔法の杖をもっていて,それは二つのプールを長方形に変える.見事なトリックといえよう.これはsp軌道とは何かを示している.s軌道とp軌道を1個ずつとり,魔法の杖(数学)を一振りすると,何とまあ,同じように見える2個の軌道が得られる.新しい2個の軌道は,元の2個の軌道とは異なる形をしている.新しい軌道の形は,元の2個の軌道の形の平均のようなものである.

1個のs軌道と2個のp軌道を混合すると,3個の同等なsp^2軌道が得られる.ここでまた,プールのたとえにもどろう.二つの八角形のプールと一つの三角形のプールを考える.魔法の杖を一振りすると,三つの六角形のプールに変わる.三つのプール(1個のs軌道と2個のp軌道)から始めて,三つのプールで終わる.終わりに得られる三つのプールは同じような形に見える.軌道についても同じことがいえる.3個の軌道(1個のs軌道と2個のp軌道)から始める.それらを混合すると,同じような形の3個の軌道が得られる.新しい3個の軌道は,(1個のs軌道と2個のp軌道からなるので)sp^2軌道と呼ばれる.同様に1個のs軌道と3個のp軌道を数学的に混合すると,4個の同等なsp^3軌道が得られる.

結合の三次元構造を真に理解するためには,これら三つの異なる混成状態の三次元構造を理解する必要がある.ある原子の混成状態は,原子価電子を含んでいる混成原子軌道のタイプ(sp^3, sp^2, sp)を示している.各混成軌道は結合をつくったり,孤立電子対を受けいれたりするのに用いられる.

混成状態を決めるのは難しくない.たし算ができるなら,原子の混成状態を決めるのに何の苦労もない.問題の原子に,ほかの原子がいくつ結合しているか,孤立電子対がいくつあるかを数えさえすればよい.それらの数をたす.それで価電子を含む混成軌道の総数が得られる.この数がわかれば,原子の混成状態を決めることができる.例を見て,そのことをはっきりさせよう.

次の分子を見てみる．

$$\text{H}-\overset{\overset{\displaystyle\text{O}}{\|}}{\text{C}}-\text{H}$$

中央にある炭素原子の混成状態を決めよう．まず，この炭素に結合している原子を数える．3 個ある (O, H, H)．酸素原子は 1 個と数える．

次に炭素原子上の孤立電子対を数える．ここでは孤立電子対はない (もし孤立電子対がない理由がわからないなら，1 章にもどって孤立電子対を数える節を復習してほしい)．ここで結合している原子と孤立電子対の総数を数える．この場合は 3 + 0 = 3 である．つまり，ここでは 3 個の混成軌道が用いられている．これは 1 個の s 軌道と 2 個の p 軌道を混合して，3 個の同等な sp^2 軌道を得たことを意味する．したがって混成は sp^2 である．これがどう効いてくるか，詳しく調べてみよう．

第 2 周期の原子は，sp^3, sp^2, sp の 3 通りのどれかに混成できる 1 個の s 軌道と 3 個の p 軌道をもっていることを思いだそう．もし 3 個の混成軌道を用いるなら，1 個の s 軌道と 2 個の p 軌道を混合しなければならない．

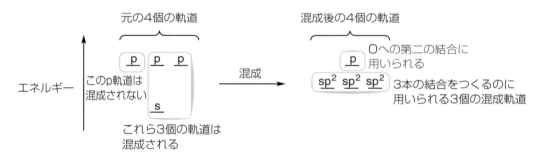

つまり規則はこうなる．結合している原子の数に孤立電子対の数を加える．得られた和は，次に示すように，君が必要とする混成軌道の数を教えてくれる．

> 和が 4 であれば，4 個の sp^3 軌道がある．
> 和が 3 であれば，(上の例のように) 3 個の sp^2 軌道と 1 個の p 軌道がある．
> 和が 2 であれば，2 個の sp 軌道と 2 個の p 軌道がある．

例外がいくつかあるが，さしあたっては気にしないでおこう．まずは簡単な場合を中心に扱う．

分子の図を見るのに慣れてきたら，数えなくてもすむようになる．必ず sp^3 混成となるようなある種の配置があるし，同じことが sp^2 や sp についてもいえる．ありふれた例をいくつか見てみよう．

68 ◎ 4章 三次元構造

sp^3	$-\overset{\displaystyle |}{\underset{\displaystyle |}{C}}-$	$\overset{\displaystyle ..}{N}$	
sp^2	$\diagdown C=$	$\overset{\displaystyle +}{C}$	$\overset{\displaystyle ..}{N}=$
sp	$-C\equiv$	$=C=$	

どの原子についても，混成状態を決めることができれば，その原子の三次元構造を容易に決められるだろう．ほかの例ではどうだろうか．

例題 4.1 アンモニア（NH$_3$）の窒素原子の混成状態を決めなさい．

解答 まず，この窒素原子に何個の原子が結合しているかを考える．3個の水素原子が結合している．次に，窒素原子が何対の孤立電子対をもっているかを考える．1対もっている．和をとると 3 + 1 = 4 になる．4個の混成軌道が必要なのだから，混成状態は sp^3 である．

練習問題 次のそれぞれの化合物について，中心炭素原子の混成状態を決めなさい．

4.2 HO$-\overset{\displaystyle O}{\overset{\displaystyle ||}{C}}-$OH   **4.3** O=C=O   **4.4** $\overset{\displaystyle Cl}{\underset{\displaystyle Cl}{Cl-\overset{|}{\underset{|}{C}}-Cl}}$ **4.5** $\overset{+}{\diagup\hspace{-0.3em}\diagdown}$ **4.6** $\overset{-}{\diagup\hspace{-0.3em}\diagdown}$ **4.7** H$-$C$\equiv$C$-$CH$_3$

4.8 次の分子の各炭素原子について，混成状態を決めなさい．（示されていない）水素原子を数えるのを忘れないこと．次の簡単な方法を用いればよい．4本の単結合をもつ炭素は sp^3 混成，二重結合をもつ炭素は sp^2 混成，三重結合をもてば sp 混成である．

　この方法に慣れれば，数える必要はなくなる．結合の数を見ればよい．炭素が単結合だけしかもっていなければ，その炭素は sp^3 混成である．炭素が二重結合をもてば sp^2 混成であるし，三重結合をもてば sp 混成である．このページの最初に載せた，ありふれた例を参照してほしい．

4.2 三次元構造

　混成状態を決める方法を身につけたら，次に，3種類の混成状態がもつそれぞれの三次元構造を

知る必要がある．原子価殻電子対反発理論(valence shell electron pair repulsion theory, VSEPR)と呼ばれる理論を用いて，それぞれの混成状態の三次元構造を予測できる．この理論が述べていることは簡単である．すなわち，最外殻(原子価殻)に電子を含むすべての軌道は互いになるべく離れようとする，というものである．この単純な理論で，ほとんどの原子のまわりの三次元構造を予測できる．ここでVSEPR理論を3種類の混成軌道に適用してみよう．

1．4個の同等な sp^3 混成軌道は，正四面体構造をとるときに，互いに最も離れた状態になる．

三脚にもう1本の脚が空中に突きでているような形と考えればよい．この配置では，4個の軌道は互いに109.5°の角をなしている．

2．3個の同等な sp^2 混成軌道は，平面三角形構造をとるときに，互いに最も離れた状態になる．

3個の軌道はすべて同一平面内にあり，それぞれはほかの軌道と120°の角をなす．残るp軌道は，3個の混成軌道と直交(平面に対して直角)している．

3．2個の同等なsp混成軌道は，直線構造をとるときに，互いに最も離れた状態になる．

2個の軌道は互いに180°の角をなす．残る2個のp軌道は，互いに，また混成軌道のそれぞれと90°の角をなす．

規則はごく簡単である．

1．sp^3 ＝ 正四面体
2．sp^2 ＝ 平面三角形
3．sp ＝ 直線

だが，ここに学生を迷わせることがある．混成軌道が孤立電子対をもつとどうなるか，三次元構造にどう影響するかである．答えは，軌道の三次元構造は変わらない，である．しかし，分子の三次元構造は影響を受ける．なぜだろうか．

例を見てみよう．アンモニア NH_3 の窒素原子は sp^3 混成で，予想通り，4個の軌道が正四面体構

造をとっている．しかし，3個の軌道だけが結合に関与している．したがって，結合している原子だけに注目すれば，アンモニアは正四面体とはいえず，むしろ三角錐（三角ピラミッド）のように見える．

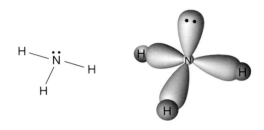

中心の窒素原子から3本の結合が突きでているから三角錐であり，全体の形がピラミッド状であるから三角ピラミッドという．

同様に，VSEPR理論によれば，H_2O分子中の酸素原子も4個の軌道で正四面体構造をつくると予想される．しかし，軌道のうち2個だけが結合に用いられ，残りの2個は孤立電子対に占められている．したがって，結合している原子だけに注目すれば，正四面体は見えないで，折れ線構造が見える．

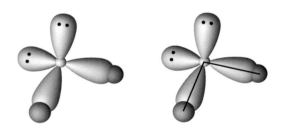

得られた情報をまとめてみよう．

sp^3混成で孤立電子対なし　　＝　正四面体
sp^3混成で孤立電子対が1対　＝　三角錐（三角ピラミッド）
sp^3混成で孤立電子対が2対　＝　折れ線
sp^2混成で孤立電子対なし　　＝　平面三角形
sp^2混成で孤立電子対が1対　＝　折れ線
sp混成で孤立電子対なし　　　＝　直線

これでおしまいである．知っておく必要のある三次元構造はたった六つである．まず混成状態を決める．ついで孤立電子対の数を見て，扱っているのが6種類ある三次元構造のどれかを決める．例題で試してみよう．

例題 4.9 次に示す炭素の三次元構造を決めなさい．

4.3 孤立電子対 ◎ 71

解答 まず混成状態を決める. 炭素については本章の初めですでに決めており, sp^2 混成である (3 個の原子が結合しており, 孤立電子対はないから, 3 個の混成軌道が必要である. したがって sp^2 混成).

次に, 炭素には孤立電子対がいくつあるか思いだす. この場合, 孤立電子対はない. したがって三次元構造は平面三角形 (trigonal planar) でなければならない.

それぞれの原子のまわりの三次元構造を決めることができたら, 分子の三次元構造, つまり形を決めることには何の問題もない. 分子の中のすべての原子について, この分析を繰り返せばよい. 一見大変なことに思えるが, 要領をつかめば, 原子の三次元構造は見ただけで決定できるようになる.

次の練習問題では, それぞれをごく手早く解けるようにならなければならない. 初めのうちは, 後のものに比べていくらか手間どるかもしれない. 最後の問題になっても手間がかかるようであれば, 君はまだ手順をマスターしたとはいえないから, もっと練習する必要がある. そうなったら, この本の後半のどこかを開いてみよう. 構造を表した図がでてくるはずである. 構造の中のどの原子でもいいから, その三次元構造を決めてみよう. そのとき, 前述のリストが役に立つだろう. リストの助けがなくても解けるようになるまで, 練習を繰り返そう. リストがなくてもできる, というのが重要な点である.

練習問題 次のそれぞれの化合物について, その三次元構造を決めなさい. ただ 1 個のほかの原子と結合している三次元構造については心配しなくてもよい. たとえば, 水素原子の三次元構造や問題 4.12, 4.13, 4.15, 4.17 の酸素原子の三次元構造は考えなくてもよい.

4.3 | 孤立電子対

一般に孤立電子対は混成軌道を占める. たとえば, 次に示す化合物中の窒素原子がもつ孤立電子対を考えよう.

窒素原子は 3 本の結合と 1 対の孤立電子対をもっているから, 予測通り sp^3 混成である. 孤立電子

72 ◎ 4章 三次元構造

対は sp^3 混成軌道の 1 個を占め，前節で学んだように，窒素原子は三角ピラミッド構造をもっている．しかし，次に示す化合物中の窒素原子を考えてみよう．

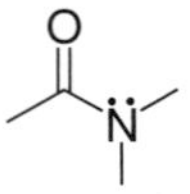

この窒素原子の孤立電子対は，混成軌道を占めていない．なぜだろうか．それは，この孤立電子対が共鳴に関与しているからである．

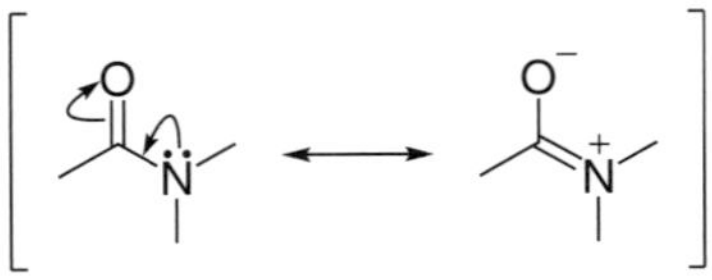

　右の窒素原子の共鳴構造を見ると，実は sp^2 混成であって，sp^3 混成ではない．左の共鳴構造では sp^3 混成であるように見えるが，実はそうではない．ここに一般原則がある．「共鳴に関与する孤立電子対は p 軌道を占めなければならない」．いいかえれば，この化合物の窒素原子は sp^2 混成である．その結果，この窒素原子は三角ピラミッドではなく，平面三角形をとる．
　では少し練習して，共鳴に関与する孤立電子対をもつ原子を決めてみよう．

練習問題　VSEPR 理論を用いて，次に示す化合物中の各窒素原子，各酸素原子の三次元構造を予測しなさい．

4.18

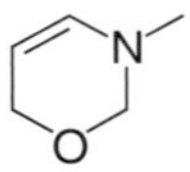

4.19

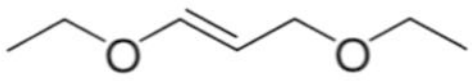

4.20

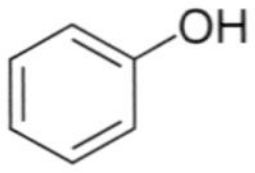

5章

命名法

　すべての分子は名称をもっており，われわれは情報伝達のために，その名称を知る必要がある．次の分子を考えよう．

　この化合物を「5個の炭素と，側鎖に飛びだした1個のOHをもっていて，二重結合上に塩素をもつもの」と呼ぶのは，明らかに不適当である．とにかく，そんなあいまいな表現に適合する化合物はあまりにも多すぎる．そして，まさにこの化合物であるという適切な表現にたどり着いたとしても，それはおそらく一つの段落を要するようなとても長いものになるだろう．命名法(nomenclature)のルールに従うことにより，少しの文字と数字を用いてこの分子をはっきりと表現することができる．上の化合物は(Z)-2-クロロペンタ-2-エン-1-オール〔(Z)-2-chloropent-2-en-1-ol〕である．

　分子の名称は数えきれないほど多いので，そのすべてを暗記することは不可能だろう．かわりにわれわれには，分子を命名するきわめて体系的なルールがある．君が学ぶ必要があるのは，分子に名称をつけるためのルールである(IUPAC命名法と呼ばれる)．これは名称を暗記することに比べれば，はるかにやさしい仕事であるが，これらのルールを習得するのもやはり大変な仕事である．ルールの数はとても多いので，一学期を通してそれらだけを学んだとしても，まだすべては学びきらないだろう．より大きな分子になるほど，あらゆる種類の可能性を説明するため，より多くのルールが必要となる．実際，一連のルールが定期的に更新され，改良されている．

　幸いにも，これらのルールすべてを学ぶ必要はない．なぜなら，この本でわれわれは，ごく単純な分子だけを扱うからである．君は小さな分子を命名できるためのルールだけを学べばよい．この章は，単純な分子を命名するのに必要なルールに焦点をあてる．

　それぞれの名称には五つのパーツがある．

立体異性	置換基	主鎖	不飽和	官能基

1. <u>立体異性</u>(stereoisomerism)は，二重結合がシス/トランス(*cis/trans*)であるか，また7章で説明する立体中心(*R/S*)を示す．
2. <u>置換基</u>(substituent)は，主鎖とつながっている基を示す．

— 73 —

74 ◎ 5章 命名法

3．主鎖(parent)は，主要な炭素鎖を示す．
4．不飽和(unsaturation)は，二重結合や三重結合があるかを示す．
5．官能基(functional group)は，化合物の名前の由来になった官能基を示す．

例として，上で示した化合物にあてはめてみよう．

立体異性	置換基	主鎖	不飽和	官能基
Z	2-クロロ	ペンタ	2-エン	1-オール

　これからわれわれは，それぞれの名称について，五つのパーツすべてを体系的に注意深く見ていく．最後の部分(官能基)から始め，最初の部分(立体異性)まで順にもどっていく．どれを主鎖に選ぶかには官能基の位置が影響するので，このように後ろから命名していくことが重要なのである．

5.1 　官 能 基

立体異性	置換基	主鎖	不飽和	官能基

　官能基という語は，特徴的な反応性をもつ原子の特別な配列を示す．たとえば，OH基(ヒドロキシ基)が化合物に連結されているとき，その分子をアルコールと呼ぶ．アルコールはすべて同じ官能基，OH基をもつので，同様の反応性を示す．実際，多くの教科書が官能基に従って章立てをしている(アルコールの章，アミンの章など)．そのため多くの教科書は，各章で継続して学ぶプロセスとして，命名法を取り扱っている．有機化学を学ぶにつれて，章ごとに官能基名の表に官能基が一つずつ加わることになる．ここでは，われわれは六つの一般的な官能基に焦点をあてるが，それは有機化学の講義全体を通して，最低限これら六つの官能基を学ぶはずだからである．

　化合物がこれら六つの基のうちの一つをもつとき，われわれは分子の名称に接尾語として加えることで，その官能基を示す．

官能基	化合物の種類	接尾語
R-C(=O)-OH	カルボン酸 (carboxylic acid)	-酸 (-oic acid)
R-C(=O)-OR	エステル (ester)	-酸アルキル (-oate)
R-C(=O)-H	アルデヒド (aldehyde)	-アール (-al)
R-C(=O)-R	ケトン (ketone)	-オン (-one)

官能基	化合物の種類	接尾語
R–O–H	アルコール(alcohol)	-オール(-ol)
R–NH₂	アミン(amine)	-アミン(-amine)

ハロゲン(F, Cl, Br, I)は通常，化合物の接尾語としては命名されず，置換基として命名される．それは後に学ぶ．

カルボン酸の構造を見ると，隣接したケトンとアルコールに似ている．しかしカルボン酸は，ケトンあるいはアルコールとまったく異なる．したがって，カルボン酸をケトンでありアルコールであると誤解してはいけない．

カルボン酸　　ケトンとアルコール

右の化合物は重要な問題を提起する．化合物中に二つの官能基があるとき，どのようにそれらを命名したらいいだろうか．一つは名称の接尾語とし，もう一つは化合物名の置換部分と見なして接頭語とする．しかし，一方をどうやって名称の接尾語として選べばよいか．従うべき順位がある．上の表に示された六つの基は，それらの順位により並べられている．たとえば，ケトンはアルコールより優先される．それら両方の基をもつ化合物はケトンとして命名され，アルコールであることを示すために名称の置換基部分に-ヒドロキシ-(-hydroxy-)という語を置く．

例題 5.1 次の化合物を命名するのに，どのような接尾語が使われるか示しなさい．

HO～～NH₂

解答 二つの官能基があるので，この化合物をアミンと呼ぶかアルコールと呼ぶか決めなければならない．上記の表を見れば，アルコールはアミンより順位が上だとわかる．だからこの化合物を命名するのに接尾語 -オール(-ol)を使う．

練習問題 次のそれぞれの化合物を命名するのに，どのような接尾語が使われるか示しなさい．

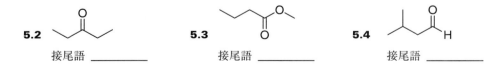

5.2　接尾語 _____　　5.3　接尾語 _____　　5.4　接尾語 _____

76 ◎ 5章 命名法

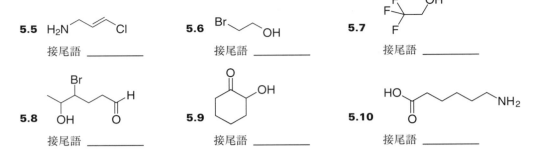

5.5 接尾語 _____　5.6 接尾語 _____　5.7 接尾語 _____

5.8 接尾語 _____　5.9 接尾語 _____　5.10 接尾語 _____

化合物に官能基が含まれないときは名称の最後を「–e」に置き換える．

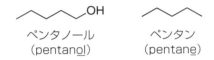

5.2　不飽和

| 立体異性 | 置換基 | 主鎖 | 不飽和 | 官能基 |

多くの分子は二重結合や三重結合をもち，それらの化合物は多重結合をもっていないものに比べて水素原子の数が少ないので，「不飽和である」といわれる．二重結合と三重結合は，結合線の書き方で容易に区別できる．

三重結合　　二重結合

二重結合や三重結合の存在は次のように示される．すなわち –エン–（–en–）が二重結合を，–イン–（–yn–）が三重結合を示す．

上のペンタン（pentane）のように，–アン–（–ane–）は，二重結合や三重結合が存在しないことを示すために使われることに注意しよう．化合物中に 2 本の二重結合がある場合，不飽和は –ジエン–（–dien–）と表される．3 本の二重結合は –トリエン–（–trien–）である．同じように，2 本の三重結合は –ジイン–（–diyn–），3 本の三重結合は –トリイン–（–triyn–）と表される．複数の二重結合，三重結合に対しては次の用語を使う．

　　2 ＝ ジ（di）　3 ＝ トリ（tri）　4 ＝ テトラ（tetra）　5 ＝ ペンタ（penta）　6 ＝ ヘキサ（hexa）

これほど多くの多重結合が一つの化合物に含まれる例には，めったにでくわすことはないが，一つの分子に複数の二重結合と三重結合が含まれることはありうる．たとえば

ここに示した化合物は3本の二重結合と2本の三重結合をもっている．したがってトリエンジイン (triendiyne) である．二重結合がつねに先にくる．

例題 5.11 次の化合物で不飽和を特定し，この不飽和を名称中でどのように表現するか決めなさい．

解答 この化合物は二重結合と三重結合を1本ずつもっている．二重結合に対しては −エン− (−en−) を使い，三重結合に対しては −イン− (−yn−) を使う．二重結合が先にくるので，この化合物の不飽和は −エンイン− (−enyn−) と表される．

練習問題 次の化合物それぞれについて，不飽和を特定し，この不飽和を名称中でどのように表現するか決めなさい．

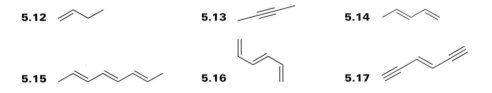

5.3 主 鎖

立体異性	置換基	主鎖	不飽和	官能基

化合物の主鎖を命名するときは，名称の根幹となる炭素原子の鎖を探す．ほかのすべてのものは，その鎖に，番号で示す特定の位置でつながっている．だから，主鎖となる炭素鎖をどのように選び，どのように番号づけするかを知る必要がある．

最初の段階として，「3個の炭素原子の鎖」や「6個の炭素原子の鎖」をどのように表すかを学ぶ．次の表は，対応する名称を示す．

主鎖の炭素原子数	主鎖の名称
1	-メタ-(-meth-)
2	-エタ-(-eth-)
3	-プロパ-(-prop-)
4	-ブタ-(-but-)
5	-ペンタ-(-pent-)
6	-ヘキサ-(-hex-)
7	-ヘプタ-(-hept-)
8	-オクタ-(-oct-)
9	-ノナ-(-non-)
10	-デカ-(-dec-)

たとえば，ペンタンは5個の炭素原子の鎖である．炭素原子が環状につながっているときは，-シクロ-(-cyclo-)という語を加える．だから6個の炭素原子の環は主鎖を-シクロヘキサ-(-cyclohex-)と呼び，5個の炭素原子の環は-シクロペンタ-(-cyclopent-)と呼ぶ．

これらの用語は暗記しなければならない．私は暗記主義者ではないけれど，当面これらの用語を覚えてほしい．しばらくすると慣れてしまうだろうし，意識して思いだす必要もなくなるだろう．

どの炭素鎖を主鎖とするかを決めるときには，コツがいる．次の具体例を考えてみよう．主鎖として三つのまぎらわしい可能性がある．

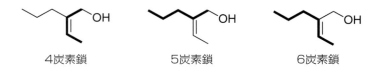

この化合物を-ブタ-(-but-，炭素数4)，-ペンタ-(-pent-，炭素数5)，-ヘキサ-(-hex-，炭素数6)のいずれで呼ぶか，どのようにしてわかるだろうか．この場合にも順位が存在する．主鎖はできるだけ長くなければならないが，その際，次の基が含まれていることを，この順番で確かめる．

　　官能基
　　二重結合
　　三重結合

まず官能基を探しだし，それが主鎖に直接つながっていることを確かめる．前節で学んだように，二つの官能基があるときは，そのうち一つに優先順位があることを思いだしてほしい．優先される官能基が主鎖につながっていなければならない．上に示した三つの可能性から，このルールは右(6炭素鎖)の可能性を排除する．なぜなら，主鎖に官能基(この場合はヒドロキシ基)が直接つながっていないからである．

(この場合のように)可能な主鎖の選択肢がまだあるなら，次に(もしあるなら)二重結合が含まれている鎖を探す．いまの場合，左(4炭素鎖)のものが二重結合を含んでいるので，主鎖であると決定できる．

5.3 主 鎖 ◎ 79

正しい　　　正しくない

排除された二つの可能性では，主鎖が二重結合の両方の炭素原子を含んでいない．1本の主鎖だけが官能基と二重結合の2個の炭素原子を含んでいる．「官能基を含んでいる」ということは，そのOH基が，主鎖に含まれている炭素に結合していることを意味する．OH基の酸素原子自身は，主鎖の一部としては数えない．それはただ主鎖に結合しているだけである．だから上の主鎖は4個の炭素原子からなっている．

官能基がない場合は，二重結合を含む最長の鎖を探す．二重結合がなければ三重結合を探し，それを含む最長の鎖を決める．

もし官能基も二重結合もそして三重結合もなければ，単に最長の鎖を探すだけである．

なぜ命名手順を後ろから始めるかを，ここで理解できるだろう．化合物中に含まれる最上位の官能基を拾い上げられなければ，主鎖を正しく命名できない．だから，どの官能基の優先順位が高いかをまず考えて化合物の命名を始める．

例題 5.18 次の化合物の主鎖を命名しなさい．

解答 まず官能基を探す．官能基は一つだけなので，そのカルボキシ基が主鎖に含まれていなければならないことがわかる．次に二重結合を探す．それもまた主鎖に含まれていなければならない．これで答えがでる．主鎖に三重結合は含まれない．なぜなら官能基と二重結合は，三重結合より優先順位が上だからである．

そこで，この主鎖の炭素を数える．6個ある（カルボン酸の炭素も含めることに注意しよう）．したがって主鎖は –ヘキサ–(–hex–)となる．

練習問題 次のそれぞれの化合物の主鎖を命名しなさい．

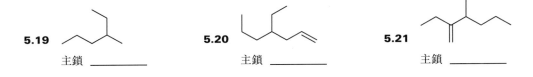

80 ◎ 5章 命名法

5.22 主鎖 _____

5.23 主鎖 _____

5.24 主鎖 _____

5.25 主鎖 _____

5.26 主鎖 _____

5.27 主鎖 _____

5.4 置換基

| 立体異性 | 置換基 | 主鎖 | 不飽和 | 官能基 |

いったん官能基と主鎖を決めたら，次は，主鎖に結合しているほかのすべてを置換基として命名する．次の例では，影をつけた基すべてが置換基である．なぜなら，それらは主鎖の一部ではないからである．

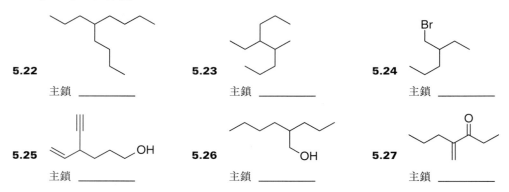

まず，アルキル基の命名法を学ぶことから始めよう．この基は，主鎖を名づけるときに使ったものと同じルールで命名されるが，置換基であることを示す -イル(-yl)を語尾につける．

置換基の炭素原子数	置換基の名称
1	メチル(methyl)
2	エチル(ethyl)
3	プロピル(propyl)
4	ブチル(butyl)
5	ペンチル(pentyl)
6	ヘキシル(hexyl)
7	ヘプチル(heptyl)
8	オクチル(octyl)
9	ノニル(nonyl)
10	デシル(decyl)

メチル基は，次のようにいくつかの方法で示すことができ，それらはいずれも正しい(訳注参照)．

エチル基も，次のようにいくつかの方法で示すことができる．

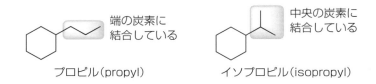

プロピル基は通常，左のように示すが，(propyl の表現として) Pr という用語もときどき見かける．

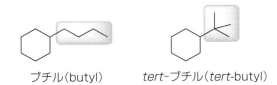

上のプロピル基を見てみよう．それは3個の炭素原子からなる短い鎖であり，その短い鎖の端の炭素が主鎖に結合していることに気づくだろう．しかし，中央の炭素が主鎖に結合していたらどうなるだろうか．そのときは，もはやプロピル基とは呼ばない．

プロピル(propyl)　端の炭素に結合している
イソプロピル(isopropyl)　中央の炭素に結合している

これも3個の炭素原子からなる置換基であるが，プロピル基とは異なるところで主鎖に結合しているので，イソプロピル基と呼ぶ．これは枝分れの置換基である（枝分れとは，プロピル基のように主鎖に一直線に結合しているわけではないからである）．

もう一つの重要な枝分れ置換基は *tert*-ブチル基である．

ブチル(butyl)　　*tert*-ブチル(*tert*-butyl)

tert-ブチル基はブチル基と同じように4個の炭素原子からなるが，主鎖に対して一直線には結合していない．この基は三つのメチル基が1個の炭素に結合しており，その炭素自身が主鎖に結合している．だからこれを *tert*-ブチル基（第三級ブチル基）と呼んでいる．

主鎖に4個の炭素原子が結合している様式が，ブチル基と *tert*-ブチル基以外に二つある．簡単な課題として，君の教科書にそれらの名称があるかどうか探してみよう．

考えなければならないもう一つの重要なタイプの置換基がある．官能基について学んだときに，二つの官能基を含んでいる化合物があった．このようなときは，接尾語として命令される官能基を選び，ほかの官能基は置換基として命名しなければならない．優先順位の高い官能基を選ぶために，5.1節にもどり，六つの官能基の表を見てみよう．これら官能基の，置換基としての命名法を学ばなければならない．ヒドロキシ基は置換基として–ヒドロキシ–(–hydroxy–)と命名される．ア

訳注　1章に説明があるように，原則はメチル基の CH_3 や Me を示さないが，明記したほうがわかりやすい場合は，この限りではない．本書では同様の意図で，通常示されない水素が書き加えられている箇所がある．

82 ◎ 5章 命 名 法

ミノ基は，置換基として命名される場合は −アミノ−(−amino−)と呼ばれる．ケトン基は置換基として −ケト−(−keto−)と呼ばれ，アルデヒド基は −アルド−(−aldo−)と命名される．それら四つの官能基を置換基として命名する方法がわかれば，講義で出合うほとんどの化合物は，おそらくそのなかに含まれているだろう．

　ハロゲンは置換基として，フルオロ(fluoro)，クロロ(chloro)，ブロモ(bromo)，ヨード(iodo)と命名される．重要なのは，それらが置換基であることを示すために −o をつけ加えることである．同種の置換基が複数あるなら(たとえば化合物に 5 個の塩素原子があるなら)，二重結合や三重結合の数を表すときにすでに使ったものと同じ接頭語を使う．

　　　　2 ＝ ジ(di)　　3 ＝ トリ(tri)　　4 ＝ テトラ(tetra)　　5 ＝ ペンタ(penta)　　6 ＝ ヘキサ(hexa)

したがって，5 個の塩素原子をもつ化合物はペンタクロロ(pentachloro)となる．それぞれの，そしてすべての置換基には番号をつけなければならない．そうすれば，置換基が主鎖のどこにつながっているかわかるが，これについては5.6 節で学ぶことにしよう．このとき同時に，化合物名に置換基をどのような順番で並べるかについても議論する．

例題 5.28　次の化合物について，置換基と考えられる基をすべて選びだし，それぞれを命名しなさい．

解答　まず最上位の官能基を決める．アルコールはアミンより上位なので，ヒドロキシ基が最上位の官能基である．それから主鎖を決める．二重結合も三重結合もないので，ヒドロキシ基を含む最長の鎖を選ぶ．

どの基が置換基であるかわかったので，それらを命名する．

練習問題　次のそれぞれの化合物について，置換基と考えられる基をすべて選びだし，それぞれを命名しなさい．

5.29　　　　**5.30**　　　　**5.31**

5.32 [構造式]   5.33 [構造式]   5.34 [構造式]

5.35 [構造式]   5.36 [構造式]   5.37 [構造式]

5.38 [構造式]

5.5　立体異性

| 立体異性 | 置換基 | 主鎖 | 不飽和 | 官能基 |

　立体異性は，それぞれの名称の最初の部分に示される．それは，二重結合や立体中心の立体配置を表す．分子に二重結合も立体中心もなければ，この部分の命名を考える必要はない．もしあれば，それぞれの立体配置を決める方法を学ばなければならない．立体中心の配置を決めるためには，それだけで1章を要する．立体中心とは何か，分子中にどのように存在するか，どのように書くか，立体配置（*R* または *S*）をどのように決定するかなどを学ばなければならない．これらの項目については，すべて7章で詳しく解説する．その際，分子の名称でその立体配置をどのように見分けるかを考えるだろう．現時点では，立体配置は名称の最初の部分に置かれることだけを知っておけばよい．

　ここでは二重結合に焦点をあてる．これには二つの並べ方がある．

シス（*cis*）　　トランス（*trans*）

　これは単結合の場合とはまったく異なる．単結合はつねに自由に回転している．二重結合ではp軌道の重なりがあり，その結合は常温では自由に回転できない（もし二重結合について最初に学んだとき，この考え方を理解できなかったなら，教科書で二重結合の構造について復習しなければならない）．空間的に原子を配列させる二つの様式，シス（*cis*）とトランス（*trans*）がある．二つの可能性それぞれについて，どの原子が互いに結合しているか比べてみると，すべての分子が同じ順に結合していることに気づくだろう．その違いは，それらの原子が三次元空間でどのように連結しているかである．これが立体異性体（stereoisomer）と呼ばれている理由である（この種の異性化現象は，空間——「ステレオ」における位置の違いから生じている）．

　二重結合についてシスであるかトランスであるかを命名するには，二重結合のどちら側に位置するかを互いに比べられる同一の基がなければならない．これら同一の基が二重結合の同じ側にある

ときに，これらの基をシスと呼び，もし反対側にあればトランスと呼ぶ．

二つのメチル基はトランス　　2個のフッ素原子はシス　　二つのエチル基はトランス

比べるべき二つの基は水素原子であってもよい．たとえば

H₃C―CH=CH―F はトランスである．なぜなら2個の水素原子は示されていないが，互いにトランスだからである

しかし，比べるべき同じ二つの基がない場合にはどうしたらよいだろうか．たとえば

Cl, Me, H, F の配置 は Cl, Me, F, H の配置 と同じではない

これらの化合物は明らかに異なる．ただし，これら化合物を区別するのにシス/トランスという用語を使うことはできない．同じ二つの基がないからである．二重結合上の四つの基がすべて異なるときは，それらを命名する別の方法を用いなければならない．

　二重結合を命名するほかの方法は，立体中心の配置(R 対 S)を決める方法によく似た法則を用いる．だから(R と S について学ぶ) 7 章まで待つことにしよう．そこで二重結合の命名の別の方法について解説する．その方法ははるかに優れており，どんな二重結合の命名にも使うことができる．対照的に，シス/トランス命名法は，一般に二置換のアルケンを命名するときにだけ使われる．シス/トランスの用語が残されている理由は，おそらく有機化学に深く根づいた伝統や習慣によるものだろう．

　二重結合を配置する方法が一つだけのとき，シス/トランスを心配する必要はない．同じ原子に二つの同じ基が結合していれば，立体異性体は存在しない．たとえば

Cl, Cl / (C=C) は Cl / Cl, (C=C) と同じ

なぜなら，二重結合の一方の炭素原子に2個の塩素原子が結合しているからである．なぜ二つの図は同じなのだろうか．4章で学んだように，二重結合の炭素原子は sp² 混成であり，3本の結合は同一平面上にあるからである．だから，左の図をひっくり返すと右の図になり，互いに同じものである．これを理解するために，2枚の紙を用意しよう．一方の紙に一つの構造を書き，もう一方の紙にもう一つの構造を書く．それから1枚の紙をひっくり返し，光に透かしてみる．そうすると紙の裏側にその図が見える．これをもう一つの図と比べてみると，同じであることがわかる．前にでてきた例（シスとトランスの立体異性体をもつもの）のいくつかについて同じことを試してみれば，そのページをひっくり返すと二つの図が互いに一致しないことがわかる．

5.6 番号づけ ◎ *85*

練習問題 次のそれぞれの化合物について，二重結合がシスかトランスかを決めなさい.

5.39　　　　　　　　　5.40　　　　　　　　　5.41

5.42　　　　　　　　　5.43

5.6	番号づけ

立体異性	置換基	主鎖	不飽和	官能基

番号づけを名称のすべてのパーツに適用する

　分子を命名するのに，ほとんど準備ができた．名称の各パーツについて学び終わったので，ここから，それぞれのパーツをどこに配置するかを決める方法を学ぶ．たとえば，官能基がOH基であり（だから接尾語は –オール，–ol），1本の二重結合があり（–エン–，–en–），主鎖は6個の炭素原子であり（–ヘキサ–，–hex–），四つのメチル基が主鎖に結合しており（テトラメチル，tetramethyl），二重結合はシス（*cis*）であるとしよう．いま，すべてのパーツについてわかっているが，それぞれのパーツが主鎖のどこにあるかを決める方法を身につけなければならない．ここで番号システムが登場する．まず主鎖に番号をつける方法を知り，ついで名称の各パーツにそれらの番号を適用する方法について学ぶ．

　いったん主鎖を選んでしまえば，番号をつける方法は右から左へ，あるいは左から右への2通りしかない．しかし，どのようにして選ぶのだろうか．主鎖に適切な番号をつけるためには，最初に主鎖を選んだときに使った順位から始める．

　　官能基
　　二重結合
　　三重結合

官能基があれば，官能基につながる炭素がなるべく小さい番号になるように，主鎖に番号をつける．

OH基は5番ではなく2番につながる

官能基がなければ，二重結合をつくる炭素がなるべく小さい番号になるように，主鎖に番号をつける（多重結合をつくる2個の炭素のうち，どちらの番号を示すかは次ページ参照）．

二重結合をつくる炭素は5番ではなく1番

86 ◎ 5章 命 名 法

官能基も二重結合もなければ，三重結合をつくる炭素がなるべく小さい番号になるように，主鎖に番号をつける．

三重結合をつくる炭素は5番ではなく1番

官能基も二重結合も三重結合もなければ，置換基のつながる炭素がなるべく小さい番号になるように，主鎖に番号をつける．

塩素原子は4番ではなく3番につながる

主鎖に二つ以上の置換基があるなら，つながる炭素がなるべく小さい番号になるように，主鎖に番号をつける．

3,4,4-トリクロロ（3,4,4-trichloro）ではなく
3,3,4-トリクロロ（3,3,4-trichloro）

例題 5.44 次の化合物について，主鎖を選び，正しく番号をつけなさい．

解答 主鎖を選ぶには，官能基を含む最長の鎖を選ぶ必要があることを思いだしなさい．

番号をつけるには，官能基につながる炭素の番号が最小になるような方向にする．

練習問題 次のそれぞれの化合物について，主鎖を選び，正しく番号をつけなさい．

5.45

5.46

5.47

5.48 HO

5.49

5.50

5.51 5.52 5.53

主鎖に番号をつける方法がわかったので，次にさまざまなパーツに番号をつける方法を学ぶ．

官能基　一般に，接尾語の前に直接番号をつける（たとえばヘキサン-2-オール，hexan-2-ol）．官能基が1番の位置にあるなら，その数字はつける必要がない（たとえばヘキサノール，hexanol）．番号がないときには，官能基は1番の位置にあるという意味と考える．番号をつけるときに，もしほかに（置換基あるいはほかの何かの）番号がなければ，その番号を主鎖の先頭につけてもよい．たとえば2-ヘキサノール（2-hexanol）はヘキサン-2-オール（hexan-2-ol）と同じである．いずれの名称も認められている．

不飽和　二重結合および三重結合については，結合をつくる2個の炭素原子のうち，小さいほうの番号を示す．たとえば

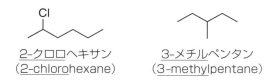

二重結合がC2とC3の間にあるので，二重結合に番号をつけるのにはC2を使う．したがって上の例はヘキサ-2-エン（hex-2-ene）である〔あるいは2-ヘキセン（2-hexene）〕．三重結合についても同じように取り扱う．

2本の二重結合が分子中に存在するなら，その両方の番号を示さなければならない．たとえばヘキサ-2,4-ジエン（hexa-2,4-diene）あるいは2,4-ヘキサジエン（2,4-hexadiene）となる．すべての二重結合および三重結合に番号をつけなければならない．

置換基　置換基の番号は，すぐ前につける．たとえば

2-クロロヘキサン
(2-chlorohexane)

3-メチルペンタン
(3-methylpentane)

複数の置換基があるなら，それぞれについて番号をつけなければならない．

2,3-ジクロロヘキサン
(2,3-dichlorohexane)

2,2,4-トリメチルペンタン
(2,2,4-trimethylpentane)

種類の異なる複数の置換基があるなら，置換基はアルファベット順に並べなければならない．次の例で考えてみよう．

88 ◎ 5章 命 名 法

上の例では4種類の置換基(chloro, fluoro, ethyl, methyl)がある．それらは置換基の英語名のアルファベット順にしなければならない(c, e, f, m)(di, tri, tetra などはアルファベット順の対象にしない)．したがって上の化合物は次のようになる．

  2-chloro-3-ethyl-2,4-difluoro-4-methylnonane
  2-クロロ-3-エチル-2,4-ジフルオロ-4-メチルノナン

二つの数字は必ずカンマで区切り(上記の2,4のように)，文字と数字はハイフンで区切る．

　<u>立体異性</u>　二重結合があるときには，名称の最初に *cis* または *trans* をつける．2本以上の二重結合があるなら，それぞれの二重結合に対して *cis* か *trans* であることを示す必要があり，番号をつけなければならない(たとえば 2-*cis*-4-*trans*……のように)．立体中心があるなら，ここでそれを示す．たとえば(2*R*,4*S*)となる．立体中心は括弧の中にいれる．7章で立体中心について学ぶときに，より詳しいことがわかるだろう．

　たくさんの規則がある．その命名法を覚えるのに10分しかかからないとは誰もいわないけれども，十分に練習してそのコツを身につけるべきである．いままでに習ったことすべてを使って，化合物の命名を練習しよう．

例題 5.54　次の化合物を命名しなさい．

解答　名称の五つのパーツについて，後ろから順に進める．まず官能基を探すことから始める．この化合物はケトンがあることがわかる．だから名前の語尾は -オン(-one)である．

　次に不飽和を探す．二重結合があるので -エン-(-en-)が入る．

　次に主鎖を命名しなければならない．官能基と二重結合を含む最長の鎖を見つける．この例での選択は明らかである．主鎖は炭素数7であり，-ヘプタ-(-hept-)である．

　次に置換基を探す．二つのメチル基(methyl group)と2個の塩素原子(chlorine)がある．アルファベット順に並べると c，m の順になり，ジクロロジメチル(dichlorodimethyl)となる．

　最後に立体異性を探す．この分子の二重結合では2個の塩素原子が反対側に位置しているので，トランスとなる．名称のこのパーツは通常，括弧で囲ったイタリック体(*trans*)にする．ここまでで，われわれは次のような名称を得た．

  (*trans*)-ジクロロジメチルヘプテノン
  (*trans*)-dichlorodimethylheptenone

すべてのパーツがわかったので，それらに番号をつける．官能基のつながる炭素に最小の番号がつ

5.6 番号づけ ◎ 89

くように，主鎖に番号をつけなければならないので，この場合には左から右へと番号をつける．2位
に官能基が，4位に二重結合が，4，5位に塩素原子が，6位に二つのメチル基がついている．した
がって名称は次のようになる．

(trans)-4,5-ジクロロ-6,6-ジメチルヘプタ-4-エン-2-オン
(trans)-4,5-dichloro-6,6-dimethylhept-4-en-2-one

注：7章では，この例で示した二重結合の立体配置を決める，より適切な方法を習う．より正確にい
うと，シス/トランス命名法は二置換アルケンだけに使われる．

練習問題 次のそれぞれの化合物を命名しなさい（いまのところ立体中心は無視してよい．立体中心に
ついては7章で論じる）．

5.55　名称＿＿＿＿＿＿＿＿＿＿＿＿＿＿＿＿＿＿＿＿＿＿＿＿

5.56　名称＿＿＿＿＿＿＿＿＿＿＿＿＿＿＿＿＿＿＿＿＿＿＿＿

5.57　名称＿＿＿＿＿＿＿＿＿＿＿＿＿＿＿＿＿＿＿＿＿＿＿＿

5.58　名称＿＿＿＿＿＿＿＿＿＿＿＿＿＿＿＿＿＿＿＿＿＿＿＿

5.59　名称＿＿＿＿＿＿＿＿＿＿＿＿＿＿＿＿＿＿＿＿＿＿＿＿

5.60　名称＿＿＿＿＿＿＿＿＿＿＿＿＿＿＿＿＿＿＿＿＿＿＿＿

5.61　名称＿＿＿＿＿＿＿＿＿＿＿＿＿＿＿＿＿＿＿＿＿＿＿＿

5.62　名称＿＿＿＿＿＿＿＿＿＿＿＿＿＿＿＿＿＿＿＿＿＿＿＿

5.63　名称＿＿＿＿＿＿＿＿＿＿＿＿＿＿＿＿＿＿＿＿＿＿＿＿

90 ◎ 5章 命名法

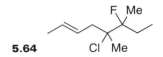

5.64　名称＿＿＿＿＿＿＿＿＿＿＿＿＿＿＿＿＿＿＿＿

5.7　慣用名

　化合物を命名するルールに加えて，いくつかの簡単で一般的な有機化合物に対する慣用名 (common name) もある．君が専攻している分野で要求されている程度には，これらの慣用名について知っておくべきである．これらの慣用名のうち，いくつ覚えるべきかは各専攻によって異なるだろう．いくつかの例を次に示す．

IUPAC名：メタン酸 (methanoic acid)
慣用名：ギ酸 (formic acid)

IUPAC名：エタン酸 (ethanoic acid)
慣用名：酢酸 (acetic acid)

IUPAC名：メタナール (methanal)
慣用名：ホルムアルデヒド (formaldehyde)

IUPAC名：エタナール (ethanal)
慣用名：アセトアルデヒド (acetaldehyde)

IUPAC名：エテン (ethene)
慣用名：エチレン (ethylene)

IUPAC名：エチン (ethyne)
慣用名：アセチレン (acetylene)

ここでの例の多くは非常に一般的なもので，これらの化合物を IUPAC 名で呼ぶことはめったにない．これらの慣用名は，実際にはかなり「見慣れたもの」であり，慣用名と呼ぶゆえんである．

　エーテルは慣用名で呼ばれる典型的なものである．酸素原子の両側の基は，エーテル (ether) という名称の前に置換基として置かれる．たとえば

ジエチルエーテル
(diethyl ether)　　ジメチルエーテル
(dimethyl ether)

IUPAC 命名法では，エーテルの酸素原子を炭素原子のように取り扱うことにしており，その酸素原子の位置は -オキサ- (-oxa-) で示す．だからジエチルエーテルは 3-オキサペンタン (3-oxapentane) になるはずだが，誰もそうとは呼ばない．みなこれをジエチルエーテル (あるいは単にエチルエーテル) と呼ぶ．君の使っている教科書が何であれ，そこに載っている慣用名をすべて覚えるのは悪い考えではない．

5.8 名称から構造へ

　この章の問題をいったんやってみれば，目の前に書かれた構造に名前をつけるより，名前が与えられた化合物の構造を書くほうがはるかに簡単であることがわかるだろう．それは次の理由による．化合物を命名するときは，多くの決定をしなければならない（どの官能基が優先されるか，主鎖はどれか，主鎖の番号づけはどうするか，化合物名に置換基をどのような順番で並べるか，など）．しかし，名称が与えられて構造を書くときには，こうした決定を一切する必要がない．まず主鎖を書き，次に，名称につけられた番号に従って，主鎖にほかのすべてを加えていけばよい．

　試しに練習問題5.55～5.64の解答の一覧をつくってみよう．この一覧では化合物名だけが並べられている．どんな構造であったか忘れるまで数日待って，それからその一覧の名称をもとに構造を書いてみよう．もっと多くの例を教科書からとってもよいだろう．

　この時点で，私は2-hexanol（2-ヘキサノール）のような表現を使ってもよいと思うし，君も私の言う意味がわかるだろう．命名法は君の教科書でも学ぶことであり，だからいまが習得するべき時である．

6章
立体配座

　分子は動かない物体ではない．岩と違って，分子はねじれたり曲がったりしてさまざまな形をとる．その振舞いは人間と非常によく似ている．われわれには手足や関節(ひじ，ひざなど)があり，柔軟性を与えてくれる．骨自体は非常に硬いけれども，関節をさまざまな方向にねじることによって，体を広範囲に動かすことができる．分子も同じように振る舞う．分子がもっている普通の関節と，それらの関節により動かせる範囲について学べば，それぞれの分子が空間的にどのようにねじれるかを予測できるだろう．どうしてこのことが重要なのだろうか．

　座る，立つ，何かにもたれる，横になる，逆立ちするなど，毎日どのような姿勢をとっているか考えてみよう．これらの姿勢のうち，横になるなど，いくつかは快適であるが，逆立ちなどのように，ほかのいくつかは非常に居心地が悪いだろう．また，コップの水を飲むといったいくつかの行動は，ある姿勢でのみ可能である．横になりながら，あるいは逆立ちしながらコップの水を飲むことはできないだろうし，とにかく容易ではない．

　分子もよく似ている．分子には，ねじれたり曲がったりできる姿勢がある．快適な姿勢(低エネルギー状態)もあるが，居心地の悪い姿勢(高エネルギー状態)もある．一つの分子に対して可能なさまざまな姿勢を<u>立体配座</u>(conformation)と呼ぶ．分子がとる立体配座を予測できることは大事である．なぜなら，特定の立体配座でのみ発現する活性があるからである．ちょうど人が逆立ちをしているときにはコップの水を飲むことができないように，分子もまた，ある<u>立体配座</u>でしか進まない反応がある．立っているときにだけ走ることができるように，分子は，ただ一つの<u>立体配座</u>でしか反応しないことがしばしばある．分子が反応を起こすために必要な<u>立体配座</u>にねじれることができないなら，その反応は決して起こらない．以上から，分子がどのような立体配座をとるかについて予測する必要性を理解できただろう．そして君は，いつ反応が起こるか，または起こらないかを予測できるようになる．

　立体配座を表し，さまざまな種類の分子がとる立体配座を予測する力を与えてくれる，非常に重要な書き方が二つある．ニューマン投影(Newman projection)式と，線構造式で表すいす形立体配座(chair conformation)である．

ニューマン投影式　　いす形立体配座

6.1 ニューマン投影式の書き方

ニューマン投影式から始めよう．

6.1 ニューマン投影式の書き方

　ニューマン投影式の書き方を説明する前に，1章で学んだ線構造式の書き方では触れられていなかった一つの観点を，まず押さえておく必要がある．基が三次元空間でどのように位置するかを示すために，くさびと破線がよく使われる．

　上に書かれた線構造式では，フッ素原子はくさび上に，塩素原子は破線上にある．くさびは，フッ素原子が三次元空間的に紙面から手前に突きでていることを意味し，破線は逆に，塩素原子が紙面の後ろに向かっていることを意味する．上の分子の4炭素すべてが紙面上にあると考えよう．左側からこの紙面を見れば（そうすると紙面は一次元になる），フッ素原子は紙面の右側に，塩素原子は左側に突きでているだろう．

　破線を右側と左側のどちらに書くかは，気にしなくてよい．

　上の二つの式で，塩素は破線に，フッ素はくさびに結合しているので，二つは同じ化合物である．実際には，塩素もフッ素もまっすぐ上に書くべきである――塩素原子はまっすぐ上で紙面の後ろにあり，一方，フッ素原子はまっすぐ上で紙面の手前にあるからである．しかし，そのように書くとフッ素が塩素を隠してしまい，（日食で月が太陽を隠すように）塩素を見ることができなくなってしまう．そこで，基が二つともはっきりと見えるように，一方を少し左に，もう一方を少し右に動かしているのである．どちらが右で，どちらが左であるかは問題ではない．大事なのは，どちらがくさび上に，どちらが破線上にあるかである．

　くさびと破線の意味するところを理解したので，少し違う角度から分子がどのように見えるかを考えよう．

　矢印の方向から分子を見ていると想像しよう．いま話している角度がはっきりしないなら，以下のことをやってみよう．まず，頭の位置にあるこの本をおなかの位置に動かす．次に，以前やったように紙面を側面から見てみる．君は，矢印がさしている方向から分子を見下ろすことになるだろう．これは，C―C結合を直接見下ろすことになり，一つの炭素は手前に，もう一つは後ろになる．

94 ◎ 6章 立体配座

この方向からは，手前の炭素原子に三つの基がつながっているのが見えるだろう．フッ素原子は紙面の右側に，塩素原子は左側に突きでているはずである．また，メチル基は真下に向かっているだろう．次が，この方向から見えるはずのものである．

このように，見えるのは三つの基で，奥の炭素原子は見えないだろう．なぜなら（日食のときに太陽が月に隠されているように）手前の炭素原子に隠されているからである．見ることのできない後ろの炭素を書いてみよう．約束事として，それを大きな円として書く．

そうすると，後ろの炭素原子に結合している三つの基を書くことができる．一つのメチル基と2個の水素原子がある．これらを書き込めば，ニューマン投影式となる．それは次に示すようなものである．

この式が何を表しているか理解することが重要である．それがはっきりわかるまで，先に進むことはできない．われわれは1本のC—C結合を見ており，それぞれの炭素原子に結合している三つの基に注目している．ニューマン投影式の中心点は手前の炭素原子で，そこから塩素，フッ素，メチル基へ直線が伸びている．後ろの大きな円が奥の炭素を示している．六つの基を同時にすべて見ることができる（三つは手前の炭素原子に，ほかの三つは後ろの炭素原子に結合している）．このようにニューマン投影式は，この節の最初に示した化合物のもう一つの書き方である．

6.1 ニューマン投影式の書き方　◎　95

　理解を助けるために，もう一つのたとえを使おう．3枚の羽根をもつ扇風機を見ているとする．この後ろに，やはり3枚の羽根をもつ別の扇風機がある．だから合計6枚の羽根が見える．両方の扇風機が回っていて，その写真をとったとすると，6枚の羽根すべてが見える写真をとることができるだろうし，後ろの3枚の羽根が手前の羽根に隠されている写真をとることもできるだろう．後者の場合，手前の3枚の羽根が後ろの3枚の羽根に<u>重なっている</u>のである．

　これが，ニューマン投影式がなぜ役に立つかを示すたとえである．2個の炭素原子がつながっているこの結合は，自由に回転できる単結合である．そうすると，手前の炭素原子に結合している三つの基と後方の炭素原子に結合している三つの基が，ねじれ形(staggered)や重なり形(eclipsed)になったりすることができる．

ねじれ形　　　重なり形

手前の炭素原子とその三つの基を1台の扇風機として，そして後ろの炭素原子とその三つの基をもう1台の扇風機として想像してみよう．これら2台の扇風機は互いに独立して回転することができ，多くの可能な立体配座を生じる．このことが，ニューマン投影式が立体配座を示すのに非常に有効な理由である．単結合が回転する際に生じるさまざまな立体配座を完璧に示すために，ニューマン投影式は書かれる．

　ほとんどの単結合が自由に回転して，結果として多数の立体配座が生じる場合，事情は少し複雑となる．ただし，ある特定の結合に注目し，その結合の自由回転から生じるいくつかの立体配座だけを考えれば，この種の複雑さを避けることができる．その方法を身につければ，分子の反応する部位に対し，それを適用できる．

例題 6.1　矢印の方向から見た次の化合物のニューマン投影式を書きなさい．

解答　まず初めに気づくべきなのは，破線やくさび上にある基が示されていないことである．それは水素原子である．1章では破線やくさびを書くことに注意を払わなかったが，実際には水素原子が破線やくさび上に存在している．また4章の三次元構造で学んだように，これらの炭素原子はsp³混成軌道をとり，そのため形は正四面体である．だから水素原子は，この紙面の手前と奥に突きでている．

　さて，手前の炭素原子とその三つの基を書いてみる．矢印の方向から見ると，1個の水素原子は左手

96 ◎ 6章　立体配座

上方に，もう1個は右手上方に見え，メチル基は真下を向いている．そこで次のように書ける．

次に，後ろの炭素原子を大きな円として書き，それに結合している三つの基すべてを示す．メチル基はまっすぐ上を向いており，2個の水素原子は左と右を向いている．したがって答えは次の通りである．

練習問題　次のそれぞれの化合物について，ニューマン投影式を書きなさい．なお，ニューマン投影式の骨格はすべて書かれている．適切な位置に六つの基を書き込むだけでよい．

6.2　　　　　　　　　　解答

6.3　　　　　　　　　　解答

6.4　　　　　　　　　　解答

6.5　　　　　　　　　　解答

6.6　　　　　　　　　　解答

6.7　　　　　　　　　　解答

6.2 ■ ニューマン投影式の安定性に順位をつける

　前節で，ニューマン投影式が一つの分子における多くの立体配座を表す優れた方法であることがわかった．また，ねじれ形と重なり形の立体配座があることも述べた．実際には，ねじれ形と重なり形にはそれぞれ三つの立体配座がある．ここで，ブタンのねじれ形立体配座を三つすべて書いて

6.2 ニューマン投影式の安定性に順位をつける ◎ 97

みよう．このための最もよい方法は，後ろの炭素原子を固定することである（そうすると後ろの扇風機は回転しないことになる）．そして手前の三つの基をゆっくりと動かしてみよう（手前の扇風機だけが回転することになる）．

アンチ配座　　　　　　　　ゴーシュ配座　　　　　　　　ゴーシュ配座

最初の式を見て，下にあるメチル基の位置に注目しよう．手前の炭素原子を三つの基すべてと一緒に時計回りに回転させると，2番目の式にあるように，このメチル基は左上に移る．それからもう一度回転させると，3番目の式になる．さらにもう一度回転させると，最初の式にもどる．最初の式では，メチル基どうしは互いに最も離れ，最も安定な立体配座であり，アンチ配座（anti conformation）と呼ばれる．ほかの二つの式はともに，メチル基どうしが空間的に近くにある．これらメチル基は相互作用し，少し混み合っている（立体的相互作用）．これによる作用をゴーシュ相互作用（gauche interaction）と呼んでおり，これらの立体配座はアンチ配座よりも不安定である．

分子と人間との比較にもどれば，アンチ配座はベッドで横になっているようなものであり，ゴーシュ配座はいすに座っているようなものである．いずれも快適な姿勢であるが，寝ているのが最も快適である．つまり，アンチ配座が最も安定である．

さて，ブタンの三つの重なり形立体配座を見てみよう．後ろの炭素を固定し，もう一度，手前の炭素と三つの基だけを回転させる．

これらの立体配座はすべて，ねじれ形立体配座に比べてエネルギーが高い状態にある．すべての基が互いに重なり，結果として混み合っている．これら三つの立体配座は逆立ちしているようなものであり，まったく居心地の悪い状態にある．さらに，真ん中の式の立体配座が最も不安定である．なぜなら，二つのメチル基（二つの最も大きな基）が重なり合っているからである．これは腕を使わずに逆立ちするようなもので，本当に怪我をするだろう．だから，これら三つの立体配座はすべてエネルギーの高い状態にあるが，なかでも真ん中の立体配座が最も不安定である．

まとめると，最も安定な立体配座は，大きな基ができるだけ離れている（アンチの）ねじれ形立体配座であり，最も不安定なのは，大きな基が互いに重なっている重なり形立体配座である．

例題 6.8 次の化合物で最も安定な立体配座と最も不安定なものを，矢印の方向から見たニューマン投影式を使って書きなさい．

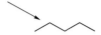

解答 示された方向から見たときのニューマン投影式をまず書く．この投影式は次のように，手前の炭素原子に一つのメチル基と2個の水素原子が結合し，後ろの炭素原子に一つのエチル基と2個の水素原子が結合しているものになる．

次に，最も安定な立体配座になるように，手前の炭素原子をどのように回転させるかを決める．最も安定な立体配座は，二つの大きな基が互いにアンチにあるねじれ形立体配座なので，この場合は回転させる必要がない．いま書いた式は，メチル基とエチル基が互いにアンチにあるので，すでに最も安定な立体配座である．

最も不安定な立体配座を見つけるには，手前の炭素原子を回転させて三つすべての重なり形立体配座を考える必要がある．最も不安定なのは，二つの大きな基が互いに重なっているものである．

練習問題 次のそれぞれの化合物について，最も安定な立体配座と最も不安定なものを書きなさい．それぞれ，示されたニューマン投影式の骨格に基を書き込めばよい．

6.9　　　　　　　　　　　　最も安定　　最も不安定

6.3 いす形立体配座を書く ◎ 99

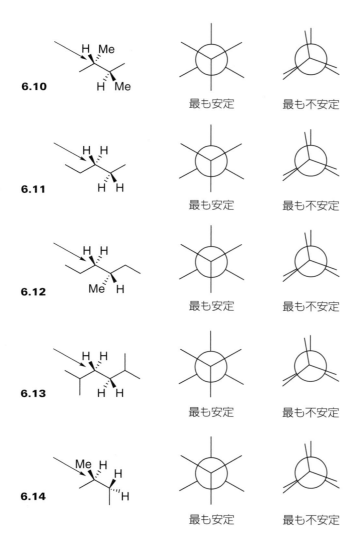

6.3 いす形立体配座を書く

　六員環（シクロヘキサン）を考えるとき，立体配座の分析は興味ある役割を果たす．この化合物がとりうる立体配座はたくさんある．有機化学の教科書では，その立体配座をすべて見ることになるだろう．つまり，いす形，舟形，ねじれ舟形である．シクロヘキサンの最も安定な立体配座はいす形である．それをいす形と呼ぶのは，書くといすのように見えるからである．

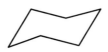

　あたかもビーチチェアであるかのように，この構造の上に誰かが座っているのを想像できるだろうか．多くの学生には，このいすと置換基を正しく書くのが難しい．この節では，このいすを正確に

書くことに集中する．これは非常に重要である．なぜなら，その書き方を知らないと，そのいすについてもっと知ることができないからである．

　順を追って練習しよう．まず，かなり広がったＶ字を書く．

次に，Ｖ字の右端から60度の角度に線を下ろし，Ｖ字の中心からまっすぐ下りる仮想の直線の少し手前で止める．

次に，Ｖ字の左側の部分と同じ長さの直線を平行に書き，Ｖ字の左端からまっすぐ下りる仮想の直線の少し手前で止める．

それから，Ｖ字の左端から始めて，右側の直線と平行に，同じ高さまで線を引く．

最後に，2本の線をつなぐ．

次のようないすは決して書かない．

いすをいい加減に書くと（非常に多くの学生がそうするのだが），環の上に置換基をきちんと書くことができない．それが試験の成績を下げるきっかけになる．だから時間をかけて練習し，正確に書く方法を身につけなければならない．次の余白で練習してみよう．

環に結合している置換基を書く練習から始めよう．右端の頂点から始めて，まっすぐ上に線を書く．

それから環を回り，炭素原子のところで，まっすぐな線を上下交互に書く．

これら六つの置換基はアキシアル(axial)の置換基と呼ばれる．それらは上に示したような順番で，まっすぐ上下に伸びる．

ついで，エクアトリアル(equatorial)の置換基を書く方法を学ぶ．この置換基は側面を向いている．これも六つある．それぞれは，一つ隔てた2本の結合と平行になるように書く．

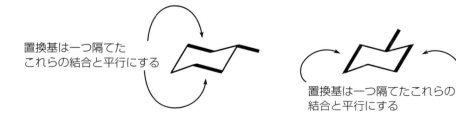

置換基は一つ隔てた
これらの結合と平行にする

置換基は一つ隔てたこれらの
結合と平行にする

このようにして環を一周し，エクアトリアルの置換基をすべて書く．

　ここで12個の置換基をすべて書くことができるようになったが，覚えておくべきなのは，書いた線の端に何もつけ加えないなら，それはメチル基を意味することである．したがって，(12個のメチル基をもつ)ドデカメチルシクロヘキサンを問題にしているのでなければ，これらの線の末端には水素原子を書かなければならない．

　一般に，12本の線をすべて書く必要はなく，またそこに水素原子を書く必要もない．1章で学んだ線構造式のルールを思いだしてほしい．どのような置換基もそこに書かなければ，そこには水素原子があると考える．ただしここでは，12個の置換基すべてを<u>どのように書くか</u>を身につけることが重要なので，演習で体験しているのである．次の節で，ほとんどの問題では，ごくわずかな置換基を書けばいいことがわかるだろう．どの置換基を書けばよいかは問題による．だから，書くように指示された問題すべてを確実に解くただ一つの方法は，置換基のすべてを書く方法を身につけることである．次のような置換基を<u>書いてはならない</u>．

とてもよくない

このように書くと，試験で致命的に点数を失うことになる(このような書き方は，いすを書く目的をまったく無にすることはいうまでもない．置換基の正確な位置が非常に重要だからである)．
　次の余白を使って，12個の置換基すべてをもついすを書く練習をしなさい．それを終えたら，すべての置換基についてアキシアルかエクアトリアルかを明記しなさい．これができてから，次の節に移ること．

6.4 いすの上に基を配置する

通常の六角形の図が与えられたときは，置換基が適切な位置にあるいすを書く方法を知っていなければならない．

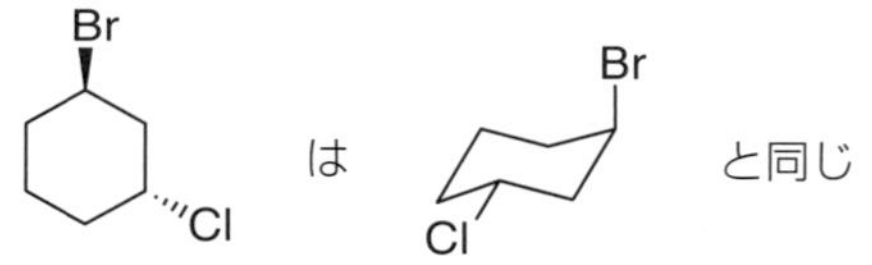
Br
Cl
は
Br
Cl
と同じ

これを始める前に，六角形の画法におけるくさびと破線の意味を思いだそう．くさびは君へ向かっており，破線は君から離れていく．だから，環の6個の炭素原子それぞれには，一方は手前にでており，他方は後ろに引っ込んでいる二つの基がある．これらの基が書かれていないときは，手前と後ろに向いている2個の水素原子があることを意味する．

ここで新しい用語を導入しよう．これは科学的な用語ではないし，君の教科書にも載っていないかもしれないが，ここでの画法を身につける助けとなる．くさび上にあり，環から飛びだした基は，どれでもアップと呼ぶ．その基は環の上方を向いているからである．一方，破線上の基はダウンと呼ぶ．その基は環の下方を向いているからである．この節の最初の例でいえば，臭素はアップ，塩素はダウンである．

同じ用語をいす上の基に適用しよう．各炭素原子は二つの基をもっており，一つは環の上方を向いており(アップ)，もう一つは環の下方を向いている(ダウン)．

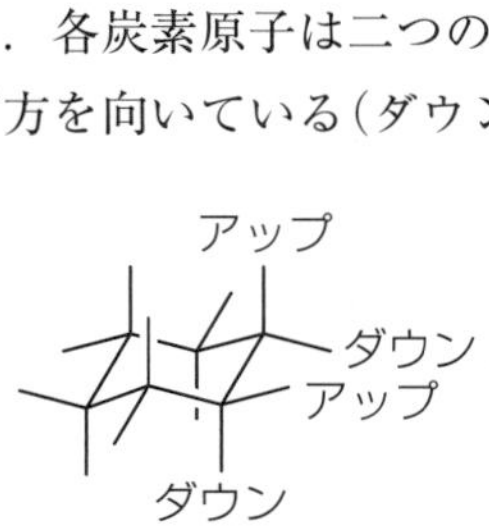
アップ
ダウン
アップ
ダウン

すべての炭素にこの用語を適用でき(上の図で試してみよう)，各炭素が(アップとダウンの)二つの基をもっていることがわかるだろう．ここで大事なのは，アップ / ダウンとアキシアル / エクアトリアルの間には何の相関もないことである．上の図を見てみよう．ある炭素原子では，アップの位

104 ◎ 6章 立体配座

置がアキシアルである．しかし，同じ基をもつとなりの炭素原子では，アップの位置がエクアトリアルである．上に示す二つのエクアトリアルをよく見よう．それらのうち一方がアップであり，他方がダウンである．

これでわれわれは，六角形を与えられたとき，いすを書くことができる．この節の最初に示された例を考えよう．

まず番号をつける．ただし，化合物を命名するときに使っている数字と同じである必要はない．これらは，適切な位置に置換基をもつ環を書くのに助けとなる数字である．どこから始めるか，どちらの方向に進むかは関係しない．だからここでは，いつも上から始め，時計回りに進めることにしよう．

今度はいすを書き，同じように番号をつける．いすのどこから番号をつけ始めてもいいが，六角形の場合と必ず同じ方向に進めなければならない．六角形で時計回りに進めたなら，ここでも時計回りに進めなければならない．間違いを避けるために，ここからは必ず時計回りに進めることにして，必ず右端の角から始めよう．

いま，基がどこに位置するかはわかっている．臭素は1番の炭素に結合し，塩素は3番の炭素に結合する．次にアップ／ダウンのシステムに移る．いすを書き，基が結合する炭素原子すべてにアップおよびダウンの位置を示す．

再び六角形を書き，それぞれの基がアップかダウンかを確認する．臭素はくさび上にあるのでアップである．塩素は破線上にあるのでダウンである．こうしていす形画法に置換基を配置することができる．

6.4 いすの上に基を配置する ◎ 105

Br と同じ

以上がすべてである．復習のために，いすを書き，そのいすと六角形に番号をつけ（ともに時計回り），置換基がどこに結合するかを決め，それらがアップかダウンかを決め，それを書く．練習してみよう．

例題 6.15 次の化合物のいす形立体配座を書きなさい．

解答 まず番号をつける．六角形の一番上の基に1をふり，それから時計回りに進める．1番目にOH基が，2番目にメチル基がつく．

次にいすを書き，時計回りに番号をつけ，さらに1番目と2番目の炭素原子にアップとダウンの位置を示す．

最後に，適切な位置に基を置く．OH基は六角形では破線上にあるので，1番の炭素のダウンの位置にあるはずであり，メチル基はくさび上にあるので，2番の炭素のアップの位置にあるはずである．

　上の例題は重要なポイントを含んでいる．六角形で示したメチル基とOH基に注目しよう．一つはくさび上に，もう一つは破線上にある．二つの基が環の反対側にあるとき，この関係をトランスと呼んでいる．二つの基が同じ側，つまりどちらもくさび上あるいは破線上にあるときは，それをシスと呼んでいる．例題では，互いにトランスの位置にある．次に，同じく例題で書いたいすに注目しよう．OH基とメチル基は，この図ではトランスに見えない．むしろシスに見えるが，実際は

106 ◎ 6章　立体配座

トランスである．OH 基はダウンの位置にあり，メチル基はアップの位置にある．

　これらの基が互いにトランスにあることは，「反転」させたいすの書き方を学ぶときに非常にはっきりするだろう．次の節でこのことがわかる．いまは，第一のいすを正しく書く練習をしよう．

練習問題　次のそれぞれの化合物について，いす形立体配座を書きなさい．

6.16

6.17

6.18

6.19

6.20

6.21

6.5 ┃ 環の反転

　環の反転は，いす形立体配座を理解するのに最も重要な考え方の一つであるが，学生はこれを誤解することが多い．間違いを避けるために，環の反転ではないものから始めよう．環の反転とは，ただひっくり返すのではない．

環は
反転しない

学生がこれを反転であると考える理由は理解できる．結局これは，「反転」という言葉の普通の意味である．しかし「環が反転する」というとき，われわれはまったく違うことを話している．次に，ここで反転が本当に意味するものを示す．

左の図では，いすの左側が下を向いていることに注目しよう．右の図では，いすの左側は上を向い

ている．二つは違ういすである．次に，塩素原子がエクアトリアルからアキシアルに変わっていることに注目しよう．これは環の反転の大きな特徴である．環が反転するとき，アキシアルのものはすべてエクアトリアルになり，エクアトリアルのものはすべてアキシアルになる．

これを理解するために，たとえで考えてみよう．君は長い廊下を歩いている．多くの人が歩くときにそうするように，君の手は前後に振られている．あるときには左手が前，右手が後ろにある．次にそれが入れ替わる．一歩進むごとに，君の手は前後へと振られる．シクロヘキサン環も同じようなことをしている．つねに動いており，二つの異なるいす形立体配座の間を行き来している．だからすべての置換基も，アキシアルとエクアトリアルの間を絶えず行き来している．

もう一つ知っておくべき重要な特徴がある．塩素原子をもっている上の例にもどろう．いすの反転は，塩素原子をエクアトリアルからアキシアルへ変えると述べた．それではアップ／ダウンという用語は，ここではどうなるだろうか．見てみよう．

塩素原子はつねにダウンであることに注目しよう．つまり，環の反転の際にはアップ／ダウンが変化するのではなく，アキシアル／エクアトリアルが変化するのである．これでアップ／ダウンとアキシアル／エクアトリアルとは何ら関係ないことがわかる．ある置換基がアップなら，それは環の反転が起こっている間もずっとアップにとどまる．

これで，普通の六角形の図が，二つのいす形立体配座間を反転する分子を示していることを理解できる．六角形の図は，どの置換基がアップで，どの置換基がダウンかを示している．それは決して変わらない．しかし，それらの基がアキシアルであるかエクアトリアルであるかは，どちらのいすを書くかと関係する．ここまでわれわれは，これらのいすの一方だけを書く方法について学んできた．そこで，もう一方のいすを書く練習をしよう．

いすの骨格を書く手順は，前にした方法とよく似ている．ただ一つの違いは，別の向きに線を書くことである．第一のいすを書いたときは，次の手順で進めた．

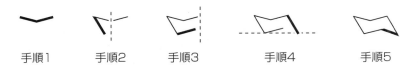

手順1　　手順2　　手順3　　手順4　　手順5

もう一方のいすを書くには，次の手順で行う．

手順1　　手順2　　手順3　　手順4　　手順5

第二のいすを書くときの方法を，第一のいすを書くときのものと比べてみよう．重要なのは手順2である．それぞれの手順2を比べると，すべて違いはそこから生じていることがわかる．次の余白

を使って，第二のいすを書く練習をしよう．

さて，置換基の書き方を覚えよう．そのルールは前と同じである．すべてのアキシアルは，交互に上下に線を書く．

そしてエクアトリアルはすべて，一つ隔てた2本の結合に対して平行に書く．

置換基は一つ隔てたこれらの
結合と平行にする

練習問題 6.22 次の余白で，第二のいすを書く練習をし，12個の置換基すべてを書き込みなさい．

さて，元にもどって復習しよう．次の点を理解することは重要である．与えられた六角形の図は，どこがアップであるか，どこがダウンであるかを示している．いすをどのように書こうが，アップはつねにアップであり，ダウンはダウンである．この化合物には二つのいす形立体配座があり，分子はこれら二つの立体配座間を行ったり来たりしている．それぞれの反転では，アキシアルはエクアトリアルになり，エクアトリアルはアキシアルになる．例を見てみよう．

6.5 環の反転 ◎ 109

次の化合物を考える.

この環に二つの基があることに注目しよう. 塩素は破線上にあるのでダウンであり, 臭素はくさび上にあるのでアップである. この化合物について, 二つのいす形立体配座を書くことができる.

いずれの立体配座でも, 塩素はダウン, 臭素はアップである. 二つの図の違いは, アキシアルおよびエクアトリアルの基である. 左の立体配座では両方の基がエクアトリアルである. 右の立体配座では両方の基がアキシアルである.

　したがって, どのような六角形の図であっても, 二つのいす形立体配座がある. そこで, どのような化合物についても両方の立体配座を書くことができるか確かめよう. すでにわれわれは, 前節で第一のいすの書き方を学んだ. われわれは番号づけを利用してどこに基をつけるかを決め, アップ／ダウンという用語を使ってそれらをどのように書くか(エクアトリアルとして書くかアキシアルとして書くか)を正確に理解した. 第二のいすを書くときも, 単純に同じ手順を踏む. 第二のいすの骨格を書くことから始めよう(これが, 二つのいすの違いを見分ける第一歩である).

第一のいすの骨格　　第二のいすの骨格

骨格を書いたら, 時計回りに炭素に番号をつける. それから正しい位置に基をつけ, どちらの向きに基を書くか(アップかダウンか)決める. このようにして, 両方のいすを同時に書くことができる.

例題 6.23　次の化合物について, 二つのいす形立体配座を書きなさい.

解答　六角形を時計回りに番号をつけ始める. 1番の炭素に OH 基が, 2番の炭素にメチル基がつく.

110 ◎ 6章 立体配座

次に二つのいすの骨格を書き，時計回りに番号をつける．それから1番と2番の炭素原子のアップとダウンの位置を区別する．

最後に，両方のいすに基をつける．OH 基は六角形の図で破線についているから，1番の炭素のダウンにあるはずだし，メチル基はくさびについているから，2番の炭素のアップにあるはずである．

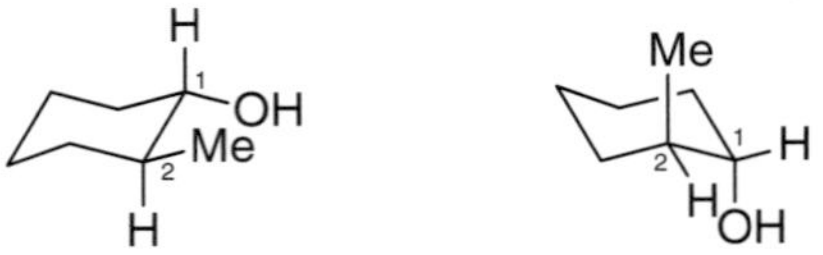

番号や水素を表示せずに，これらの化合物をもう一度書いてみると，二つの立体配座間の関係がはっきりしないので，以上の手順を段階的に進めることが必要であると，よくわかるだろう．

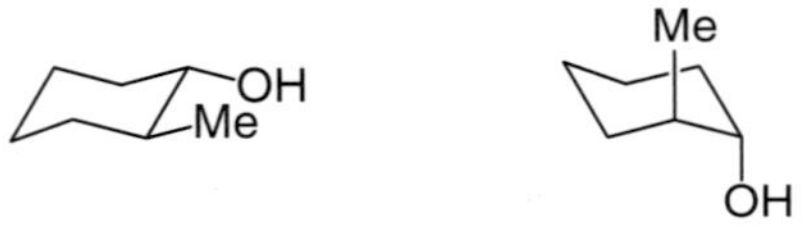

練習問題 次のそれぞれの化合物について，二つのいす形立体配座を書きなさい．

6.24

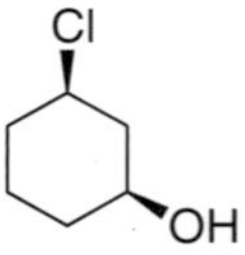

6.25

6.26

6.27

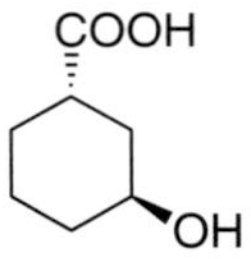

6.5 環の反転 ◎ 111

6.28 [structure: cyclohexane with OH (wedge up) and Et (dash)]

6.29 [structure: cyclohexane with two Me groups, both wedge]

ときには，一方のいす形立体配座が与えられ，もう一方の立体配座を書くように指示されることがあるかもしれない．そのときには再び，番号を使えば理解しやすくなる．例を見てみよう．

例題 6.30 次に，置換基をもつシクロヘキサンの一方のいす形立体配座がある．もう一方のいすを書きなさい（すなわち環を反転させなさい）．

解答 第一のいすに，まず番号をつける．いすの右端からスタートし，そこを1番とする．それから時計回りに進める．これで臭素は3番となる．

OH基はダウン，臭素はアップであることに注意しなさい．

次に，第二のいすの骨格を書く．再び右端から番号をつけ，時計回りに進める．それから1番の位置にダウンを，3番の位置にアップを書く．

最後に，適切な位置に基をつける．

練習問題 次のそれぞれのいす形立体配座について，いすを反転させ，もう一方の立体配座を書きなさい．

6.31　　　　　　　　　　　　　　　6.32

6.33　　　　　　　　　　　6.34

6.35　　　　　　　　　　　6.36

6.6　いすの安定性を比較する

　置換シクロヘキサンの二つのいす形立体配座を書けるようになったら，どちらの立体配座がより安定であるかを予測できるはずである．これは反応性を知るために重要になる．ある基がアキシアルであるときにだけ進行するような反応について学んでいると想像しよう（このような反応については，すぐに学ぶことになる．それはE2反応と呼ばれる）．すでに学んだように，（一方のいすから他のいすへと行き来するのにつれて）その基はアキシアルとエクアトリアルの間を反転している．しかし，一方のいすが非常に不安定で，その環が他方の立体配座に99％の時間とどまるようなら，どうなるだろうか．そのとき，安定な立体配座で重要な基はどちらにあるかという問いがでてくる．それはアキシアルだろうか，それともエクアトリアルだろうか．エクアトリアルであるなら，反応は起こらないだろう．その基がアキシアルである1％の時間にだけ反応が起こるので，反応は非常に遅くなるだろう．しかし，その基が99％の時間アキシアルにとどまるなら，反応は速やかに起こるだろう．

　したがって，いす形立体配座を不安定にするものが何であるかを理解することが重要であるとわかるだろう．さしあたり考慮しなければならない規則は，実際ただ一つだけである．基がエクアトリアルであるとき，いす形立体配座はより安定になる．なぜなら，その基には衝突するものがないからである〔この衝突を<u>立体障害</u>(steric hindrance)と呼ぶ〕．アキシアルではほかの基と衝突するが，エクアトリアルではほかに衝突する基がない．

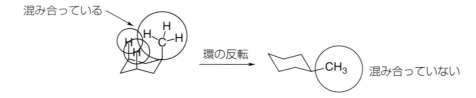

　基は大きくなればなるほど，エクアトリアルを好むようになる．だから*tert*-ブチル基は，ほとんどすべての間エクアトリアルにとどまる．このことが実質的に環を一方の立体配座に「固定」し，環の反転を妨げる（実際のところ，環は依然として反転している．しかし，より安定ないす形で99％以上の時間を費やしている）．

6.6 いすの安定性を比較する ◎ 113

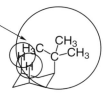

そこで，環に結合する塩素原子がアキシアルであり，同時に tert-ブチル基がエクアトリアルであると，どうなるだろうか．

この場合，実質的には塩素原子がアキシアルであるいす形立体配座に固定される．塩素原子がアキシアルになる反応を試みるとき，この効果が反応を加速させるだろう．しかし，塩素原子がエクアトリアルに固定されている場合，その反応は著しく遅くなる．

これまでに，反応における立体配座の重要性を理解した．そこで，二つのいす形立体配座のうち，どちらがより安定であるかを手順を踏んで決めていこう．

環上に基が一つしかない場合，この基がエクアトリアルの立体配座がより安定である．

より安定

環上に基が二つある場合は，ともにエクアトリアル位を占める立体配座がより安定である．

より安定

どちらの立体配座でも一つの基だけがエクアトリアルになれる場合は，より大きな基がエクアトリアルの立体配座がより安定である．

より安定

上の例では，tert-ブチル基とメチル基のどちらかをエクアトリアルにすることができる．両方をエクアトリアルにすることはできない．したがって tert-ブチル基をエクアトリアルにする．

三つ以上の基がある場合も，より安定ないす形立体配座を選ぶために上で使った同じ論理を使えばよい．単に，最も大きな基をエクアトリアルにする．

例題 6.37 次の化合物について，最も安定ないす形立体配座を書きなさい．

解答 まず，両方のいす形立体配座を書く（うまく書けない場合は，6.4 節と 6.5 節を復習すること）．

次に，より大きな基がエクアトリアルである立体配座を選ぶ．この場合，二つの基がエクアトリアルになれるので，この立体配座を選ぶ．

練習問題 次のそれぞれの化合物について，最も安定ないす形立体配座を書きなさい．

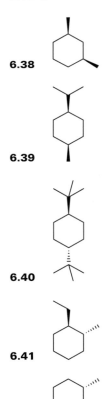

6.38

6.39

6.40

6.41

6.42

6.43

6.44

6.45

6.7　命名法で混乱しない

　ある種の命名法は，いつも学生を混乱させている．これを防ぐために，次の解説をつけておこう．二つの基がともにアップまたはダウンであるとき，これを互いにシスにあるという．また，一方がトップ，他方がダウンであるとき，これを互いにトランスにあるという．

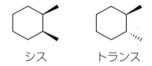

　このこととシスやトランスの二重結合と混同してはならない．ここに二重結合はない．このようなとき，二重結合はいっさい書いてはならない．*cis*-1,2-ジメチルシクロヘキサン（*cis*-1,2-dimethyl-cyclohexane）を書きなさいといわれたとき，驚くべきことに多くの学生が二重結合を書く．語尾の -ane は分子中に二重結合を含まないという意味であることを思いだしてほしい．二重結合と二置換のシクロヘキサンが似ているのは，シスが「同じ側にあること」，トランスが「反対側にあること」をともに意味するだけである．

7章
立体配置

　前章では，まるで人のように，分子はさまざまな立体配座がとれることを知った．君はあらゆる方向に腕を動かすことができるだろう．空に向かってまっすぐ突きだすことも，横に広げることも，下におろすこともできる．これらすべての位置で，右腕をどのように動かそうとも，右腕は右腕である．どうやっても右腕を左腕に置き換えることはできない．それがつねに右腕である理由は，右腕が右肩につながっていることとは関係しない．仮に腕をたたき切って逆に植えつけたとしても(決してやってはならない！)，まともには見えないだろう．右腕が左肩についているか，または左腕が右肩についているか，そんなふうに見えるだろう．少なくとも，とても変に見えるだろう．

　右手は右手である．なぜなら，右手は右手用のグラブに合うが，左手用のグラブには合わないからである．どのように手を動かそうとも，このことはつねに正しい．分子もまた，この性質をもち合わせている．

　分子は，含まれる原子が三次元空間でどのように結合できるか，二つの可能性がある部位をもっている．ちょうど右手と左手との違いのようなものである．「右手」と「左手」のかわりに，この二つの可能性を R と S と呼ぶ．ある化合物の立体配置(configuration)について話すということは，それが R であるか S であるかを考えることと同じである．その配置が S なら，分子が動くにつれてその腕がどのようにねじれようとも，つねに S である．いいかえれば，分子は望みの立体配座に変化できるけれども，立体配置は決して変わらない．立体配置を変えるただ一つの方法は，化学反応によってである．

　このことは，前章で理解したことを説明している．いす形立体配座を書くときに，どちらのいすを書こうとも，アップはアップのままだった．それはアップとダウンが立体配置の問題だからである．アップあるいはダウンは，分子が別の配座になっても変わらない．

　立体配座と立体配置を混同してはならない．学生はいつもこの二つの用語を混同する．立体配座は分子がねじれることのできる位置を表すが，立体配置は右手か左手か(R か S か)という問題である．

　分子の中で，R あるいは S をとる部位を立体中心(stereocenter)またはキラル中心(chiral center)と呼ぶ(「キラル」という用語はギリシャ語の「手」という言葉に由来するから，この記号の使用を理解できるだろう)．この章では，立体中心を探しだす方法，正しく書く方法，R とするか S とするかを決める方法，1個の分子中に二つ以上の立体中心があるとどうなるかについて学ぶ．

これは非常に重要な内容である．反応を学ぶようになれば，すぐにこの重要性を理解するだろう．ある反応では立体中心が R から S に（またはその反対に）変化するが，別の反応では変化しないということを，いずれ知るだろう．反応の生成物が何かを予測するためには，絶対に立体中心の表し方を覚えなければならない．

7.1 立体中心を探しだす

1個の炭素原子が四つの異なる基と結合しているなら，その炭素原子は立体中心となる．たとえば

この式は，四つの異なる基をもつ炭素を示している．エチル基，メチル基，臭素そして塩素である．だからこの化合物は立体中心をもっている．炭素原子に四つの異なる基が結合しているときは，それら四つの基を空間的に配列させる二つの方法がある（必ず二つである．それ以上でもそれ以下でもない）．これら二つの配列は，異なる立体配置である．

上の二つの化合物は，それらが同じ構成（結合のつながり方）をもっているとしても，互いに違うものである．その違いは，三次元空間における配置から生じている．そのため，これを立体異性体（stereoisomer）と呼ぶ（空間という意味の「立体」）．より厳密にはエナンチオマー（enantiomer, 鏡像異性体）と呼ぶ．なぜなら，これら二つの化合物は互いに鏡像の関係にあり，重ね合わせることができないからである．二つの化合物の模型をつくれば，それらが同じではないことがわかるだろう．すなわち重ね合わせられない．

われわれは，中心の炭素原子に結合している4個の原子（臭素，塩素，炭素，炭素であり，うち2個は同じと思ってしまうかもしれない）だけを見ているのではなく，結合する基全体を見ていることに注意しよう．いいかえると，ある原子に結合している四つの基を見ているときは，たとえそれらがどんなに大きくても，分子全体を見ているのである．次の例を考えよう．

四つの基はすべて違っている．

君は，ある原子に四つの異なる基が結合しているかどうかを見分ける方法を身につけなければならない．この課題の助けとなるように，立体中心ではない例をまず見てみよう．

118 ◎ 7章 立体配置

上に示した炭素原子は，立体中心ではない．なぜなら同じ基が二つあるからである（エチル基が二つある）．次の場合にも，このことがあてはまる．

この環を時計回り，反時計回りいずれに回したとしても，同じであることがわかるだろう．だから，これは立体中心ではない．立体中心にしたいなら，環の上に置換基をつければよい．

通常，立体中心は破線とくさびで書き，どちらの立体配置かわかるようにする．破線もくさびも書かれていないときは，両方の立体配置が等量含まれる混合物であると考える〔これをラセミ混合物（racemic mixture）と呼ぶ〕．実際には，上の化合物では第二の立体中心がある．見つけられるだろうか．この化合物の二つの立体中心は，それぞれ R か S である．つまり R と R，R と S，S と R，S と S の四つの可能性がある．いずれの立体中心も破線やくさびで書かれていないので，四つすべての立体異性体があると考えなければならない．

例題 7.1 次の化合物には立体中心が一つある．それを見つけなさい．

解答 化合物の左側から始めて，右側へ移動していこう．メチル基は3個の水素原子をもっている．だから立体中心ではない．それから CH_2 基も違う．二つの基が同じだからである（水素が2個ある）．そして次に，四つの異なる基をもつ炭素原子が見つかる．エチル基（左側），メチル基（右側），上に突きでた OH 基，そして水素をもっている（示されていない水素を忘れてはいけない）．これが立体中心である．

7.2 立体中心の立体配置を決める ◎ 119

練習問題 次のそれぞれの化合物には立体中心が一つある．それを見つけなさい．

7.2

7.3

7.4

7.5

7.6

7.7

上の例題で，君はただ一つの立体中心を探すことを習った．その立体中心をより早く見つける方法を覚えたはずである（たとえば CH_2 基を無視すること）．そこで，立体中心がいくつあるかわからない例に移ろう．立体中心は五つあるかもしれないし，一つもないかもしれない．

例題 7.8 次の化合物で，立体中心をあるだけすべて見つけなさい．

解答 環を回っていくと，この化合物には炭素原子が 6 個あることがわかる．そのうち 4 個は CH_2 基だから，それらは立体中心ではない．残り 2 個の炭素原子を見ると，どちらにも異なる四つの基が結合していることがわかる．それらは両方とも立体中心である．

練習問題 次のそれぞれの化合物で，立体中心をあるだけすべて見つけなさい．

7.9

7.10

7.11

7.12

7.13

7.14

7.15

7.2　立体中心の立体配置を決める

立体中心を見つけることができるようになったので，次に立体中心が R か S かを決める方法を習おう．この決定法には二つの段階がある．まず四つの基それぞれに（1 から 4 まで）番号をつける．それから，この番号の順に立体配置を決める．では，その番号はどのようにつければよいのだろうか．

120 ◎ 7章 立体配置

まず，立体中心に結合している4個の原子のリストをつくる．次の例を見てみよう．

この立体中心に結合している4個の原子は，炭素，炭素，酸素，水素である．原子番号に基づいて，それら原子に1から4まで優先順位をつける．これをするたびに周期表を見るのが面倒なら，表の一部を覚えておけばよい．有機化学でひんぱんに使われるのは，次のたったこれだけの原子である．

```
        C  N  O  F
           P  S  Cl
                 Br
                  I
```

上の例で4個の原子を比べると，酸素が最も大きな原子番号をもつことがわかるので，それに第一優先権を与えて1番とする．水素は最も小さな原子なので，立体中心が水素をもっているときは，それが4番となる（優先順位が一番低い）．水素が2個あるときのことは考えなくてよい．なぜなら，そのときには立体中心ではないからである．しかし，上の例のように2個の炭素原子が結合している場合はある．その際，どちらに2番，どちらに3番をつけたらいいか，どのように区別できるだろうか．

次の説明は，その2個の炭素原子に優先順位をつける方法である．それぞれの炭素原子について，くっついている（立体中心以外の）3個の原子を書きだす．上の例でやってみよう．立体中心の左側の炭素原子は4本の結合をもっている．立体中心との結合，もう1個の炭素原子との結合，そして2個の水素原子との結合である．だから，立体中心との結合以外に，炭素，水素，水素との3本の結合をもっている．次に立体中心の右側の炭素原子を見てみよう．立体中心，それから3個の水素原子との4本の結合がある．だから立体中心以外とは，水素，水素，水素との3本の結合をもっている．この二つを比べて第一の相違点を探す．

```
左側   右側
 C     H
 H     H
 H     H
```

すぐに違いがわかる．炭素は水素に勝つ．したがって，立体中心の左側が右側よりも優先順位が高く，番号はこのようになる．

例題 7.16 次の化合物の立体中心を見つけ，原子番号に基づく優先順位を決める方法を使って，それに結合している四つの基に1から4まで番号をつけなさい．

7.2 立体中心の立体配置を決める ◎ 121

解答 立体中心に結合している 4 個の原子は，炭素，炭素，塩素，フッ素である．このうち塩素が最も原子番号が大きいので，優先順位は 1 番である．それからフッ素が 2 番である．2 個の炭素原子のうち，どちらを 3 番，どちらを 4 番とするか決めなければならない．それぞれの炭素に結合している 3 個の原子を書きだして，これを決める．

左側　右側
C　C
H　C
H　H

右側が勝っている．したがって番号は次のようになる．

練習問題 次のそれぞれの化合物の立体中心を見つけ，原子番号に基づく優先順位を決める方法を使って，それに結合している四つの基に 1 から 4 まで番号をつけなさい．

7.17　　**7.18**　　**7.19**

　四つの基に番号をつける際，さらにいくつかの状況に出合うことになるだろう．2 個の炭素原子を比べていて，どちらにも 3 個の原子が同じように結合しているときは，最初の違いが見つかるまで，さらにこの作業を続ける必要がある．

　また覚えておくべきなのは，この作業を続けているとき，われわれは最初の違いを探しているのであり，原子番号をたしてはいけないことである．次が，このことを説明するのに最もいい例である．

この例では臭素が優先順位 1 番であり，水素が 4 番であることがわかる．2 個の炭素原子を比べると，次のような状況である．

122 ◎ 7章　立体配置

左側　　右側
C　　　O
C　　　H
C　　　H

　この場合，原子番号をたし合わせて，左側が勝ちであるといってはならない．そうではなくて，リストを順に見ながら，各列を比べる．一番上の列で炭素と酸素を比べる．酸素の勝ちで，それで終わりである．下の2列に何がこようと関係ない．必ず最初の違いを探す．だから優先順位は次のようになる．

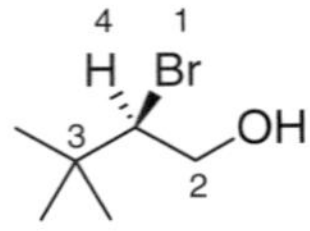

　最後に，二重結合は，その原子に2個の炭素原子が結合しているかのように考えなければならない．たとえば

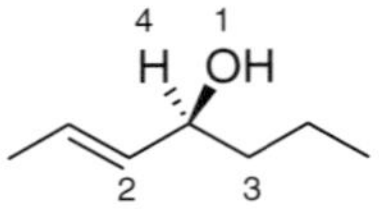

左側の基が2番になる．なぜなら次のように考えるからである．

左側　　右側
C　　　C
C　　　H
H　　　H

例題 7.20　次の化合物の立体中心を見つけ，原子番号に基づく優先順位を決める方法を使って，それに結合している四つの基に1から4まで番号をつけなさい．

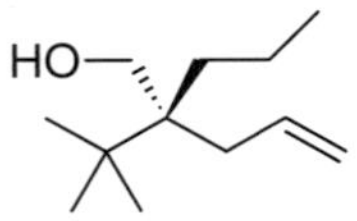

解答　立体中心に結合している4個の原子はみな炭素である．そこで次の四つのリストを比較しなければならない．

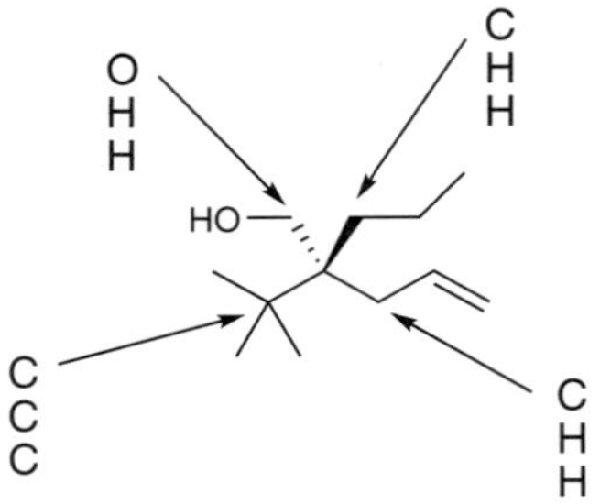

酸素原子の勝ちである．3個の炭素原子が結合しているものが次にくる．残りの二つは同じなので，さらにもう一つ離れた炭素で再び比較しなければならない．二重結合は2個の炭素原子が結合していると考えることを思いだそう．

したがって優先順位は次のようになる．

練習問題 次のそれぞれの化合物の立体中心を見つけ，原子番号に基づく優先順位を決める方法を使って，それに結合している四つの基に1から4まで番号をつけなさい．

7.21　7.22　7.23

7.24　7.25　7.26

さて，この番号づけの方法を使って，立体中心の立体配置を決める方法を習得しよう．考え方は単純であるが，目を閉じて頭の中で三次元の物体を回転させるのは難しいかもしれない．これができなくても，心配する必要はない．技がある．まず，その技を使わずにやってみよう．

4番の基がわれわれから離れた向き（破線上）にあるとき，1，2，3番の基は時計回りなのか，それとも反時計回りなのか考える．

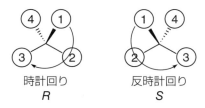

左の例では1，2，3番が時計回りになり，これをRと呼ぶ．右の例では反時計回りになり，これをSと呼ぶ．もし分子が，4番の基が破線に結合しているように書かれていたら，作業は簡単である．

124 ◎ 7章 立体配置

4番が破線に結合しているので，1，2，3番を見るだけでいい．この場合，反時計回りなので，Sである．

4番が破線に結合していないときは，少し難しくなる．そのときは分子を頭の中で回転させなければならない．たとえば

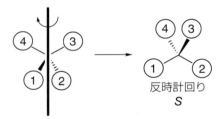

四つの優先順位の位置を示す立体中心を，もう一度書いてみよう．

4番の基が破線上にあるように，分子を回転させなければならない．そこで，分子に鉛筆を通し，その鉛筆を90度回転させたと想像しよう．

4番が破線上にきたので，1，2，3番を見ると，それらが反時計回りになっていることがわかる．だから立体配置はSである．

もう一つの例を見てみよう．

四つの優先順位の位置を示す立体中心を書き，鉛筆を通して180度回転させ，破線上に4番がくるようにする．

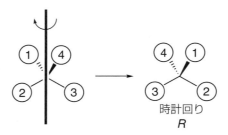

4番が破線上にきたときに1，2，3番を見ると，時計回りであるのがわかる．だから立体配置はRである．

さて，技の出番である．いままでのことをすべてできれば立派である．しかし，三次元で分子を見ることが難しくても，答えをだすのにいつでも助けとなる簡単な技がある．この技を身につけるためには，四つの基のうち二つを交換するように分子を書きかえたとき，RはSに，SはRに立体配置が入れ替わることを理解しなければならない．

この考え方をうまく使うことができる．技とは次のようなものである．破線上の基（1，2，3番のいずれでもよい）と，4番の基を入れ替える．そうすると答えは，見えるものと反対になる．例で確かめよう．

4番がくさび上にあるので，この問題は難しそうに見える．そこで技を使ってみよう．破線上の基に関係なく，4番と入れ替える．この場合は1番と4番を入れ替える．

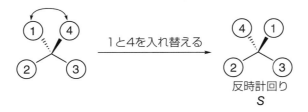

入れ替えると，4番が破線上にきて，わかりやすくなる．それは反時計回りであり，Sである．わかりやすくするために，われわれは1回入れ替えをしなければならなかった．これは立体配置を変えたことを意味する．だから，この入れ替えをした後Sになれば，その前はRだったに違いない．これが技である．ただし，気をつけなければならない．この技はつねに使えるが，そのとき得られた答えは，1回入れ替えたのだから，正解の符号の反対であることを決して忘れてはならない．

さて，基に番号をつけた分子で，RかSかを決める練習をしよう．そうすれば，この方法をどう使えばいいか，はっきりとわかるだろう．分子を三次元でイメージしてもいいし，技を使ってもいい．どちらでもやりやすいほうでいい．

練習問題 それぞれの場合に，立体配置がRであるかSであるか決めなさい．

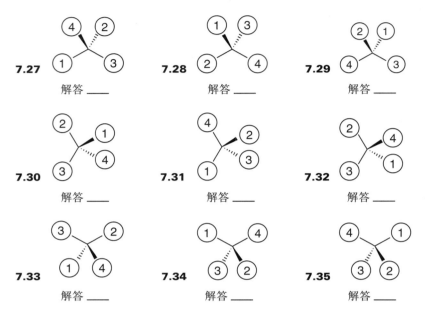

優先順位をつける方法がわかり，それを使って立体配置を決める方法もわかった．そこで，立体中心の配置を決める練習をしよう．

例題 7.36 次の化合物は立体中心を一つもっている．それを見つけ，RかSかを決めなさい．

解答 2個の塩素原子をもっている炭素は，二つの同じ基，つまり2個の塩素原子があるから，立体中心ではない．ここでの立体中心はOH基が結合している炭素原子である．それは四つの異なる基をもっている．それがわかれば，次にその優先順位を決める．

破線上の酸素は優先順位1番であり，水素原子（示していないが，くさび上にある）は4番目である．2個の炭素原子の間では，右側のものが2個の塩素原子と結合しているので，この炭素の勝ちであり，優先順位も上である．したがって次のように番号がつけられる．

7.3 命名法 ◎ 127

４番がくさび上にあるので，技を使ってみよう．４番と１番を入れ替えたら，立体配置は R になる．だからそれを入れ替える前は S であるし，答えは S である．

練習問題 次のそれぞれの化合物の立体中心をすべて見つけ，その立体配置を決めなさい．

7.37

7.38

7.39

7.40

7.41

7.42

7.3 　命 名 法

　５章で化合物の命名法を学んだときに，立体配置を決める方法を学ぶまで，立体中心の命名は置いておこうと述べた．いまや立体中心が R か S かを決める方法を知ったので，化合物の命名法に立体中心を含めて理解することができる．実際にはとても簡単である．化合物に立体中心が一つだけあるなら，名称の先頭に (R) か (S) をつけ加えるだけでよい．たとえば，2-ブタノールは立体中心を一つもっており，立体中心の配置によって (R)-2-ブタノールか (S)-2-ブタノールとなる．もし二つ以上の立体中心が存在するなら，各立体中心の位置を特定できる数字も使用しなければならない．

　命名法についての５章で習ったことに基づいて，この化合物の名前は3,4-ジメチルヘキサン-2-オン（3,4-dimethylhexan-2-one）である．さらに，この名前に立体配置をつけ加えよう．左側の立体中心は R であり，右側は S である．主鎖の番号づけを利用して，立体中心がどこにあるかを決める．主鎖には左から右へ番号をつけるので，名前の最初に $(3R,4S)$ をつけ加える．

立体異性	置換基	主鎖	不飽和	官能基

したがってその名前は $(3R,4S)$-3,4-ジメチルヘキサン-2-オン〔$(3R,4S)$-3,4-dimethylhexan-2-one〕となる．すでに知っているように，立体異性が名前の一部になるときはイタリック体で表される．

　さて，すでに命名法の章でも議論したが，立体異性の異なるタイプに移ろう．二重結合に注目する．分子に二重結合があるときは，–エン–（–en–）という用語を使うことを思いだそう．

128 ◎ 7章 立体配置

立体異性	置換基	主鎖	不飽和	官能基

そして番号づけの方法を使い，その二重結合の位置を示した．しかしそのとき，二重結合の原子が互いに結合する様式は，三次元空間でしばしば二つあることを理解した．二つの可能性を区別するためにシス(*cis*)とトランス(*trans*)という用語を使った．

シス(*cis*)　　　トランス(*trans*)

これは名前の最初の部分(立体異性)に示された．

立体異性	置換基	主鎖	不飽和	官能基

二重結合の立体異性を区別するこの方式は，非常に限定されたものである．シス/トランスの命名法を使うには，二つの基が同じ必要があるからである．二重結合に四つの異なる基がついていたら，どうなるか．依然として二つの立体異性体が存在する．

しかし，ここでシス/トランス方式は使えない．だから別の方式を導入して，これら二つの化合物を区別できるようにする．この別の方式は，立体中心に用いた(原子量による)優先順位に基づく番号づけと同じものを使う．二重結合の両側を見よう．それぞれ二つの基がついている．

こちら側の二つの基　　こちら側の二つの基

一方の側(ここでは左側にしよう)から始め，その左側の二つの基でどちらの優先順位が上であるか考える．

どちらの優先順位が上か？

その原子番号から，酸素原子は炭素原子より優先する．右側の二つの基を比べてみると，これも原子番号から，フッ素原子が水素原子より優先順位は上である．だからそれぞれの側で，どちらの基が優先順位が高いかがわかる．

7.3 命名法 ◎ 129

上の例では優先順位をつけるのは容易だったが，もう少し複雑な場合はどうだろうか．

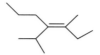

この例では，炭素原子同士を互いに比べなければならない．基はすべて違うので，それらに優先順位をつける方法を知らなければならない．それは，RとSに優先順位をつけたときと同じルールに従う．

1. 両方の側に同じ原子があるなら，もう一つ先に移り，再度調べる．
2. 1個の酸素は3個の炭素原子よりも上である（最初に異なる点を探すことを思いだそう）．
3. 二重結合は，2本の同じ結合として数える．

最初の例にもどろう．それぞれの側の優先順位の高い基を見て，次のように問うてみよう．これらの基は（シスのように）同じ側にあるか，それとも（トランスのように）反対側にあるか．

同じ側にあるときはZと呼び（ドイツ語の「一緒に」という意味のzusammenに由来する），反対側にあるときはEと呼ぶ（ドイツ語の「反対の」という意味のentgegenに由来する）．

二重結合を命名するこの方式は，シス/トランス命名法よりはるかに優れている．なぜなら，この二重結合に対するE/Z方式は，たとえ四つの基がすべて違っていても使えるからである．

RとSの立体配置のときと同じように，分子の名前にこの情報を盛り込む．たとえば，もし二重結合が主鎖の5番と6番の炭素原子の間にあるなら，そのときには(5E)または(5Z)を名前の最初に加える．

例題 7.43 次の化合物を命名しなさい．初めに立体化学を表す名称をつけなさい．

解答 名称の五つのパーツを，後ろから始めて前にもどることを思いだそう．

立体異性	置換基	主鎖	不飽和	官能基

まず官能基から始める．ここで官能基はない（だから接尾語は-eである）．前にもどり，不飽和を探すと，二重結合が1本ある〔だから不飽和は-エン-(-en-)である〕．それから二重結合を含む最も長い主鎖を選ぶ．それは炭素数7だから，主鎖は-ヘプタ-(-hept-)である．三つの置換基（二つのメチル基と

1個のフッ素原子)があるので，主鎖の前にフルオロ(fluoro)とジメチル(dimethyl)を加える．それから番号を割り当てる．二重結合に最も小さい番号がつくようにするので，左から右へ番号をつける．こうして次のようになる．

> 4-フルオロ-3,5-ジメチルヘプタ-3-エン
> 4-fluoro-3,5-dimethylhept-3-ene

以上の方法を覚えていないときは，5章の命名法を復習しなければならない．さて，立体化学を考える番である．この化合物の二重結合はZであり，

立体中心はSである．

主鎖に番号をつけると，二重結合は主鎖の3番目の炭素にあり，立体中心は5番目の炭素にあることがわかる．

したがって名前は次のようになる．

> (3*Z*, 5*S*)-4-フルオロ-3,5-ジメチルヘプタ-3-エン
> (3*Z*, 5*S*)-4-fluoro-3,5-dimethylhept-3-ene

練習問題 次の各化合物を命名しなさい．それぞれの名称の先頭に立体化学の情報をつけることを忘れないこと．

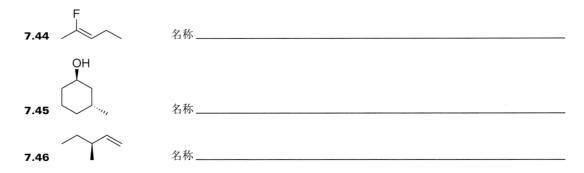

7.44 名称＿＿＿＿＿＿＿＿＿＿＿＿＿＿＿＿＿＿＿＿＿＿＿

7.45 名称＿＿＿＿＿＿＿＿＿＿＿＿＿＿＿＿＿＿＿＿＿＿＿

7.46 名称＿＿＿＿＿＿＿＿＿＿＿＿＿＿＿＿＿＿＿＿＿＿＿

7.4 エナンチオマーを書く ◎ 131

7.47 名称 _____

7.48 名称 _____

7.49 名称 _____

7.4 エナンチオマーを書く

　この章の最初で，エナンチオマー(鏡像異性体)とは，互いに重ね合わすことができない鏡像関係をもつ二つの化合物であると述べた．この「エナンチオマー」という用語を，まずはっきりさせよう．なぜなら，学生はしばしばこの言葉を文章中で間違って使うからである．それを再び人にたとえてみよう．二人の少年が同じ両親から生まれたら，彼らは兄弟と呼ばれる．それぞれは，もう一人の兄弟である．二人を表現するときには，彼らは兄弟であるという．同じように，重ね合わすことができない鏡像関係をもつ二つの化合物があるとき，それらをエナンチオマーと呼ぶ．それぞれもう一方のエナンチオマーである．まとめれば1対のエナンチオマーである．しかし，「重ね合わすことができない鏡像」とは何を意味するのだろうか．それを説明するために，兄弟のたとえにもどろう．

　二人の兄弟が双子であるとしよう．彼らは一つを除き，あらゆる点で同じである．一人は右の頬にほくろがあり，もう一人は左の頬にほくろがある．このことが，彼らを互いに区別することを可能にしている．彼らは互いに鏡像であるが，まったく同じには見えない(一人を，もう一人の上に重ね合わすことはできない)．異なる化合物間の関係を知ることができるのは非常に重要である．エナンチオマーを書くことができるのも重要である．本書では後に，立体中心をつくりだす反応や，両方のエナンチオマーが生成する反応を学ぶ．生成物を予測するには，両方のエナンチオマーを書けなければならない．この節ではその書き方を学ぶ．

　最初に理解しなければならないのは，エナンチオマーは必ず対になっていることである．それらは互いに鏡像であることを思いだそう．鏡の両面にあるだけなので，この関係(重ね合わすことができない鏡像)にある化合物は二つだけである．これは双子の兄弟に大変よく似ている．それぞれ双子の兄弟を一人もっているだけである．それ以上はない．

　だから，一つのエナンチオマーが与えられたときに，もう一方のエナンチオマーを書く方法を知らなければならない．このためのいくつかの方法を知れば，どんなときにエナンチオマーであり，またそうでないかをわかるようになるだろう．

　エナンチオマーを書く簡単な方法は，炭素骨格を再び書き，立体中心を反転させる方法である．いいかえると，破線はすべてくさびに，くさびはすべて破線に置き換える．たとえば

上の化合物は立体中心を一つもっている(その立体配置は何？)．このエナンチオマーを書くには，この化合物をもう一度書き，くさびを破線に変える．

これはかなり簡単な，エナンチオマーを書く方法である．多くの立体中心をもった化合物でも簡単にできるだろう．たとえば

のエナンチオマーは

つまり，すべての立体中心を反転させるだけである．これは，最初の化合物の後ろに鏡を置き，その鏡をのぞき込んだときに見える像である．炭素骨格は同じであるが，立体中心はすべて反転している．

例題 7.50 次の化合物のエナンチオマーを書きなさい．

解答 分子をもう一度書き，立体中心をすべて反転させる．くさびは破線に，破線はくさびにすべて変える．

練習問題 次のそれぞれの化合物のエナンチオマーを書きなさい．

7.51　解答　　　　　7.52　解答

7.4　エナンチオマーを書く　◎　133

7.53　　　　　　　　　解答

7.54　　　　　　　　　解答

7.55　　　　　　　　　解答

7.56　　　　　　　　　解答

　エナンチオマーには別の書き方もある．前の方法では，仮想の鏡を化合物の後ろに置き，鏡をのぞき込み，その反射像を見た．第二の方法では，仮想の鏡を化合物の側面に置き，その反射像を見る．例で考えよう．

仮想の鏡

なぜエナンチオマーを書く第二の方法が必要なのだろうか．最初の方法で十分ではないか．最初の方法（破線とくさびを交換する）は，かなり簡単なものである．しかし，この方法をうまく使えないことがある．環状あるいは二環性の炭素骨格では，破線とくさびが書かれていない場合がある．なぜなら，それらは省略されているからである．すでにわれわれは，このような例を見た．シクロヘキサンの置換体のいす形立体配座である．

Me

Cl

この図では，線はすべて直線で書かれている（くさびも破線もない）．しかし，われわれは紙面上にすべての結合があるわけではないことを知っている．くさびも破線も書く必要がない．なぜなら，その図から構造を理解できるからである．その図を（くさびと破線の）六角形画法に変換し，それから（すべての破線とくさびを置き換える）最初の方法を使ってエナンチオマーを書き，さらにいす形立体配座に書き直すこともできる．しかしそれには，エナンチオマーを書く，より簡単な方法に比べると，多くの手順を踏まなければならない．その簡単な方法とは，ただ仮想の鏡を横に置き（実際に鏡を書く必要はない），次のようにエナンチオマーを書く．

Me　　　　Me

Cl　　　Cl

　含まれるくさびや破線が，書かれていないような構造のときは，この方法を使うほうがはるかに

簡単である．慣習的にくさびや破線を示さない炭素骨格の例が，ほかにもある．これらの多くは，堅固な二環性の系である．たとえば

この種の化合物を扱うときは，第二の方法を使うほうがはるかに容易である．もちろんこの方法を好むなら，すべての化合物(くさびや破線を示しているものでさえも)に第二の方法をいつも使うことができる．

鏡を両側に置く練習をしよう(左に置こうが右に置こうが結果は同じであることを知るだろう)．

例題 7.57 次の化合物のエナンチオマーを書きなさい．

解答 これは堅い二環性の系であり，破線もくさびも示されていない．そこで，エナンチオマーを書くのに第二の方法を使う．化合物の横に鏡を置き，鏡に映る像を書く．

練習問題 次のそれぞれの化合物のエナンチオマーを書きなさい．

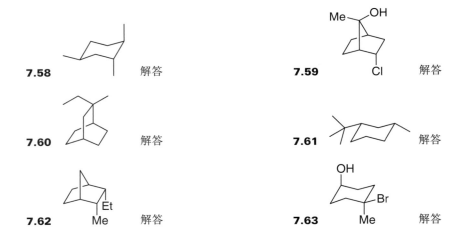

7.58　解答　　　7.59　解答

7.60　解答　　　7.61　解答

7.62　解答　　　7.63　解答

7.5 ジアステレオマー

これまでのすべての例では，鏡像である二つの化合物を比較してきた．それらが鏡像であるためには，それぞれの立体中心で異なる立体配置をもたなければならない．エナンチオマーを書く最初の方法は，くさびと破線をすべて置き換えることだったことを思いだそう．二つの化合物がエナンチオマーであるためには，すべての立体中心が反転していなければならない．しかし，多くの立体中心があるとき，その一部だけを反転させたらどうなるだろうか．

立体中心が二つだけある単純な場合から始めよう．次の二つの化合物を考える．

これらが同じ化合物ではないことは，明らかにわかる．いいかえると，二つを重ね合わせることはできない．しかし，互いに鏡像ではない．上側の立体中心は，両方とも同じ立体配置をもっている．もし二つが鏡像でないなら，エナンチオマーではない．そうすると，その関係はどうなっているのだろうか．それらはジアステレオマー(diastereomer)と呼ばれる．ジアステレオマーは互いに鏡像関係にない化合物である．

「エナンチオマー」という用語を使うときと同じように，「ジアステレオマー」という用語を使う（前節の兄弟のたとえを思いだそう）．一つの化合物は，ほかの化合物のジアステレオマーであり，あわせてジアステレオマーのグループをつくる．エナンチオマーについて話していたとき，それらはつねに対であり，三つ以上はなかった．しかしジアステレオマーは，もっと大きな家族をもつことができる．互いにすべてジアステレオマーである100個の化合物のグループもありうる（それを可能にするのに十分な数の立体中心が存在するなら）．

E/Z 異性体(あるいはシス/トランス異性体)が，この範疇にあてはまる．それらはジアステレオマーと呼ばれる．なぜなら，互いに鏡像ではない立体異性体だからである．

二つの立体異性体が与えられたとき，それがエナンチオマーであるかジアステレオマーであるか区別できなくてはならない．見るべきところは立体中心である．エナンチオマーであるためには，すべての立体中心が異なる配置をもっていなければならない．

例題 7.64 次の二つの化合物がエナンチオマーであるかジアステレオマーであるか決めなさい．

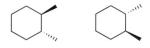

解答 それぞれの化合物には二つの立体中心がある．両方の立体中心とも立体配置は異なっている．だからエナンチオマーである．実際，最初の化合物だけを与えられたとき，最初の方法(すべてのくさびと破線を入れ替える)を使えば，そのエナンチオマーを書くことができる．

136 ◎ 7章　立体配置

練習問題　次の一対の化合物それぞれについて，エナンチオマーであるかジアステレオマーであるか決めなさい.

7.65　解答＿＿＿＿＿＿＿＿＿＿＿

7.66　解答＿＿＿＿＿＿＿＿＿＿＿

7.67　解答＿＿＿＿＿＿＿＿＿＿＿

7.68　解答＿＿＿＿＿＿＿＿＿＿＿

7.69　解答＿＿＿＿＿＿＿＿＿＿＿

7.70　解答＿＿＿＿＿＿＿＿＿＿＿

7.6　メソ化合物

　メソ化合物(meso compound)は学生を混乱させる悪名高いトピックなので，たとえ話から始めよう．一つの特徴を除いて同じに見える双子のたとえである．一人は左頬にほくろがあり，もう一人は右頬にほくろがある．ほくろから二人を区別できるし，彼ら兄弟は互いに鏡像である．彼らの両親には，別のたくさんの双子がいるとしよう．そうすると，たくさんの兄弟がいることになるが（みな互いに兄弟であり姉妹である），彼らは対になっていて，一つのグループに二人いる．それぞれの子供にはただ一人の双子の兄弟がいて，その兄弟は自分の鏡像である．その両親に，突然もう一人，双子ではない子供ができたとしよう——ただ一人，普通の子供が誕生したのである．この家族を見ると，たくさんの組の双子と，双子ではない一人の子供(その子は両頬にほくろがある)がいる．そこで，その子に尋ねる．双子の兄弟はどこにいるの？　君の鏡像はどこ？　彼は答える．双子の兄弟はいないよ．僕は僕自身の鏡像なんだ——それが，この家族に偶数ではなく，奇数の子供がいる理由である．

　たとえ話は次のように続く．ある化合物にたくさんの立体中心があるときは，多くの立体異性体(兄弟や姉妹)が存在する．ただし，それらはエナンチオマー(双子)の組にまとめられる．どの分子にもたくさんのジアステレオマー(兄弟や姉妹)が存在するが，それぞれのエナンチオマー(鏡像の双子)はたった一つしかない．例として，次の化合物を考えよう．

7.6 メソ化合物 ◎ 137

この化合物は五つの立体中心をもっているので，(くさびのいくつかを反転させた化合物など)たくさんのジアステレオマーがある．その表現に適合する化合物は非常にたくさんあるから，この化合物にはたくさんの兄弟，姉妹がいることになる．しかし，この化合物にはたった一人の双子――エナンチオマーしかない(上の化合物の鏡像はたった一つである)．

ある化合物が，それ自身の鏡像であることも可能である．このような場合，その化合物に双子はいないので，立体異性体の合計数は偶数ではなく，奇数になる．(すでに知っているいずれかの方法を使って)そのエナンチオマーを書いてみれば，その図は初めのものと同じ化合物になることがわかるだろう．

そうすると，メソ化合物があるかどうかは，どのようにしてわかるのだろうか．

メソ化合物は立体中心をもっているが，それ自身の鏡像になれるような対称性をもっている．(*cis*)-1,2-ジメチルシクロヘキサンを例に考えてみよう．この分子は分子の真ん中に対称面をもっている．平面の左側は，右側の反射像である．

もし分子が内部に対称面をもっていれば，その分子はメソ化合物である．(すでに知っている二つの方法のいずれかを使って)そのエナンチオマーを書いてみれば，もう一度同じものを書いていることがわかるだろう．この分子は双子をもたない．それは自分自身の鏡像である．

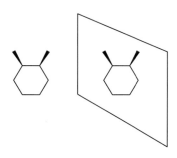

だからメソ化合物であるためには，化合物がその鏡像と同じでなければならない．内部に対称面をもっているとき，これが起こることをすでに知っている．化合物が反転中心をもつときにも，そ

138 ◎ 7章 立体配置

うなる．たとえば

この化合物は対称面をもっていないが，反転中心をもっている．分子の中心のまわりにすべてを反転させると，同じものを再び書くことができる．そのため，この化合物はその鏡像と重ね合わせることができ，化合物はメソ体である．このような例はめったに見ないだろうが，対称面が化合物をメソ体にするただ一つの対象要素であるというのは正しくない．実際，S_n 軸と呼ばれる対称要素の一群がある（対称面や反転中心もその要素に属している）．ただし，それは本書の範囲を超えているから，ここでは深入りしない．われわれの目的には，対称面を探すだけで十分である．

　ある化合物がメソ体であるかどうかを確かめる方法がある．その化合物のエナンチオマーだと君が考える構造を書き，それを回転させて最初の構造と重ね合わせることができるか確かめればよい．もしできれば，その化合物はメソ体である．できなければエナンチオマーである．

例題 7.71　次の化合物はメソ体だろうか．

解答　鏡像を書いてみて，それが同じ構造であるかどうかを確かめる．（鏡を横に置いて）第二のエナンチオマーを書く方法を使えば，そうして書いた化合物が同じ構造であることがわかる．

だからメソ体である．

　もっと簡単に結論を導く方法は，その分子が，一つのメチル基の中心を通る対称面をもっているか確認することである．

練習問題　次の化合物のうち，どれがメソ体であるか考えなさい．

7.7 フィッシャー投影式を書く ◎ 139

7.72 (cyclohexane structure) **7.73** (cyclopentane with two Br) **7.74** (structure with HO and OH)

7.7 | フィッシャー投影式を書く

（破線とくさびを使う通常の線構造式に代わって）立体中心を書くまったく異なる方法がある．フィッシャー投影（Fischer projection）式は，複数の立体中心が連続している化合物を書くときに有用である．それは次のような式である．

COOH / H—OH / HO—H / CH$_2$OH

COOH / H—OH / HO—H / H—OH / CH$_2$OH

COOH / HO—H / HO—H / H—OH / HO—H / CH$_2$OH

二つの立体中心　　　三つの立体中心　　　四つの立体中心

まず，この方法の意味するところを正確に理解しなければならない．それから，その書き方を段階的に学んでいこう．

　フィッシャー投影式では，各立体中心の破線とくさびを書く必要がないので，時間を節約できる．かわりに，水平方向の直線はみな紙面の手前に向き，垂直方向の直線はみな紙面の後ろに向いていると考え，すべて直線だけで書く．これを正確に理解しよう．ジグザグ形式で書かれた次の分子を考える（R$_1$とR$_2$は基を示すが，それが何の基かはいまのところ関係ないので，実体はまだ決まっていない）．

R$_1$ ... OH OH ... R$_2$ / OH OH (zigzag structure)

単結合はすべて自由に回転していることを思いだそう．だから，分子がとりうる立体配座は数多くある．単結合を回転させるとき，破線とくさびは置き換わるが，これは立体配置が変わったためではない．分子がねじれたり曲がったりしても，立体配置は変わらないことを思いだそう．単結合の1本を回転させるとどうなるか見てみる．

R$_1$ ... OH OH ... R$_2$ / OH OH　→　HO ... OH OH ... R$_2$ / R$_1$ OH

R$_1$は真下を向き，OHは破線上に位置するようになる．立体配置は変わっていない．もしこのことを確認したいなら，二つの式それぞれの立体配置を確認してみればよい．互いに同じであることが

140 ◎ 7章 立体配置

わかるだろう.

　次に，この分子の別の可能な立体配座を書いてみよう．2本以上の単結合を，炭素骨格がブレスレットのようにリング状になるまで回転させると，次のような立体配座になる.

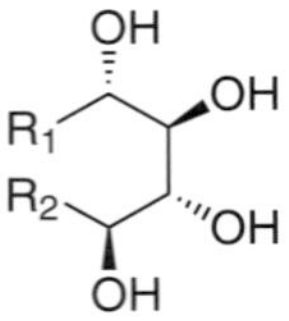

この分子はつねにねじれたり曲がったりしており，ブレスレット状の骨格の立体配座は，可能な配座のうちの一つにすぎない．この分子はおそらくこの配座にごく短い時間しかとどまっていないが（それは比較的，高エネルギーの立体配座である），これが，いまからわれわれがフィッシャー投影式を書くために使う配座である.

　鉛筆を R_1 と R_2 に通すと考えよう（この鉛筆は次の図の破線で示されている）．鉛筆の端をもち回転させると，R_1 と R_2 は紙面にとどまるが，残りの部分は紙面の手前に飛びだすことがわかるだろう.

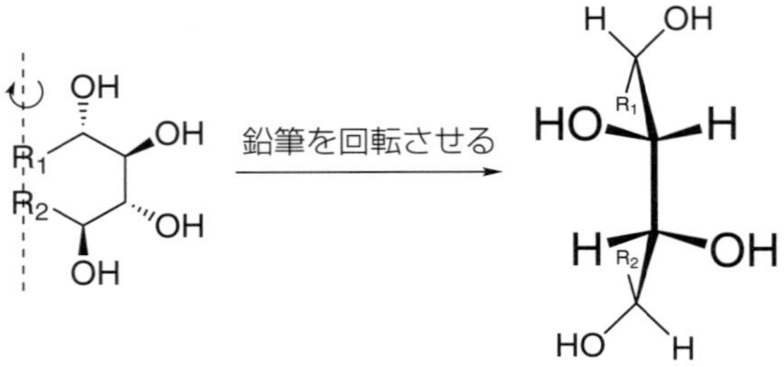

炭素骨格をまっすぐな垂直方向の線に引き伸ばし，残りの基も直線だけを使って書き直す.

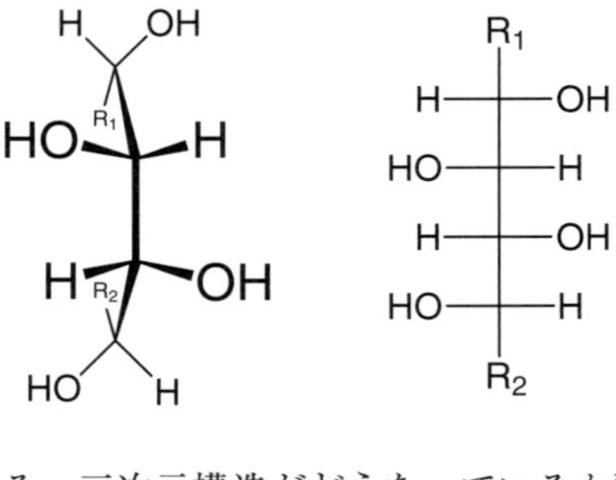

これがフィッシャー投影式である．三次元構造がどうなっているか頭に思い浮かべられるので，すべての立体配置をこの式で見ることができるはずである．水平方向の直線はすべて手前に向いていて，垂直方向の直線はすべて後ろに向いているというのが，この方法の規則である.

7.7 フィッシャー投影式を書く ◎ 141

$$
\begin{array}{c}
R_1 \\
H \!-\!\!|\!-\! OH \\
HO \!-\!\!|\!-\! H \\
H \!-\!\!|\!-\! OH \\
HO \!-\!\!|\!-\! H \\
R_2
\end{array}
\qquad
HO \!-\! C \!-\! H
$$

　フィッシャー投影式からどのように立体配置を決定できるか不思議に思うかもしれない．それぞれの立体中心がくさびと破線二つずつで書かれているとしたら，君はその立体中心をどのように理解するだろうか．答えは簡単である．破線とくさびを一つずつ選び，それらを直線で書く．どれを選ぶかは考えなくてよい．答えは同じである．

$$
HO \!-\!\!\overset{\displaystyle CH_3}{\underset{\displaystyle CH_2CH_3}{|}}\!\!-\! H
\quad = \quad
HO \!-\! \overset{\displaystyle CH_3}{\underset{\displaystyle CH_2CH_3}{C}} \!-\! H
\quad = \quad
HO \!-\! \overset{\displaystyle CH_3}{\underset{\displaystyle CH_2CH_3}{C}} \!\blacktriangleleft\! H
\quad \text{または} \quad
HO \!\blacktriangleright\! \overset{\displaystyle CH_3}{\underset{\displaystyle CH_2CH_3}{C}} \!-\! H
\quad \text{など}
$$

破線とくさび一つずつを 2 本の直線で書けば，その立体中心が R であるか S であるか決められるはずである．もしできなければ，立体配置を決める 7.2 節にもどって復習しよう．

　フィッシャー投影式は，上のようなただ一つの立体中心をもつ化合物にも使えるが，通常，複数の立体中心をもつ化合物を示すときに用いる．有機化学の講義では最後に炭水化物について習うが，そのときにフィッシャー投影式をひんぱんに使うことになるだろう．

　さて君は，フィッシャー投影式を横向きに書くことができない理由がわかるはずである．もしそうしたら，立体中心を反転させてしまうからである．フィッシャー投影式のエナンチオマーを書くときは，その式を横向きに回転させてはならない．そのかわり，エナンチオマーを書くための第二の方法を使う（鏡を化合物の横に置き，その投影式を書く）．これは，破線やくさびが含まれているけれども示されていない図に使う方法だったことを思いだそう．フィッシャー投影式は，この基準に適合しているもう一つの例である．

$$
\begin{array}{c}
COOH \\
HO \!-\!\!|\!-\! H \\
HO \!-\!\!|\!-\! H \\
H \!-\!\!|\!-\! OH \\
HO \!-\!\!|\!-\! H \\
CH_2OH
\end{array}
\qquad
\begin{array}{c}
COOH \\
H \!-\!\!|\!-\! OH \\
H \!-\!\!|\!-\! OH \\
HO \!-\!\!|\!-\! H \\
H \!-\!\!|\!-\! OH \\
CH_2OH
\end{array}
$$

エナンチオマー

例題 7.75　次の立体中心の立体配置を決めなさい．それからエナンチオマーを書きなさい．

$$
\begin{array}{c}
CH_2OH \\
H \!-\!\!|\!-\! Cl \\
Me
\end{array}
$$

142 ◎ 7章 立体配置

解答 まず, フィッシャー投影式に含まれている立体中心を書く.

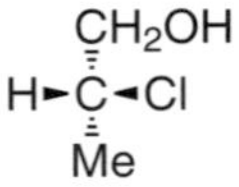

$$CH_2OH$$
$$H \blacktriangleright C \blacktriangleleft Cl$$
$$Me$$

次に, 破線とくさびを一つずつ選び, 直線に書き換える(どれを選ぶかは気にしなくてよい).

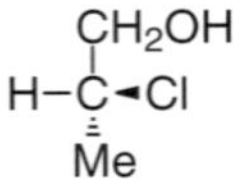

$$CH_2OH$$
$$H - C \blacktriangleleft Cl$$
$$Me$$

それから, 原子番号に基づいて優先順位を決める.

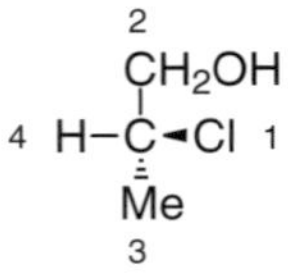

$$\overset{2}{CH_2OH}$$
$$\overset{4}{} H - C \blacktriangleleft Cl \; _1$$
$$\underset{3}{Me}$$

4番が破線上にないので3番と置き換えると, 4番が破線上にきて, この立体配置が S であることがわかる. 置き換えをしているので, 元の立体配置は R である.

さて, エナンチオマーを書かなければならない. フィッシャー投影式では鏡を横に置く方法を使い, その投影式を書く.

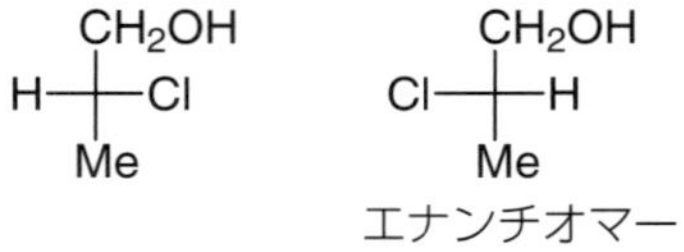

$$CH_2OH$$
$$H - | - Cl$$
$$Me$$

$$CH_2OH$$
$$Cl - | - H$$
$$Me$$
エナンチオマー

練習問題 次のそれぞれの化合物について, その立体中心の立体配置を決め, エナンチオマーを書きなさい.

7.76
$$Et$$
$$H - | - Br$$
$$Me$$

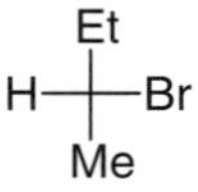

7.77
$$CH_2OH$$
$$Me - | - Br$$
$$Et$$

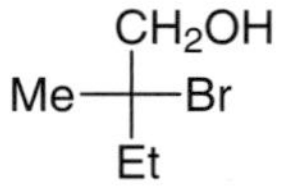

7.8 光学活性 ◎ 143

7.78

$$
\begin{array}{c}
\text{CHO} \\
\text{H}\!-\!\!-\!\text{OH} \\
\text{CH}_2\text{OH}
\end{array}
$$

練習問題 次のそれぞれの化合物について，その立体中心の立体配置を決め，エナンチオマーを書きなさい（−COOH はカルボキシ基である）．

7.79

$$
\begin{array}{c}
\text{COOH} \\
\text{H}\!-\!\!-\!\text{OH} \\
\text{HO}\!-\!\!-\!\text{H} \\
\text{CH}_2\text{OH}
\end{array}
$$

7.80

$$
\begin{array}{c}
\text{COOH} \\
\text{H}\!-\!\!-\!\text{OH} \\
\text{HO}\!-\!\!-\!\text{H} \\
\text{H}\!-\!\!-\!\text{OH} \\
\text{CH}_2\text{OH}
\end{array}
$$

7.81

$$
\begin{array}{c}
\text{COOH} \\
\text{H}\!-\!\!-\!\text{Cl} \\
\text{Br}\!-\!\!-\!\text{H} \\
\text{H}\!-\!\!-\!\text{OH} \\
\text{HO}\!-\!\!-\!\text{H} \\
\text{CH}_2\text{OH}
\end{array}
$$

7.8 光学活性

いつも学生は R/S と $+/-$ を混同するので，この違いをはっきりさせてから本章を終えよう．化合物が立体中心をもっていて，メソ化合物でないなら，それはキラルである．キラルな化合物はエナンチオマー（重ね合わせられない鏡像）をもっている．キラルな化合物に平面偏光をあてると，面白いことが起こる．偏光面は，それが試料を通過するときに回転する．この回転が時計回りならプラスであり，反時計回りならマイナスである．ラセミ混合物（両方のエナンチオマーの等量混合物）を書き表したいときは，両方のエナンチオマーが溶液に存在している（そして偏光は互いに相殺される）という意味で，名称の初めに $+/-$ をつける．

立体配置を決めるときに，平面偏光が時計回りであることと原子番号の順番が時計回りであることを混同してはならない．それらは関係がない．立体配置を決めるときは，われわれがつくった規則を使って，二つの可能な立体配置を区別する．この規則を使えば，どちらの立体配置であるかをつねに示すことができるし，この規則を適切に使うことができれば，これを伝えるには R または S という1文字で十分である．しかし，$+/-$ はまったく違うものである．

平面偏光の回転は，人がつくった決め事ではない．それは実験室で測定される物理的結果である．ある化合物がプラスであるかマイナスであるかは，実験室でそれを実際に測定しない限りは，予言できない．立体中心が R であっても，その化合物がプラスであることを必ずしも意味するものではない．マイナスもありうる．だから，R/S と $+/-$ を混同してはならない．二つは異なる概念であり，まったく関係しない．

君がそれまで見たことのない化合物について，どちらの方向に平面偏光を回転させるかを予測す

144 ◎ 7章 立体配置

ることは求められないだろう(そのエナンチオマーがどのように平面偏光を回転させるかわからない場合も同様である.なぜならエナンチオマーは反対の効果を示す).しかし,見たことのない化合物について,その立体中心が R であるか S であるかを決めることは求められるだろう.

8章 反応機構

8.1 はじめに

　3.8節で学んだように，反応機構は，反応がどのように起こるのかについて，曲がった矢印を使って電子の流れを示すことで理解させてくれる．有機化学の講義を通して数多くの反応機構に出合うだろうが，それらはすべてとても重要である．君が犯しうる最も大きな間違いの一つは，反応機構の重要性を過小評価することである．反応機構は文字通り，この講義で成功するための鍵であり，君は学習の努力を反応機構に最も注がなければならない．もし反応機構を徹底的に学習し，十分に理解したなら，反応が一握りの単純な原理に従っていて，実際道理に適っていることがわかるだろう．電子の振舞いを予測できるだろうし，それぞれの反応の詳細を容易に覚えることができるだろう（なぜなら，よい反応機構は，これら詳細の理由を説明するからである）．さらに有機化合物や関連する技術について容易に習得できるようになる．

　この章では，イオン反応の機構に焦点を絞る．イオン反応には，反応物，中間体，生成物としてイオンが含まれている．イオン反応は，この講義で出合う反応の大部分(95%)を占めている（ラジカル反応やペリ環状反応に費やす時間は，わずかである）．反応機構を書くための手段として使うので，曲がった矢印は，共鳴構造を書いたときとは違った意味合いをもつことを心にとめてほしい．共鳴構造を書いた際，曲がった矢印は単に道具であり，実際の物理的過程を示すものではなかった．しかし反応機構を書く際には，曲がった矢印は，実際に電子の流れを示している．電子は化学反応が起こる際に本当に動いていて，反応機構はその際に電子がどのように流れるかを示している．したがって反応機構を示すときには，単結合を切ってもよい．実際，結合の切断はつねに起こる（2章で共鳴構造を書いたときには，単結合を決して切ってはいけなかった）．

8.2 求核剤と求電子剤

　これ以降の章で学ぶ反応機構の多くには，求核剤が求電子剤を攻撃する段階があるので，これらの用語をきちんと理解しておこう．求核剤(nucleophile)はイオンあるいは化合物であり，電子対を相手に与えることができる．次に示すイオンは，すべて求核剤として作用することができる．なぜなら，それらはすべて孤立電子対をもつ原子を含むからである．

146 ◎ 8章 反応機構

:Ï:⁻   :C̈l:⁻   :B̈r:⁻   H–S̈:⁻   R–Ö:⁻   H–Ö:⁻   H–N̈⁻–H

同じように，次に示す化合物も，すべて求核剤として作用することができる．

H–S̈–H   R–Ö–H   H–Ö–H   H–N̈(H)–H   R–N̈(H)–H

負電荷が存在しないにもかかわらず，これらの化合物はそれぞれ求核剤として作用する．孤立電子対をもつ原子があるからである．それぞれの場合，孤立電子対をもっている原子は，求核中心（nucleophilic center）であると表現される．π 結合も求核中心として機能する．π 結合は高電子密度の領域にあるからである．

例題 8.1　次の化合物の求核中心をすべて決めなさい．

解答　この化合物は窒素原子をもっている．孤立電子対は書かれていないが，1.6 節で学んだように，実際には窒素原子は 1 対の孤立電子対をもっている．

したがって窒素原子は求核中心として機能する．さらに，π 結合も求核中心として作用することができる．だからこの化合物は，影をつけた二つの求核中心をもっている．

練習問題　次の化合物やイオンのそれぞれについて，求核中心を決めなさい．

8.2

8.3　H–C(H)(H)–C(H)(H)–C(H)(H)–C(H)(H):⁻ Li⁺

8.4

8.5

8.6

8.7

8.2 求核剤と求電子剤 ◎ *147*

　さて次に，求電子剤に注目しよう．求電子剤(electrophile)は，電子密度が低い化合物やイオンであり，そのことが求核剤に攻撃される理由である．具体例として，次の二つの求電子剤を考えてみよう．

左の例では，塩素に直接結合している炭素原子は，誘起効果の結果として電子密度が低い($\delta+$)．右の例では，次に示すように共鳴効果と誘起効果によってC＝O結合の炭素原子は電子密度が低い．

　また，求電子剤として機能する例として，カルボカチオン中間体の多くを見ることになるだろう．

たとえば，次の反応機構の第二段階を考えてみよう．

塩化物イオンは求核剤として働き，カルボカチオンを攻撃する．求電子中心(electrophilic center)を決める練習をしてみよう．

練習問題　次の化合物やイオンのそれぞれについて，求電子中心を決めなさい．

8.8　　　　　8.9　　　　　8.10

8.11　　　　8.12　　　　8.13

8.14　次の化合物は二つの求電子中心をもっている．それらを決めなさい．ヒント：二つの求電子中心を見つけるために，共鳴構造をすべて書く必要がある．

148 ◎ 8章 反応機構

8.3 塩基性と求核性

この章では，求核剤は電子対を供与できる(そして求電子剤を攻撃できる)化合物やイオンであることを学んでいる．求核性(nucleophilicity)という用語は，求核剤がいかに速く求電子剤を攻撃するかの尺度である．強い求核剤は求電子剤を素早く攻撃するが，弱い求核剤は求電子剤をゆっくりと攻撃する．つまり，求核性は反応速度の尺度になる．

(3章で初めてでてきた)塩基性(basicity)は，まったく異なる概念である．塩基性はいかに速く起こるかという尺度ではない．むしろ，酸塩基反応における平衡の位置の尺度になる．平衡の位置は出発物と生成物の相対的なエネルギー差によって決定され，平衡に達するのにどれくらい時間がかかるかは関係しない．実際問題として，プロトンの移動は非常に速い過程であり，ほかの多くの過程よりも速いことが多いが，プロトンの移動過程について話をすることはめったにない．塩基性を測定するときには，平衡の位置を測って求めている．

求核性は速度論的現象(反応速度の尺度)であり，一方，塩基性は熱力学的現象(平衡濃度の尺度)である．つまり求核性と塩基性は，まったく異なる現象を測定している．そこで，強い求核剤が弱い塩基であることはありうる．たとえば，ヨウ化物イオン(I⁻)は最も弱い塩基の一つとして知られているが，最も強い求核剤の一つとしても知られている．なぜだろうか．弱い塩基であるのは，負電荷が大きな空間に広がっており，それによって安定化しているからである(ヨウ化物イオンは，非常に強い酸である HI の共役塩基である)．ヨウ化物イオンの大きさは，強い求核性の原因でもある．大きな原子は分極できるといわれる．それらの電子密度が外部の影響に応じて，より容易に変化できるからである．

強い塩基が弱い求核剤であることもありうる．たとえば，水素化ナトリウムのヒドリドイオン(H⁻)を考えてみよう．この試薬は非常に強い塩基である(非常に不安定である)が，サイズが小さく分極しないので，弱い求核剤である．水素は最も小さい原子であり，したがって分極しない．結果としてヒドリドイオンは，非常に強い塩基というのは事実であるが，求核剤としては作用しない．

多くの場合，求核性と塩基性は互いに平行の関係にある．たとえば，水は弱塩基で弱い求核剤であるが，水酸化物イオンは強塩基で強い求核剤である．

$$H\diagup\!\!\!\!\overset{\cdot\cdot}{O}\diagdown H \qquad\qquad H\overset{\cdot\cdot}{\underset{\cdot\cdot}{O}}{}^{-}$$

弱塩基と 　　　　　強塩基と
弱い求核剤 　　　強い求核剤

塩基性と求核性のおもな違いは機能の違いであることを，よく覚えておこう．つまり，水酸化物イオンは塩基として作用することもできるし，求核剤としても作用することができる．ある場合には，水酸化物イオンが塩基として作用してプロトンを引き抜くこともあるが，別の場合には，求核剤として作用して求電子剤を攻撃することもある．次の反応機構は両方が起こっていることを示している．

8.3 塩基性と求核性 ◎ *149*

最初の段階では，水酸化物イオンは求核剤として働き，求電子剤（エステル）を攻撃する．それから最後の段階では，水酸化物イオンは塩基として働き，プロトンを引き抜く．

　同様にして，次の反応機構（11章で習う）では，水は求核剤としても塩基としても作用する．

求核剤として作用　　　塩基として作用

第二段階で水は求核剤として作用し，カルボカチオンを攻撃する．（最後の）第三段階で水は塩基として作用し，プロトンを引き抜く．

練習問題　次の各反応段階の機構は，後の章で出合う，より複雑な反応機構の一部である．それぞれの場合について，水酸化物イオンが塩基として働いているか，求核剤として働いているか決めなさい．

8.15

8.16

8.17

8.18

8.19

8.20

150 ◎ 8章　反応機構

8.4 ┃ イオン反応機構における矢印の押しだしのパターン

　2章では，共鳴構造を書くときの，矢印の押しだしの五つのパターンについて学んだ．それら五つのパターンで，最もありふれた状況にある共鳴構造を書くことができた．さて，イオン反応機構でも矢印の押しだしにはパターンがある．しかしこの場合は，四つのパターンがあるだけである．そしてこれら四つのパターンのうち，最初のものをすでに学んでいる．このパターンは<u>求核攻撃</u>（nucleophilic attack）であり，求核剤が求電子剤を攻撃するという特徴をもつ．たとえば，

曲がった矢印は求核攻撃を示すときに必要であることに注意しよう．この矢印の尾は求核中心にあり，矢印の頭は求電子中心にある．ある場合（とくにπ結合が攻撃されるとき）には，2本以上の矢印が使われる求核攻撃に出合うかもしれない．たとえば，

この例では（1本ではなく）2本の矢印が使われていても，ここで起こっていることは一つだけである．つまり，求核剤が求電子剤を攻撃している．

　さて，<u>プロトン移動</u>（proton transfer）と呼ばれる矢印の押しだしの第二のパターンに移ろう．3.8節ですでに学んでいるので，このパターンも知っているはずである．次に例で示すように，塩基が酸からプロトンを取り除くことを思いだしてほしい．

プロトンが移動する段階には，つねに少なくとも2本の曲がった矢印が必要である．1本の曲がった矢印は塩基がプロトンを攻撃することを示し，もう1本の矢印は酸が共役塩基に変換されることを示す．プロトン移動の段階を書くときには，<u>これら2本の</u>曲がった矢印を必ず書かなければならない．

　次の矢印を押しだすパターンへ移る前に，プロトン移動の段階で考慮すべき事柄がもう一つある．π結合が求核剤として働くことをすでに学んでいるが，次の例で見るように，π結合は酸からプロトンを取り除く塩基としても働くことを知っておこう．

8.4 イオン反応機構における矢印の押しだしのパターン ◎ 151

ここまで四つのパターンのうち二つ，つまり（1）求核攻撃と（2）プロトン移動を見てきた．ここからは第三のパターンに移ろう．脱離基の離脱である．次の例では，塩化物イオンが脱離基として働いている．

どのようなものが，よい脱離基だろうか．9.4 節で，この重要な問いを十分に学ぶことになる．いまのところは，よい脱離基は弱塩基であるとだけいっておこう．たとえば，ヨウ化物イオンは弱塩基なので，優れた脱離基である．対照的に，水酸化物イオンは強塩基なので，よい脱離基ではない．

上の例では，塩化物イオンが脱離基であり，出発物の塩化アルキルから外れている．この種の反応段階（脱離基の離脱）では，上で示したように，脱離基が外れるのを見ることは一般的である．とにかく，この段階は脱離基の「離脱」と呼ばれている．しかしある場合には，脱離基が完全には外れないことがある．なぜなら，脱離基は外れた後でも，出発物に残ることができるからである．例として次の反応を考えよう．

この例では C—O 結合が切られ，カルボカチオンが生成する．脱離基はアルコール（ROH）であることに注意しよう．R は構造の残りの部分である．その脱離基が，新たに生成したカルボカチオンに結合していても，この段階は確実に脱離基の離脱に分類される．

四つ目のパターンを見ていこう．最後の矢印の押しだしパターンは転位（rearrangement）である．転位にはいくつかの種類があるが，ここでは最もよく見かける種類であるカルボカチオンの転位を見ていこう．次がカルボカチオン転位の例である．

カルボカチオン転位は，電子不足中心（C^+）の位置の変化と説明される．この章の次節で，このカルボカチオン転位を議論する．

まとめると，イオン反応機構では矢印の押しだしのパターンは四つだけである．（1）求核攻撃，（2）プロトン移動，（3）脱離基の離脱，（4）カルボカチオン転位である．

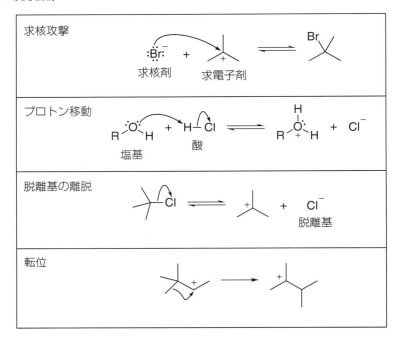

　これから学ぶイオン反応機構は，それぞれ矢印の押しだしパターンの特定の順番からなっている．たとえば，13章で学ぶ次の反応機構を考えよう．

この反応機構には次の順で三段階ある．（1）プロトン移動，（2）脱離基の離脱，（3）求核攻撃である．この順番を次の反応機構のそれと比較してみよう．

繰返しになるが，この反応機構には次の順で三段階ある．（1）プロトン移動，（2）脱離基の離脱，（3）求核攻撃である．つまり，いずれの反応も同じ順番で起こる．類似性を知ることで，一見異なる二つの反応が，同じ種類に見えてくるだろう．これらの反応はいずれも S_N1 と呼ばれる類似の反応機構によって進行している（9章と13章で出合うことになる）．反応機構を適切に理解すると，見た目に違う反応を統合することができる．そして，四つの矢印の押しだしのパターンと少数の規則や原理を使うことで，電子がいつ，どのように動くかを予測できることがわかるだろう．
　一段階の反応を二つの矢印の押しだしのパターンで書くこともある．これを協奏反応(concerted reaction)と呼ぶ．たとえば S_N2 反応（9章を参照）では，求核攻撃と脱離基の離脱が同時に起こる．

8.4 イオン反応機構における矢印の押しだしのパターン ◎ 153

二つの出来事が同時に起こるので，S_N2 反応は協奏的な過程であるといわれる．

さて，注意深くなろう．次の図は新しい段階を示してはいない．ただの共鳴構造である．

S_N1 反応と S_N2 反応については，9章でさらに詳しく学ぶ．ここでは，イオン反応機構における一連の矢印の押しだしのパターンを決める練習を少しやってみよう．

例題 8.21 次のイオン反応機構における一連の矢印の押しだしのパターンを決めなさい．

解答 この反応の最初の段階では π 結合が塩基として働き，H_3O^+ からプロトンが引き抜かれる．だから最初の段階はプロトン移動である．

さて，注意深くなろう．次の図は新しい段階を示してはいない．ただの共鳴構造である．

共鳴は物理的過程を示してはいないことを思いだそう（2章を参照）．ここでは何も起こっていない．これがまるで反応機構の一段階であるかのように分類してはならない．それは違う．この反応機構には二段階があるだけである．一段階目がプロトン移動であることは，すでに見た．最終段階で水は塩基として働き，プロトンを除去する．したがって，この段階もプロトン移動である．

154 ◎ 8章 反応機構

練習問題 次の各イオン反応機構における一連の矢印の押しだしのパターンを決めなさい.

8.22

8.23

8.24

8.25

8.26

8.27

8.5 カルボカチオンの転位

カルボカチオン（carbocation）は寿命の短い中間体である．合成で将来使うためにフラスコの中に貯蔵しておくことはできない．しかし多くの反応機構において現れ，後の章でも出合うだろう．次の反応機構について考えよう．これは S_N1 反応の例として前節で見たものである（9章でさらに議論する）．この反応機構にはカルボカチオン中間体が含まれている（最後の段階で，カルボカチオンが臭化物イオンに攻撃される）．

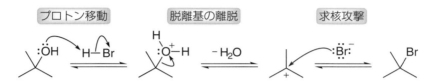

この反応機構は三段階である．最初の段階で OH 基がプロトン化される（プロトン移動）．次の段階（脱離基の離脱）でカルボカチオン中間体（C^+）が生成する．このカルボカチオン中間体が最後の段階で臭化物イオンに攻撃され（求核攻撃），生成物を与える．これら三段階は次のエネルギー図で示される．

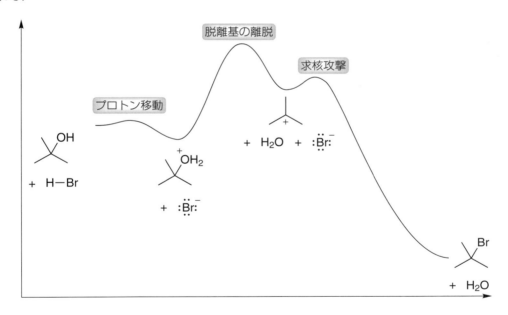

このエネルギー図の形は，述べておくべきいくつかの特徴を示している．

- 三段階あるため，三つのこぶがある．それぞれのこぶは反応機構の各段階に対応している．プロトン移動，脱離基の離脱，そして最後に求核攻撃である．これら三段階はエネルギー図に記されている．
- 最も高いエネルギーのこぶは，この過程の律速段階を示している．この段階（カルボカチオンの生成）の速度は全体の反応速度を決める．ほかの二段階（プロトン移動と求核攻撃）の速度を上げるファクターは全反応速度にほとんど影響しない．対照的に全反応速度は，律速段

階の反応速度を上げるファクターに大きく影響される.
- エネルギー図に二つの谷が(こぶの間に)あることに注意しよう．これらの谷は，それぞれ中間体を示している．最初の中間体は酸素原子上に正電荷があるので，オキソニウムイオンと呼ばれる．二つめの中間体は炭素原子上に正電荷があるので，カルボカオチンと呼ばれる．カルボカオチン中間体はオキソニウムイオンより高エネルギーであることに注意しよう．なぜだろうか．カルボカチオンでは，炭素原子(C^+)の電子数がオクテット則を満たしていないからである．対照的に，オキソニウムイオン(O^+)にはオクテット則を満たしていない原子はない(正電荷をもつ酸素原子もオクテット則を満たしている).
- 上で述べた特徴に加えて，このエネルギー図は，カルボカチオンが反応の<u>中間体</u>であり，出発物でも生成物でもないことを明確に示している．後で使うためにフラスコに貯蔵しておくことはできない．カルボカチオンは短寿命の中間体であり，さまざまな反応の機構を示す際に書くことがしばしばある．<u>カルボカチオンは合成の出発物ではない</u>.

カルボカチオンは安定性について次のような傾向を示す.

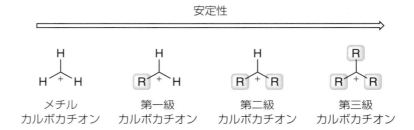

第三級カルボカチオンは最も安定であり，第二級カルボカチオンはより不安定であり，第一級カルボカチオンは第二級よりもさらに不安定である(メチルカルボカチオンは非常に不安定である)．したがって，アルキル基がカルボカチオンを安定化していることがわかる．この効果は，超共役(hyperconjugation)と呼ばれる現象の結果である．君が超共役を理解しているかどうか，使っている教科書や講義ノートで確かめよう.

　カルボカチオンは共鳴によっても安定化されている.

この場合，アリルカルボカチオンと呼んでいるが，正電荷は1個の原子に局在化しているのではなく，2カ所に広がって(非局在化して)おり，安定化されている．このため第三級アリルカルボカチオンは，第三級カルボカチオンよりもさらに安定である.

8.5 カルボカチオンの転位 ◎ 157

カルボカチオンは，正電荷がベンジル位(芳香環に直接結合している炭素原子)にあるときも，非常に安定化されている.

上のベンジル位のカルボカチオンに対する共鳴構造をすべて書くことができるだろうか.

もしカルボカチオンがより安定化することが可能なら，カルボカチオンは再配置することがある. たとえば第二級カルボカチオンは，より安定な第三級カルボカチオンを与えるなら，再配置することができる. 同じようにして第三級カルボカチオンも，より安定な第三級アリルカルボカチオンを与えるなら，再配置される. カルボカチオンがどのように再配置されるか，より詳しく見てみよう.

カルボカチオンの転位はさまざまな様式で起こるが，最も一般的な様式は<u>メチル移動</u>(methyl shift)と<u>ヒドリド移動</u>(hydride shift)である. メチル移動の例を次に示す.

メチル基と主鎖の間の2個の結合電子とともに，メチル基が移動することに注意しよう. それがメチルアニオン(H_3C^-)であるかのように，メチル基移動を考えることができる. このメチル基が(負電荷と一緒に)移動するとき，メチル基は穴をふさぐ(C^+を「穴」，つまり電子密度が低下した位置と考えることができる). そう考えれば，新しい「穴」は，以前メチル基が結合していた位置につくられる. ある意味，その穴は，いまやほかのどこかに移っている. 次のたとえとよく似ている. 地面に穴があって，それを土で埋めたいと想像してみよう. そこで君は近くに新しい穴を掘り，その土を元の穴を埋めるのに使う. 土が移動したら，元の穴を埋めたことになるかもしれないが，新しい穴をつくったともいえる. ある意味，単に穴の位置を移動しただけである.

もう一つの一般的なカルボカチオン転位は，次に見るようにヒドリド移動である.

これはメチル移動に似ているが，移動するのは H_3C^- ではなく H^-(ヒドリド)である. このヒドリドが(負電荷とともに)移動すると，ヒドリドが穴をふさぐ. そうすることで，新しい穴(C^+)が，ヒドリドが以前結合していた位置にできる.

カルボカチオン転位はいつ起こるのだろうか. いつでも可能である. もしカルボカチオン転位が可能で，より安定なカルボカチオンが生成するなら，そのときが最も起こりやすい. だから，カルボカチオン中間体を含む反応機構を示すときには，そのカルボカチオン中間体の構造を調べ，転位するかどうかを決めなければならない. カルボカチオンの転位が起こるかどうかを決める練習をし

158 ◎ 8章 反応機構

てみよう.

例題 8.28　次のカルボカチオンが転位するかどうかを予測し，もし転位するなら，その様子を書きなさい.

解答　C⁺が直接結合している位置を決めることから始める.このカルボカチオンは第二級なので，ここで影をつけたように2個の炭素原子が結合している.

それから，影をつけた炭素が水素かメチル基をもっているかどうかを確かめる.左の炭素から始めよう.この位置にはメチル基と水素原子の両方が結合している.

しかしヒドリド移動もメチル移動も，より安定なカルボカチオンを生成しない.なぜなのだろうか.メチル移動は，より不安定なカルボカチオンを与えるだけである(第二級カルボカチオンが第一級カルボカチオンに変換される).

ヒドリド移動も，より安定なカルボカチオンを生成しない.ヒドリド移動は，第二級カルボカチオンを別の第二級カルボカチオンに変換させるだけである.

これはエネルギーを減少させない.続いてC⁺の右側に移ろう.

8.6 反応機構に含まれる情報 ◎ 159

この位置も，メチル基とヒドリドをそれぞれ一つもっている．

メチル移動は，より安定なカルボカチオンを生成しない．

しかしヒドリド移動は，より安定な第三級カルボカチオンを生成する．

したがって，このカルボカチオンは転位することができる（最も転位が起こりやすい）．

練習問題　次に示すそれぞれのカルボカチオンが転位するかどうかを予測し，もし転位するなら，その様子を書きなさい．

8.29　　　　8.30　　　　8.31

8.32　　　　8.33　　　　8.34

8.6　反応機構に含まれる情報

　どんな反応でも，示される反応機構は必ず，立体化学(stereochemistry)や位置選択性(regioselectivity)を含めた実験事実を説明していなければならない．これらをそれぞれ，ここで一気に検討してみよう．まずは立体化学から始める．

　5章では，立体中心が存在する位置を見つけ，その立体配置(RまたはS)を決める方法を学んだ．反応における立体配置について話をするときには，次に示す項目について話をしなければならない．

・出発物に立体中心がすでに存在しているなら，反応する際，その立体中心の配置に何が起こるか．

160 ◎ 8章　反応機構

- もし新しい反応中心が形成されるなら，どちらの立体配置が支配的であるか予想されるか，あるいは R と S の 50-50 混合物(ラセミ混合物)が予想されるか.
- もし複数のジアステレオ生成物が可能なら，どのジアステレオマーが得られるのか，あるいは得られないのか.

これらが立体化学に関する項目のすべてである．続くいくつかの章にでてくる例を見てみよう．9章には置換反応がでてくるが，そこではある基(X)が別の基(Y)に置き換わる．

たとえば，Br が OH と置き換わる．次の反応では Br が OH と置き換わっているが，この場合の立体化学の結果をとくに注目しよう．

単一のエナンチオマー(R の立体配置だけ)を出発物としているが，生成物はラセミ混合物である．なぜだろうか．どんな反応機構が示されようとも，この結果が説明されなければならない．置換反応の章では，すべての置換反応がラセミ化を伴って起こるとは限らないことを学ぶ．ある場合には，立体配置の反転(R から S に反転する)を伴って進行する．なぜだろうか．もう一度繰り返すが，反応機構はこの結果を説明しなければならないし，上で示した反応の機構とは確かに違うものである．置換反応では，S_N1 と S_N2 と呼ばれる二つの異なった機構を学ぶことになる．これら二つの機構のうち一つがラセミ化を説明してくれることを理解するだろうし，一方，もう一つの機構では立体配置の反転が起こることを理解するだろう．

　立体化学の問題は置換反応に限ったことではない．10章では脱離反応について学ぶ．そこではプロトン(H^+)と脱離基(leaving group, LG)が取り除かれ，二重結合が形成される．

次の例で示すように，立体異性体のアルケンが生成することもある．

二つのジアステレオマー(シスとトランス)が可能であることに注目しよう．トランス異性体が優先

8.6 反応機構に含まれる情報 ◎ 161

することが知られているので，何とかこの事実を説明できる反応機構を示さなければならない．

　君が立体化学を避けられないかと考えたとしても，それは不可能である．章が進んでも，立体化学は検討するテーマであり続ける．11章で見るように，これは付加反応にもあてはまる．π結合が切られ，二つの新しい基（XとY）が加えられる．

多種多様な付加反応を学び，それぞれの場合の立体化学を分析することになる．たとえば，ヒドロホウ素化－酸化（hydroboration-oxidation）反応と呼ばれる次の過程を考えてみよう．

新たに二つの立体中心が生成することに注目しよう．そうすると，四つの可能な立体異性体生成物を予想することになる．しかしながら，これらのうち二つの立体異性体（上に示した1組のエナンチオマー）だけが見られる．HとOHがアルケンの同じ側から付加される．これはシン付加（syn addition）と呼ばれる．次の生成物は得られない．

これらの化合物を得るためには，アルケンに対してHとOHを反対側から付加する必要がある．これはアンチ付加（anti addition）と呼ばれる．ヒドロホウ素化－酸化反応と呼ばれるこの過程では，アンチ付加は見られず，シン付加だけが起こる．繰り返すが，立体化学（シン付加）を説明できる機構を示さなければならない．

　この節ではこれまで，反応の立体化学に焦点を絞ってきた．さて，位置選択性を分析することにしよう．これは何を意味するのか．位置選択性が重要になるのは，反応で立体異性体よりもむしろ構造異性体生成物が得られるときである．たとえば次の脱離反応を考えよう．

主生成物　　　副生成物

ここで二重結合は，二つの位置のうち一つで形成されるが，それは反応過程で取り除かれるプロトンに依存する（10章で，その反応機構を詳細に調べる）．いまは，二つの生成物が立体異性体では

162 ◎ 8章 反応機構

ないことに注意しよう．これらは構造異性体である．もしどちらの生成物が優先するかと尋ねると
したら，これは位置選択性の問題である．上の反応では一つのアルケンが主生成物であり，この位
置選択性を説明できる反応機構を示さなければならない．

　もう一つの例として，少し前に見た反応にもどってみよう．

その OH 基は，R 基をもたない位置に付加されることに注意しよう．R 基をもつ位置に OH 基が付
加された生成物は得られない．そのような化合物は，上で得られる生成物の構造異性体である．繰
り返すが，位置選択性を説明できる反応機構を示さなければならない．

　反応の立体異性と位置選択性の両方を説明する機構を学んできた．学生はよく，すべての反応の
立体異性と位置選択性を暗記しようとする．この学習方法は，講義が進むにつれて難しくなる．非
常にたくさんの反応があるからである．それらすべての詳細を暗記することは，容易ではない．し
かしながら，もし各反応で示されている機構の理解に集中し，その機構がどのように立体異性と位
置選択性の両方を説明しているかを完全に理解したなら，各反応の詳細をより容易に（それほど多
くの暗記を必要とせずに）覚えられるだろう．それぞれの反応が意味をなし，君が反応の詳細を覚
えるのを助けるだろう．反応機構が実験事実をすべて説明できるからこそ，このことは正しい．

　これからでてくる各反応機構について，白紙の上に反応機構をすべて書けるようにならなければ
ならない．すべての新しい反応機構について，必ずそれを実行しよう．うまくいかないときは，一
日待って，またやってみよう．習った反応機構それぞれについて，白紙の上に間違いなくすべての
機構を書けるようになる必要がある．この演習を自分でするなら，有機化学の理解度は飛躍的に上
がるだろう（この講義の成績も上がるだろう）．がんばってみよう．

9章

置換反応

前章で反応機構を理解することの重要性を述べた．反応機構は，あらゆることを理解するための鍵となる．この章では，一つの特殊な場合を取り上げる．学生はしばしば，置換反応(substitution reaction)に苦労する——とくに，反応が S_N2 と S_N1 のいずれであるか予測する場合には．二つは異なる種類の置換反応であり，その反応機構は非常に異なっている．反応機構の違いに焦点を絞れば，なぜある場合には S_N2 反応が起こり，別の場合には S_N1 反応が起こるかを理解できるようになる．

どちらの反応が起こるかを決定するために，四つのファクターが用いられる．反応機構を理解すれば，これらファクターの意味がよくわかる．まずは反応機構を調べよう．

9.1 反応機構

われわれが出合う莫大な数の反応には，求核剤と求電子剤が含まれている．求核剤は電子密度が高い領域(孤立電子対あるいは π 結合)をもつが，求電子剤は電子密度が低い領域をもつ．求核剤が求電子剤と出合うと，反応が起こる．

S_N2 と S_N1 では，<u>求核剤</u>(nucleophile)が求電子剤を攻撃し，<u>置換</u>(substitution)反応を起こす．そのことが名前の S_N という部分の由来である．しかし，「1」や「2」は何を表しているのだろうか．これらの数字を理解するためには，反応機構を見る必要がある．S_N2 反応から始めよう．

左辺には求核剤(Nuc)がある．それが攻撃するのは，脱離基(leaving group, LG)が結合した求電子性の炭素をもつ化合物である．<u>脱離基は追いだされやすい基である</u>(この例はすぐに見る)．脱離基は二つの重要な役割を果たす．（1）結合している炭素原子から電子を引っぱることによって，炭素原子を求電子性にし，（2）脱離後に生じる脱離基上の負電荷を安定化する．

S_N2 反応では曲がった矢印が 2 本使われる．1 本は，求核剤上の孤立電子対から，求核剤と炭素の間に結合をつくるように向かい，もう 1 本は，炭素と LG の間の結合から，LG 上に孤立電子対をつくるように向かっている．この反応では，炭素原子上の立体配置が反転することに注意しよ

164 ◎ 9章　置換反応

う．したがって，この反応は立体配置の反転を伴って進行するといわれる．なぜこれが起こるのだろうか．それは，強い風で傘がおちょこになるようなものである．傘は，適当な力を加えれば反転させることができる．同じことが反応にもあてはまる．もし求核剤の能力が十分で，そのほかの条件が適切なら，（一方の側に求核剤をもってきて，他方の側から LG をはじきだせば）立体中心の反転を伴って反応が起こる．

　いま，S$_N$2 反応の「2」の意味にたどり着こうとしている．前章で学んだように，求核性は速度論の目安（いかに速く反応が起こるか）になる．これは求核置換反応なので，反応がどれだけ速く起こるかに注目する．反応速度はどれくらいだろうか．この反応機構は一段階だけであり，その段階で求核剤と求電子剤という二つの化学種が出合う必要がある．だからこの反応速度は，どれだけ多くの求電子剤および求核剤があるかに依存する．いいかえると，反応速度は二つの化学種の濃度に依存する．この求核的な攻撃は「二次反応」といわれ，反応名に「2」を加えることで，この反応を表している．

　次に，S$_N$1 反応の機構を見ることにしよう．

ラセミ化

この反応には二段階ある．最初の段階では，脱離基が自ら，求核剤による攻撃なしに脱離する．これにより生成したカルボカチオンが，第二段階で求核剤の攻撃を受ける．これが S$_N$2 と S$_N$1 の大きな違いである．S$_N$2 反応では，すべてが一段階で起こる．S$_N$1 反応では，カルボカチオン中間体を経由した二段階で反応が起こる．鍵は，S$_N$1 反応に限って中間体としてカルボカチオンが存在することである．これを理解すれば，ほかのあらゆることも理解できる．

　たとえば S$_N$1 反応の立体化学を見てみよう．すでに述べたように，S$_N$2 反応では立体配置が反転することで進行する．しかし S$_N$1 反応はまったく異なる．なぜなら，カルボカチオンは sp^2 混成なので，その構造は平面三角形だからである．求核剤はカルボカチオンのどちら側からも攻撃でき，生成物は二つの立体配置（R か S）をとることができる．分子の半分は一方の立体配置をとり，残りの半分は他方の立体配置をとる．これをラセミ混合物と呼ぶことは，すでに学んだ．生じるカルボカチオン中間体の性質を理解すれば，この反応の立体化学を説明できる．

　S$_N$1 の「1」の意味を理解するには，S$_N$1 反応の律速段階を考える必要がある．すでに理解したように，S$_N$1 過程は二段階で進行するので，S$_N$1 過程のエネルギー図では二つの山があると予想される．

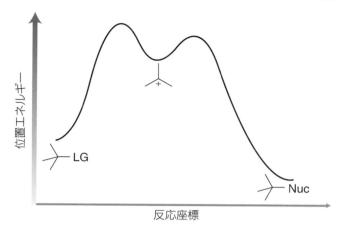

　反応過程のエネルギー図を見るときはいつでも（S_N1反応やそれ以外のいずれの反応であっても），最も高い山は必ず律速段階であることを示している．S_N1過程では，最も高い山は最初の段階である．なぜなら，脱離基の脱離が起こるこの段階には大きな活性化エネルギーが必要だからである．それゆえ，S_N1反応の最初の過程が律速段階である．いいかえると，全過程の反応速度は，この第一段階がいかに速く進むかによって決められる．しかし，この段階（脱離基の離脱）に求核剤は一切かかわっていないことに注目しよう．この段階には，二つではなく一つの化学種（求電子剤）だけがかかわっており，この段階は「一次反応」と呼ばれる．反応名（S_N1）に「1」をつけることで，このことを表している．もちろん，これは求電子剤だけが必要という意味ではない．この反応が起こるためには求核剤も必要になる．依然として二つの異なる化学種（求核剤と求電子剤）が必要である．「1」は単に，その速度が両者の濃度には依存しないという意味である．速度はそれらのうちの一つ，つまり求電子剤の濃度だけに依存する．

　S_N2とS_N1の反応機構は，それぞれの場合の観察される立体化学を説明する助けになり，なぜそれらをS_N2, S_N1と呼ぶのかも，（反応機構により説明される反応速度に基づいて）理解できる．このように反応機構は実に多くを説明する．これは，そうあるべきである．なぜなら，示された反応機構は実験事実をうまく説明できなければならないからである．だからもちろん，この反応機構がS_N1過程でラセミ化が起こる理由を説明する．そのことが，この反応機構がもっともらしいといえる理由である．

　この章の初めに，S_N2とS_N1のいずれの機構により反応が進行するかを選択するとき，四つのファクターを考慮する必要があると述べた．これら四つのファクターは，求電子剤，求核剤，脱離基そして溶媒である．それぞれのファクターを調べ，これら四つのファクターを理解する鍵が二つの反応機構の違いであることを見ていこう．その前に，君が二つの反応機構をよく理解していることがとても重要である．練習として，以前の説明を見直すことなしに，以下の余白に二つの機構を書いてみなさい．

　S_N2機構が一段階で進むことを思いだそう．すなわち求核剤が求電子剤を攻撃し，脱離基を追いだす．一方，S_N1機構は二段階である．最初の段階で脱離基が離れ，カルボカチオンが生じ，次の段階で求核剤がそのカルボカチオンを攻撃する．また，S_N2機構が立体配置の反転を含み，S_N1機構がラセミ化を含むことも思いだそう．それでは，これらを書いてみなさい．

166 ◎ 9章 置換反応

S_N2

S_N1

9.2 | ファクター1 ── 求電子剤(基質)

求電子剤は，求核剤によって攻撃される化合物である．置換反応や脱離反応(次の章で習う)では，通常，求電子剤を<u>基質</u>(substrate)と呼ぶ．

炭素には4本の結合があることを思いだそう．そうすると，脱離基との結合以外に，求電子剤の炭素原子は3本の結合をもっている．

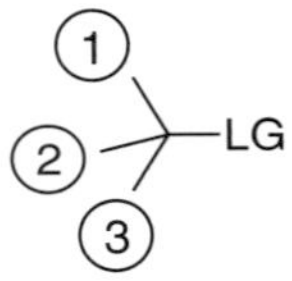

問題は，これらの基のうちいくつがアルキル基(メチル，エチル，プロピルなど)かということである．アルキル基は「R」という文字で表される．アルキル基が一つなら，その基質を「第一級」と呼ぶ．二つなら「第二級」と呼ぶ．そして三つなら「第三級」と呼ぶ．

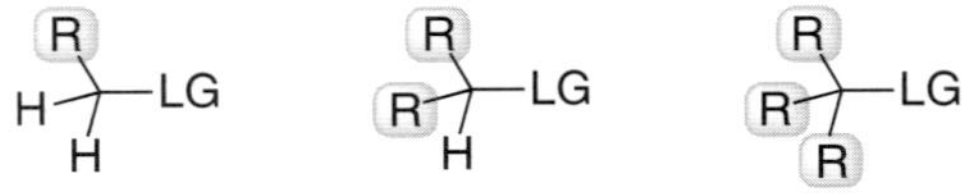

第一級　　　　第二級　　　　第三級

アルキル基は，求核剤が攻撃する求電子剤の中心を混み合ったものにしている．アルキル基が三つある場合，現実的には求核剤が侵入して攻撃するのは不可能である(立体障害がある)．

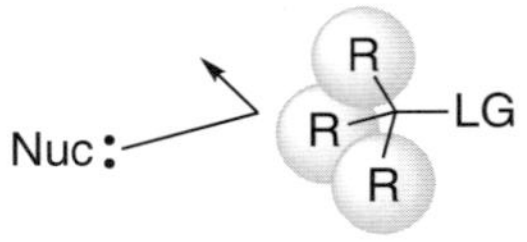

だから S_N2 反応では，第一級の基質はよく反応するが，第三級の基質は反応しない．

しかし S_N1 反応では，事情が完全に異なる．最初の段階は求核剤の攻撃ではない．最初の段階では脱離基が失われ，カルボカチオンができる．それから求核剤がカルボカチオンを攻撃する．カル

9.2 ファクター1——求電子剤(基質) ◎ 167

ボカチオンは平面三角形であることを思いだそう．そうすると，炭素に結合している基の大きさは関係しない．これらの基は平面上にあるので，求核剤は容易に攻撃できる．立体障害はない．

S$_N$1 反応では，カルボカチオンの安定性が主要な問題である．アルキル基は電子供与性であることを思いだそう．そのため，基質には第三級が最もよい．三つのアルキル基がカルボカチオンを安定化するからである．第一級は最もよくない．カルボカチオンを安定化させるアルキル基が，ただ一つしかないからである．これは立体的な問題ではなく，電子的な問題(電荷の安定性)である．だから S$_N$2 反応と S$_N$1 反応では，まったく異なる理由で反対の傾向を示す．もし第一級あるいは第二級の基質なら，反応は一般的に S$_N$2 機構で進行し，立体配置の反転を伴う．もし第三級の基質なら，反応は S$_N$1 機構で進行し，ラセミ化が起こる．

例題 9.1 次の化合物は，S$_N$2 過程あるいは S$_N$1 過程で反応するか決めなさい.

解答 基質は第一級なので，S$_N$2 反応と予測できる.

練習問題 次のそれぞれの化合物は，S$_N$2 過程あるいは S$_N$1 過程で反応するか決めなさい.

9.2 解答 _____

9.3 解答 _____

9.4 解答 _____

9.5 解答 _____

(アルキル基以外に)カルボカチオンを安定化させる別の方法がある——共鳴である．カルボカチオンが共鳴安定化されれば，そのカルボカチオンは生じやすくなる.

上のカルボカチオンは共鳴安定化されている．そのため LG は脱離しやすくなり，S$_N$1 反応が可能になる．

覚えておくべき 2 種類の系がある．すなわちベンジル位の LG とアリル位の LG である．これらの化合物は，LG が脱離すると共鳴安定化される．

ベンジル位　　アリル位

LG の近くに二重結合があり，LG がベンジル位にあるかアリル位にあるかわからないときは，得られたカルボカチオンを書き，共鳴構造がないか確認しなさい．

例題 9.6 次の化合物で，ベンジル位あるいはアリル位にある脱離基を丸で囲みなさい．

解答

練習問題 次のそれぞれの化合物について，脱離基の離脱が，共鳴安定化したカルボカチオンを生じさせるか考えなさい．わからないときは，脱離基が離れた後に生じるカルボカチオンの共鳴構造を書いてみなさい．

9.7

9.8

9.9

9.10

9.3 ファクター２ —— 求核剤

S_N2 過程の反応速度は求核剤の強さに依存している．強い求核剤は S_N2 反応の速度を上げ，一方，弱い求核剤は S_N2 反応の速度を下げる．対照的に，S_N1 過程の反応速度は求核剤の強さに依存しない．なぜしないのだろうか．S_N1 の「１」は，反応速度が求核剤の濃度ではなく，基質の濃度だけに依存することを意味していることを思いだそう．求核剤の濃度は，反応速度の決定には関係しない．同じように，求核剤の強さも関係しない．

まとめると，求核剤は S_N2 と S_N1 の間で，次のような相反する影響をもっている．

・強い求核剤は S_N2 反応を好む．
・弱い求核剤は S_N2 反応を好まない（そして S_N1 反応がうまく進行する）．

したがって，求核剤が強いか弱いかを決めなければならない．求核剤の強さは，負電荷が存在する

かしないかといったような多くのファクターによって決められる．たとえば，水酸化物イオン（HO⁻）と水（H₂O）はいずれも求核剤である．いずれの場合も，酸素原子が非共有電子対をもっているからである．しかし水酸化物イオンは，負電荷をもっているので，より強い求核剤である．

電荷だけが求核剤の強さを決めるファクターではない．実際，分極（polarization）と呼ばれるもっと重要なファクターがあり，原子や分子が外部環境に応じて不均一な電子密度を分布させる能力を表している．たとえば，硫黄は非常に分極しやすい．なぜなら，求電子剤に近づいたとき，不均一に電子密度を分配させられるからである．分極は原子の大きさ（そしてもっと詳しくいえば，原子核から離れている電子の数）と直接に関係している．硫黄は非常に大きく，核から離れたところに多くの電子をもっているため，非常に分極しやすい．ヨウ素も同じ特徴をもっている．結果としてI⁻やHS⁻は，とくに強い求核剤である．似たような理由で，負電荷はもっていないけれども，H₂Sも強い求核剤である．

次に，これからよくでてくる強い求核剤と弱い求核剤の代表例を示す．

代表的な求核剤

強い			弱い
:Ï:⁻	HS̈:⁻	HÖ:⁻	:F̈:⁻
:B̈r:⁻	H₂S̈:	RÖ:⁻	H₂Ö:
:C̈l:⁻	RS̈H	N≡C:⁻	RÖH

例題 9.11 次の求核剤は，S_N2 と S_N1 のどちらを好むか決めなさい．

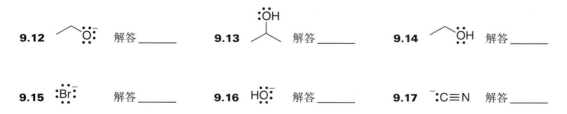

解答 この化合物には，孤立電子対をもつ硫黄原子が含まれている．硫黄原子上の孤立電子対は，負電荷をもたなくても求核性が強い．硫黄は大きく分極しやすいからである．強い求核剤は S_N2 反応を好む．

練習問題 次のそれぞれの求核剤は，S_N2 と S_N1 のどちらを好むか決めなさい．

9.12 ∧Ö:⁻ 解答_____ 9.13 :ÖH (on isopropyl) 解答_____ 9.14 ∧ÖH 解答_____

9.15 :B̈r:⁻ 解答_____ 9.16 HÖ:⁻ 解答_____ 9.17 :C≡N 解答_____

9.4 ファクター3 ── 脱離基

　S_N1 反応と S_N2 反応はともに脱離基の特性に敏感である。脱離基の能力がよくなければ、いずれの反応も起こらないが、S_N1 反応は一般に S_N2 反応より脱離基に敏感である。なぜか。S_N1 反応の律速段階(RDS)は、脱離基が外れてカルボカチオンと脱離基が生成するところなのを思いだそう。

　すでに学んでいるように、この段階の速度はカルボカチオンの安定性に非常に敏感であるので、脱離基の安定性にも敏感であることは理解できるだろう。S_N1 過程が進むためには、脱離基の安定性が高くなければならない。

　何が脱離基の安定性を決めるのだろうか。一般的には、よい脱離基は強酸の共役塩基である。たとえば、ヨウ化物イオン(I^-)は非常に強い酸(HI)の共役塩基である。

　ヨウ化物イオンは非常に弱い塩基である。なぜなら、強く安定化されているからである。結果として、ヨウ化物イオンはよい脱離基として働くことができる。実際、ヨウ化物イオンは最もよい脱離基の一つである。次の図はよい脱離基のリストを示しており、いずれも強酸の共役塩基である。

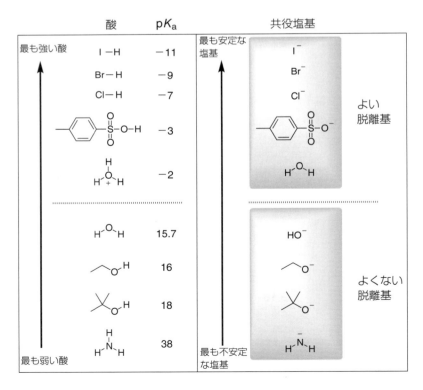

対照的に，水酸化物イオンはよくない脱離基である．安定化された塩基ではないからである．実際，水酸化物イオンは比較的強い塩基であり，したがって脱離基としてはめったに機能しない．それはよくない脱離基である．しかし特定の環境では，よくない脱離基をよいものに変えることができる．たとえば，強酸で処理すると OH 基はプロトン化され，よい脱離基に変換される．

最もよく使われている脱離基は，ハロゲン化物イオンとスルホン酸イオンである．

ハロゲン化物イオンのなかでも，ヨウ化物イオンが最もよい脱離基である．それは，臭化物イオンや塩化物イオンよりも弱い塩基（より安定）だからである．スルホン酸イオンのなかでは，トリフラートイオンが最もよい脱離基であるが，最もよく使われているのはトシラートイオンである．それを OTs と略す．化合物に OTs が結合しているのを見たときには，よい脱離基が存在していると認識しよう．

例題 9.18 次の化合物に含まれる脱離基を決めなさい．

解答 水酸化物イオンがよい脱離基ではないことは，すでに知っている．共役酸（H₂O）が強くないからである．水酸化物イオンは弱い塩基ではないので，脱離基としては働かない．対照的に塩化物イオンは，その共役酸（HCl）が強いので，よい脱離基である．したがって塩化物イオンは弱塩基であり，脱離基として働くことができる．

練習問題 次のそれぞれの化合物について，最もよい脱離基を決めなさい．

9.23 [構造式: ブロモとクロロが置換したシクロペンタン] 解答 _____ 9.24 [構造式: OTsとBrが置換した化合物] 解答 _____

9.25 3-メトキシ-3-メチルペンタンと3-ヨード-3-メチルペンタンの構造を比較し，どちらの化合物がS_N1反応を受けやすいか決めなさい．

9.26 3-エチル-3-ペンタノールを過剰な塩化物イオンで処理した場合，置換反応は観察されない．水酸化物イオンは悪い脱離基だからである．3-エチル-3-ペンタノールを基質として用い，S_N1反応を進めたい場合，どのような試薬を用いれば，そのよくない脱離基を，よりよい脱離基に変え，同時に塩化物イオンを与えることができるだろうか．

9.5 ファクター4 —— 溶媒

これまでに基質，求核剤，脱離基を見てきた．これらによって，互いに反応する化合物のすべての部分を考慮した．置換反応の様式をまとめてみよう．

基質，求核剤，脱離基を考察することで，ほとんどすべてをカバーした．しかし，もう一つ考慮すべきファクターがある．これらの化合物は，どんな溶媒に溶けるだろうか．重要なので見ていこう．

S_N2とS_N1の反応の競争に，おおいに影響を与える非常に強い溶媒効果がある．非プロトン性極性溶媒はS_N2反応を好む，という効果である．非プロトン性極性溶媒とは，いったいどんなものか．それはなぜS_N2反応を好むのだろうか．

二つの部分，すなわち極性(polar)と非プロトン性(aprotic)に分けて考えよう．願わくは，一般化学の講義で習った「極性の」という言葉の意味を思いだしてほしい．そして「似たものは似たものを溶かす」ということも思いだしてほしい(極性溶媒は極性化合物を溶かし，非極性溶媒は非極性化合物を溶かす)．そのため，置換反応を進行させるには極性溶媒を必要とする．S_N1反応ではカルボカチオンを安定化させるために極性溶媒がぜひ必要であり，S_N2反応でも求核剤を溶かすために極性溶媒が必要である．確かにS_N1反応のほうがS_N2反応よりも極性溶媒をより必要としているが，非極性溶媒中での置換反応はめったにない．だから非プロトン性という言葉に焦点を絞ろう．

まず，極性溶媒を定義することから始めよう．酸−塩基の化学について記憶をたどっていく．3章ではプロトン(電子のない水素原子．H^+で表される)の酸性度について話した．プロトンが離れたときに生じる負電荷を化合物が安定化できるなら，その化合物からプロトンが離れることを知った．プロトン性溶媒は，電気陰性原子に結合しているプロトンをもつ溶媒である(たとえば水やエタノール)．これらはプロトン性と呼ばれる．なぜなら，プロトン源として働くからである．さて，非プロトン性溶媒とはどんなものだろうか．

非プロトン性とは，その溶媒が，電気陰性原子に結合しているプロトンをもたないことを意味す

る.その溶媒はプロトンをもっているかもしれないが,電気陰性の原子には結合していない.非プロトン性極性溶媒の最も一般的な例はアセトン,DMSO,DME,DMF である.

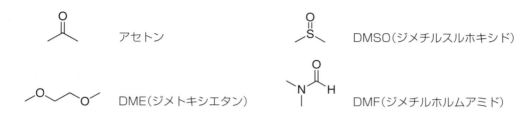

もちろん,ほかにも非プロトン性極性溶媒の例はある.教科書や講義ノートを見直して,知っておくべきほかの非プロトン性極性溶媒を探しなさい.何か見つかれば,上の例に加えればよい.溶媒を見たときに,それが非プロトン性極性溶媒であることがわかるように学習しておこう.

さて,なぜこれらの溶媒が S_N2 反応を加速するのだろうか.この質問に答えるためには,求核剤を溶媒に溶かすときにつねに存在する溶媒効果について見ておく必要がある.負電荷をもった求核剤が極性溶媒に溶けているときは,溶媒分子に取り囲まれる.これは溶媒シェルと呼ばれる.

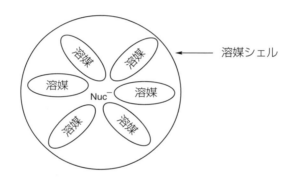

この溶媒シェルは求核剤を包み込み,本来すべきこと(何かを攻撃すること)を妨げている.求核剤が攻撃するためには,まずこの溶媒シェルを脱ぎ捨てなければならない.これが,非プロトン性極性溶媒を使うときを除いて,極性溶媒に求核剤を溶かすときにいつも起こることである.

非プロトン性極性溶媒は,負電荷のまわりに溶媒シェルをうまくつくることができない.だから非プロトン性極性溶媒に溶かした求核剤は,溶媒シェルをもたず,「裸」の求核剤と呼ばれる.そのため求核剤は,反応の前に溶媒シェルをはぎとる必要はない.初めから溶媒シェルをもっていないからである.この効果は劇的である.想像できるように,溶媒シェルに包まれた求核剤は,溶媒シェルの中に長時間存在することになり,反応できる状態はわずかな時間だけである.求核剤がつねに反応できるようにすれば,その反応をおおいに加速させられる.非プロトン性極性溶媒中の求核剤による S_N2 反応は,通常の極性溶媒中で行う反応に比べて何千倍も(あるいは何百万倍も)速い.

まとめると,溶媒が示されているときは,それが先ほどリストアップした非プロトン性極性溶媒であるか確かめる必要がある.もしそうだったら,反応は間違いなく S_N2 機構で起こる.

174 ◎ 9 章 置換反応

例題 9.27 次の反応は S_N2 機構と S_N1 機構のどちらで進行するか予測しなさい.

解答 この反応には非プロトン性極性溶媒である DMSO が用いられているので，基質が第二級であっても S_N2 反応が進行すると予想される（ただし基質が第三級なら，非プロトン性極性溶媒は役に立たない）.

練習問題 9.28 まず非プロトン性極性溶媒のリストを見直し，次にそれを見ずに，白紙の上にそれら溶媒の名前と構造を書いてみなさい.

9.6 すべてのファクターを考える

　これまでに四つすべてのファクターを順に見てきたので，次にそれらを一緒にしたらどうなるか見る必要がある．ある反応を分析するときは，四つすべてのファクターを調べ，S_N2 と S_N1 のどちらの機構が優先して起こるか決定しなければならない．たとえば，非プロトン性極性溶媒中で第一級の基質を強い求核剤と反応させるとき，S_N2 反応が起こることは明らかである．一方，とくによい脱離基をもつ第三級の基質に弱い求核剤を反応させるときは，明らかに S_N1 反応が起こる.

例題 9.29 次の反応について，試薬や反応条件をすべて検討し，S_N2 機構と S_N1 機構のいずれで起こるか，両方起こるか，両方起こらないか決めなさい.

解答 基質は第一級であり，ただちに S_N2 経路で起こることがわかる．それに加えて強い求核剤なので，これからも S_N2 経路を好むことがわかる．よい脱離基なので，このことからは判断できない．溶媒は示されていない．すべてを考慮すると，この反応は S_N2 機構で進むと予測される.

練習問題 次のそれぞれの反応について，試薬や反応条件をすべて検討し，S_N2 経路と S_N1 経路のいずれで起こるか，両方起こるか，両方起こらないか決めなさい．（ヒント：次の問題のうち，少なくとも 1 題は「どちらも起こらない」）

9.7 置換反応の重要な教訓 ◎ 175

9.34

$$\text{Br} \xrightarrow[\text{DMSO}]{\text{Cl}^-}$$

9.35

$$\xrightarrow{\text{ROH}}$$

9.7 置換反応の重要な教訓

S_N2 反応と S_N1 反応では，ほとんど同じ生成物ができる．両方の反応で，脱離基は求核剤に置き換えられる．一つの大きな違いは，脱離基が立体中心に結合しているときに生じる．このような状況では，S_N2 機構は立体中心を反転するが，S_N1 機構はラセミ混合物を与える．

S_N1 過程と S_N2 過程の結果には別の大きな違いがある．すでに見たように，S_N1 経路ではカルボカチオン中間体が存在し，一方，S_N2 経路ではカルボカチオン中間体は存在しない．この違いは，カルボカチオンの転位(8.5 節で見た)が可能なときに非常に重要になる．S_N1 反応ではカルボカチオン転位が可能であるのに対し，S_N2 反応では可能ではない．教科書や講義ノートを確認して，S_N1 過程でのカルボカチオン転位の具体例を見たことがあるか調べてみよう．

S_N1 機構と S_N2 機構の競合について多くの時間を費やし，多くの価値ある教訓を学んできた．その教訓は，これからさらに学習を進め，より多くの反応を習う際に重要になる．まずわれわれは，反応機構には関連するすべての情報が含まれているという重要な考え方を学んだ．反応機構を完全に理解すれば，それに基づいてほかのことはすべて正しく説明できる．反応に影響する要素はすべて，反応機構の中にまとめられている．このことは，これから習う反応すべてにあてはまる．これまでも，このように考える練習をしてきたのである．

次に，反応を分析するときに複数のファクターがかかわることを学んだ．それらのファクターがみな同じ方向を向いていることもあれば，競合することもある．競合しているときにはそれぞれを見積もり，その反応経路に決めるのにどのファクターが優先的であるかを決めなければならない．競合するファクターは，有機化学のテーマの一つである．S_N2 反応と S_N1 反応を調べた経験により，これから後の反応すべてに，この考え方を使えるようになった．

最後に，第一のファクター(基質)を分析するときに，立体的および電子的な二つの考察がかかわることを学んだ．立体的考察から，S_N2 反応には第一級あるいは第二級の基質が必要である——第三級の基質は，求核剤が反応するには混みすぎている．一方，S_N1 反応では電子的考察が最も重要である．第三級の基質が最もよい．アルキル基はカルボカチオンを安定化させるのに必要だからである．

これら二つの効果(立体的効果および電子的効果)は，有機化学の大きなテーマである．本書の残りで習うことの多くは，この電子的あるいは立体的な議論で説明される．君が出合うすべての問題に，この二つの効果を素早く考慮できるようになれば，それだけよい成績をとれるだろう．通常，立体的効果よりも電子的効果は，より複雑なものである．実際，これまで見てきた三つのファクター(求核剤，脱離基，溶媒効果)は，すべて電子的な議論である．一般的なこうした電子的議論の扱いに慣れれば，本書で出合う反応すべてに共通の筋道が見えてくる．

10章
脱離反応

　前章では，化合物に脱離基があるとき，置換反応が起こることを学んだ．この章では，<u>脱離反応</u>（elimination reaction）と呼ばれる別の反応について学ぶ．この場合も，脱離基をもつ化合物に反応が起こる．実際，置換反応と脱離反応はしばしば競争的に起こり，混合物が生成する．この章の最後で，競争的に起こるこれら反応の生成物を予測する方法について学ぶ．まず，置換反応と脱離反応の結果を比べて考えてみよう．

置換反応では，脱離基は求核剤と置き換わる．脱離反応では，β水素が脱離基とともに取り除かれ，二重結合が形成される．前章では，置換反応の二つの機構（S_N1とS_N2）について学んだ．同じように，E1およびE2と呼ばれる脱離反応の二つの機構について，まず調べてみよう．E2反応機構から始めよう．

10.1　E2 反応機構

　E2 反応では，塩基がプロトンを引き抜くと同時に，脱離基も放出される．

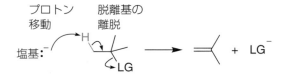

一段階の反応機構（中間体は生成しない）であり，そこには基質も塩基も含まれていることに注目し

10.2 E2 反応の位置選択性 ◎ 177

よう．その反応には二つの化学種が含まれているので，二分子反応（bimolecular reaction）といわれる．二分子脱離反応を E2 反応と呼ぶ．その際，「2」は二分子的であることを意味する．

さて，E2 過程の反応速度に対する基質の影響を考えてみよう．前章で学んだように，S_N2 反応では一般に，第三級の基質とはその立体障害のために反応しない．しかし E2 反応は，S_N2 反応と異なり，実際に第三級の基質がしばしば速やかに反応する．なぜ第三級の基質は S_N2 反応を受けないのに，E2 反応を受けるのだろうか．このことを説明するのに，置換反応と脱離反応との重要な違いは，試薬が果たす役割によることを，われわれは認識しなければならない．置換反応で試薬は，求核剤として作用して求電子性の位置を攻撃する．一方，脱離反応で試薬は塩基として作用し，プロトンを引き抜くので，第三級の基質に対しても容易に作用することができる．実際，第三級の基質は第一級の基質よりも速やかに反応する．

10.2 E2 反応の位置選択性

8 章では，「位置選択性」（regioselectivity）という言葉が，反応がどこで起こるのかを意味することを学んだ．いいかえると，分子のどの部分で反応が起こるかということである．H と X が離脱するとき（X は脱離基），二つ以上のアルケンの生成がときどき起こる．次の例を考えよう．二つのアルケンが生成する可能性がある．

どこに二重結合が形成されるだろうか．これが位置選択性である．これら二つの可能性を区別するには，それぞれの二重結合に置換基がいくつ結合しているか考える必要がある．アルケンの二重結合には，一つから四つまでの置換基が結合できる．

一置換 　　二置換 　　三置換 　　四置換

したがって，上の反応を見直せば，二つの可能な生成物は三置換体と二置換体であることがわかる．

三置換 　　二置換

生成可能なアルケンが二つ以上ある脱離反応では，より多置換であるかそうでないかに基づいて，異なる名称を生成物につける．より多置換のものをザイツェフ（Zaitsev）生成物と呼び，より置換基が少ないものをホフマン（Hofmann）生成物と呼ぶ．通常，ザイツェフ生成物が主生成物である．

178 ◎ 10章 脱離反応

しかしながら，ザイツェフ生成物（多置換アルケン）が主生成物ではない例外がたくさんある．たとえば，上の反応が（塩基としてのエトキシドイオンよりもむしろ）立体障害の大きな塩基とともに進むなら，より置換基の少ないアルケンが主生成物になるだろう．

この場合，立体障害の大きな塩基が用いられているので，ホフマン生成物がおもに得られる．ここには重要な考え方が示されている．E2 反応の位置選択性は，注意深く塩基を選択することによって，しばしば制御できる．立体障害の大きな塩基を用いた次の 2 例が，有機化学の講義ではよく示される．

カリウム *tert*-ブトキシド
(*t*-BuOK)

リチウムジイソプロピルアミド
(LDA)

練習問題　次に示す化合物を，E2 反応を与える強塩基で処理するとき，得られるザイツェフ生成物とホフマン生成物の構造を示しなさい．この問題では，生成物が主生成物であるか副生成物であるかを決める必要はない．なぜなら，塩基が示されていないからである．両方の可能な生成物を書くことに専念しよう．

10.1 _____ _____
　　　　　ザイツェフ　　　　　　ホフマン

10.2 _____ _____
　　　　　ザイツェフ　　　　　　ホフマン

10.3 _____ _____
　　　　　ザイツェフ　　　　　　ホフマン

10.3 E2 反応の立体選択性 ◎ 179

10.3 | E2 反応の立体選択性

　前節の例では，位置選択性に焦点を絞った．ここでは立体化学に注意を払っていこう．たとえば，次の基質に対して E2 反応を行うことを考えよう．

　この基質は β 位に同じ置換基を二つもっており，位置選択性を考える必要はない．β 位の 2 個のプロトンの脱離によって，同じ生成物が得られる．しかしこの場合，立体化学は考慮に値する．なぜなら，2 種類の立体異性体のアルケンが生成する可能性があるからである．

　両方の立体異性体（シスとトランス）が生成するが，トランス体が主生成物である．この特殊な例は立体選択的(stereoselective)であるといわれ，基質は二つの立体異性体のうち，一方だけを優先的に与える．

　前の例では，β 位に 2 個の異なるプロトンがあった．

　そのようなとき，シスとトランスの異性体がともに生成するが，トランス異性体が優先的に生成する．ここでは，β 位にただ 1 個のプロトンをもつ場合について考えよう．そのような場合は単一生成物を与える．反応は，（立体選択的というよりはむしろ）立体特異的(stereospecific)であるといわれる．なぜなら，この反応ではプロトンと脱離基をアンチペリプラナー(antiperiplanar，訳注参照)でなければならないからである．このことはニューマン投影式を使うと最もよく説明できる．その投影式では，プロトンと脱離基がアンチペリプラナーにある立体配座を書くことができる．この立体配座から，いずれの立体異性体が生成するかを予測できる．次の例題が，どのようにするかを示してくれる．

訳注　炭素-炭素結合のそれぞれの炭素に原子 X と Y が結合している X―C―C―Y について，ニューマン投影式では同一平面上に記されるので，X―C 結合と C―Y 結合のねじれ角がよくわかる．ねじれ角は ±180° の値をとりうるが，60° ごとに六つの配座名が定義されている．アンチペリプラナー(antiperiplanar)は，ねじれ角が +150° から −150° の間にある配座に対する名称である．本文の図では便宜上，ねじれ角 180° の配座が示されている．± 30° にある配座はシンペリプラナー(synperiplanar)と呼ばれる．+シンクリナル(+synclinal)，−シンクリナルは，それぞれ +30° から +90°，−30° から −90° にある配座であり，+アンチクリナル(+anticlinal)，−アンチクリナルは，それぞれ +90° から +150°，−90° から −150° にある配座である．

180 ◎ 10章 脱離反応

例題 10.4 次の出発物質をエトキシドで処理する E2 反応で，予想される主生成物を書きなさい．

EtO⁻ →

Cl

解答 まず，この反応で生成すると予想される位置異性体を考えよう．反応には，立体障害の大きな塩基を用いていないので，主生成物はより置換基の多いアルケン（ザイツェフ生成物）であると予想される．

ここに
二重結合ができる

Cl

次に立体化学を考えよう．この場合，β位（反応が起こる位置）にはただ 1 個のプロトンがある．

H
β α
Cl

したがって，この反応は立体選択的というより，立体特異的であると予想される．つまり，立体異性体の混合物ではなく，ただ一つのアルケンが生成する．得られるアルケンを決めるために，ニューマン投影式を書くことから始める．

Cl

Me
H   Me
Cl   H
Et

次に，（手前の炭素上の）水素と脱離基（Cl）がアンチペリプラナーにある立体配座を書く．

Me
H   Me
Cl   H
Et

→

Me
Et   H
Cl   H
Me

アンチペリプラナー配座

これが反応が起こるときの立体配座である．二重結合は前方と後方の炭素の間に形成され，このニューマン投影式が生成物の立体化学を示してくれる（点線の楕円部分を注意深く見よう．生成物の立体化学について，よりはっきりと理解できるだろう）．

10.3 E2 反応の立体選択性 ◎ 181

これが予想される生成物である．このアルケンでは立体異性体は生成しない．なぜなら，この E2 過程は立体特異的であるからである．

予想されない

　ニューマン投影式を書くことは役に立ち，E2 反応で生成すると予想される立体異性体を決めることができる．君がニューマン投影式をきちんと書けないなら，6 章の最初の二つの節にもどって復習しなければならない．それからここにもどり，ニューマン投影式を使って次の反応の立体化学を決めてみよう．

練習問題　次に示すそれぞれの基質を，エトキシド（立体障害のない強塩基）で処理して E2 反応を行うとき，予想される主生成物を書きなさい．

10.5

————————　　————————
ニューマン投影式　　　最終解答

10.6

————————　　————————
ニューマン投影式　　　最終解答

10.7

————————　　————————
ニューマン投影式　　　最終解答

10.8

————————　　————————
ニューマン投影式　　　最終解答

10.4　E1 反応機構

E1 反応過程では，二つの別々の段階がある．まず脱離基が離れてカルボカチオン中間体が生成し，次の段階でプロトンが引き抜かれる．

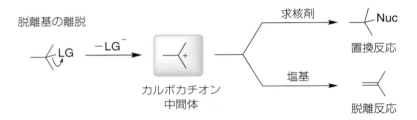

最初の段階（脱離基の離脱）が律速段階であり，S_N1 反応過程で見たものとよく似ている．塩基はこの段階に関与せず，そのため塩基の濃度は反応速度に影響しない．この段階は，ただ一つの化学種だけが関与しているので，一分子的であるという．一分子脱離反応は E1 反応と呼ばれるが，ここでの「1」は「一分子的である」ことを表す．

E1 反応過程の最初の段階は，S_N1 反応のそれと同じであることに注目しよう．両反応とも最初の段階は脱離基の離脱であり，カルボカチオン中間体が生成する．

一般的に E1 反応では S_N1 反応が競争的に起こり，それらの混合物が生成する．この章の最後で，置換反応と脱離反応の競争反応に影響するおもなファクターについて学ぶ．

ここでは，E1 反応の速度に対する基質の影響を考えよう．速度は，出発物のハロゲン化アルキルの性質に非常に敏感であることがわかる．第三級のハロゲン化物は第二級のものよりもより容易に反応し，第一級のハロゲン化物は一般に E1 反応を受けない．この傾向は，すでに学んだ S_N1 反応の傾向と同じであり，その理由もまた同じである．すなわち，この反応の律速段階はカルボカチオン中間体の生成であり，したがって反応速度はカルボカチオンの安定性に依存している（第一級カルボカチオンより第二級のほうがより安定であり，第三級はさらに安定であることを思いだそう）．

前章では，OH 基がよくない脱離基で，OH 基がまずプロトン化し，よい脱離基に変換されたときにだけ，S_N1 反応が起こることを学んだ．

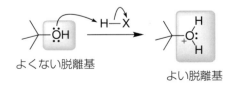

同じことが E1 反応にもあてはまる．もし基質がアルコールならば，OH 基をプロトン化するため

10.6 E1 反応の立体選択性 ◎ *183*

に強酸が必要である.

$$\text{(CH}_3\text{)}_3\text{C–OH} \xrightarrow[\text{加熱}]{\text{H}_2\text{SO}_4} \text{アルケン} + \text{H}_2\text{O}$$

10.5 E1 反応の位置選択性

E1 反応は，E2 反応で見てきたように，ザイツェフ生成物を優先的に生成する位置選択性を示す．たとえば，

$$\xrightarrow[\text{加熱}]{\text{H}_2\text{SO}_4} \quad \text{主生成物} \quad + \quad \text{副生成物}$$

より置換基の多いアルケン（ザイツェフ生成物）が主生成物である．しかしながら，E1 反応と E2 反応の立体化学には決定的な違いがある．すなわち E2 反応では，すでに学んだように，その立体化学が塩基（立体障害型または非立体障害型）を注意深く選択することで制御できる場合が多い．一方，E1 反応では立体化学の制御は<u>不可能である</u>．通常，ザイツェフ生成物が得られる．

練習問題 次に示すそれぞれの基質を，濃硫酸の存在下で加熱して E1 反応を行うとき，予想される主生成物と副生成物を書きなさい．

10.9 _____ _____
　　　　　　　主生成物　　　　　　　　　副生成物

10.10 _____ _____
　　　　　　　主生成物　　　　　　　　　副生成物

10.11 _____ _____
　　　　　　　主生成物　　　　　　　　　副生成物

10.6 E1 反応の立体選択性

E1 反応は立体特異的ではない．つまり，反応が起こるときにアンチペリプラナー配座を必要としない．それにもかかわらず，E1 反応は立体選択的である．いいかえると，シス体とトランス体が生成可能なとき，一般にトランス立体異性体が優先的に生成する．

184 ◎ 10章 脱離反応

10.7 置換反応と脱離反応

　置換反応と脱離反応は，ほとんどつねに競争的に起こる．反応生成物を予測するためには，どちらの反応機構が優勢であるかを決めなければならない．ある場合には，一方が勝者になる．たとえば，第三級のハロゲン化アルキルが水酸化物イオンのような強塩基で処理される場合を考えよう．

　このような場合，E2 反応機構が優勢であり，ほかの機構は劣勢である．なぜ劣勢なのだろうか．基質が第三級なので(立体障害が S_N2 反応の進行を妨げているので)，S_N2 反応は実質的には起こらない．さらに一分子過程(S_N1 反応や E1 反応)も遅すぎて完了しない．S_N1 反応あるいは E1 反応の律速段階は，脱離基が離脱してカルボカチオンが生成する過程であり，この反応は遅いということを思いだしてほしい．したがって，競争する E2 反応が極端に遅い(弱塩基を使う)ときだけ，S_N1 反応や E1 反応が優勢となる．しかしながら，強塩基を使うと E2 反応が速く進行するので，S_N1 反応や E1 反応は完了しない．

　さて，二つ以上の反応が同時に起こるような場合を考えよう．たとえば，

　この場合，二つの反応が起こる．必ず一つの反応だけがはっきりと優勢になるという思い込みをしないようにしよう．あるときにはそうであるけれども，複数の化合物が生成することもある(三つ以上の生成物があることもある)．ここでの目標は，すべての生成物を予測することであり，主生成物がどの化合物であり，副生成物はどれであるかを予測することである．これを成し遂げるために，次の三つの段階を行う．

　　1．試薬の働きを決める．
　　2．基質を分析し，予想される反応機構を決める．
　　3．位置選択性と立体選択性を考える．

この章の最後の三節では，これら三つの段階をすべて成し遂げられるように，話を進める．まずは試薬の働きを決めよう．

10.8 試薬の働きを決める

　この章ですでに，置換反応と脱離反応のおもな違いは，試薬の働きであることを学んだ．置換反応は，試薬が求核剤として働くときに起こるが，脱離反応は，試薬が塩基として働くときに起こる．したがって，どのような場合もまず，試薬の求核性が強いか弱いか，そして塩基性が強いか弱いかを決める必要がある．学生は一般に，強い塩基は強い求核剤であるに違いないと考えがちだけれども，これは必ずしも正しくはない．ある試薬が弱い求核剤であり，かつ強い塩基であることもありうる．同じように，ある試薬が強い求核剤であり，かつ弱い塩基であることもありうる．いいかえると，塩基性と求核性の強さは互いに一致するとは限らない．それらが互いに一致する場合から始めよう．

　周期表の同じ周期にある原子を比較すると，塩基性と求核性の強さは互いに一致する．

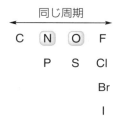

　たとえば H_2N^- と HO^- を比較しよう．これら二つの試薬の違いは，電荷をもっている原子(窒素と酸素)の違いである．(電荷の安定性を決める因子について見た) 3 章ですでに学んだように，酸素原子は窒素原子よりも電気陰性度が大きいので，電荷をより安定化することができる．そのため，HO^- は H_2N^- よりも安定であり，H_2N^- はより強い塩基となる．

　結論をいうと，H_2N^- は HO^- より強い求核剤でもある．なぜなら，周期表の同じ周期にある原子を比較すると，塩基性と求核性は一致するからである．

　周期表の同じ族の原子を比較すると，塩基性と求核性は互いに一致しない．

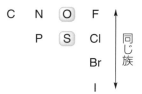

　たとえば HO^- と HS^- を比較しよう．繰返しになるが，二つの試薬の違いは，電荷をもっている原子(酸素と硫黄)の種類による．3 章ですでに学んだように，硫黄原子は酸素原子よりも大きいので，電荷をより安定化できる(同じ族にある原子を比較するとき，電気陰性度よりも大きさのほうが重要であることを思いだそう)．そのため，HS^- は HO^- よりも安定であり，HO^- はより強い塩基となる．それにもかかわらず，HS^- は HO^- よりも優れた求核剤である．なぜだろうか．

　塩基性と求核性は異なる概念であることを思いだそう．塩基性は電荷の安定性についての尺度であるが(熱力学的な議論)，求核性は求核剤がいかに速く反応するかについての尺度である(速度論的な議論)．硫黄のような大きな原子の場合，面白い効果が生じる．硫黄原子が求電子剤($\delta +$ を

もった，つまりプラスに弱く帯電した化合物)へ近づくにつれて，硫黄原子中の電子密度は分極し，電子密度分布が変化する．この効果は求核剤と求電子剤の間の引力を増加させ，反応速度は大きくなる．求核性は求核剤がいかに速く攻撃するかの尺度なので，この効果は硫黄原子の求核性を非常に高める．結果として，HS⁻はほとんど例外なく求核剤として作用し，塩基として働くのはまれである．同じことがハロゲン化物イオンの多く(とくにヨウ化物イオン)にあてはまり，もっぱら求核剤として作用する．ハロゲン化物イオンは一般的に，塩基として働くには，あまりに塩基性が弱い．だから，これらの求核剤に出合ったときは，脱離反応について考える必要はなく，置換反応だけを考えればよい．ハロゲン化物イオンを求核剤と見なすことは，ごくありふれたことなので，脱離反応について心配する必要がないことを知っているのは役に立つ．

求核性と塩基性が同じ概念ではないことを理解するために，試薬を次の四つのグループに分類する．

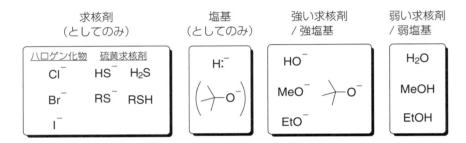

四つのグループをそれぞれ急いで見てみよう．最初のグループは，求核剤としてのみ作用する試薬を含んでいる．これらは大きく分極しているので，強い求核剤であるが，弱い塩基である．このグループの試薬を見るとき，(脱離反応ではなく)置換反応だけに注目するべきである．硫酸はこのグループには(あるいはどのグループにも)ないことに注意しよう．硫酸は硫黄を含んでいるが，硫酸中の硫黄原子は孤立電子対をもっていないので，求核剤としては作用しない．名称にあるように，硫酸は酸としてのみ働くので，上の四つのグループのどこにも含まれていない．

第二のグループには，求核剤としてではなく，塩基としてのみ作用する試薬が含まれている．このリストの最初にヒドリドイオン(H⁻)がある．通常 NaH のように示され，Na⁺は対イオンである．NaH のヒドリドイオンは負電荷をもっているけれども，よい求核剤ではない．なぜなら，水素は非常に小さく，分極化しにくいからである．それにもかかわらず，ヒドリドイオンは非常に強い塩基である．ヒドリドイオンを試薬として用いると，置換反応よりむしろ脱離反応が起こることがわかる．

tert-ブトキシドは，第二および第三のグループ両方に現れる．分類上の観点からは強い求核剤であり，強塩基であるので，第三のグループに属する．しかし実際には，tert-ブトキシドは立体障害をもっており，多くの場合，求核剤として作用することはない．そのため塩基としてよく用いられ，S$_N$2 反応よりも E2 反応を好む．

第三のグループには，強い求核剤であり，強塩基でもある試薬が含まれる．これらのなかには水酸化物イオン(HO⁻)やアルコキシドイオン(RO⁻)が含まれ，通常，二分子反応(S$_N$2 反応や E2 反応)に利用される．

最後の第四のグループには，弱い求核剤であり，弱塩基である試薬が含まれる．これらの試薬に

10.9 反応機構を決める ◎ 187

は水(H_2O)やアルコール(ROH)が含まれており，通常，一分子反応(S_N1反応やE1反応)に利用される．

　反応の生成物を予測するための最初の段階は，試薬の特定と性質を決めることである．すなわち試薬を分析し，どのグループに属するかを決めなければならない．この重要な方法を練習してみよう．

練習問題　次に示すそれぞれの試薬について，その働きを決めなさい．それぞれの場合，試薬は(a)～(d)の四つのグループのうちの一つにあてはまる．

　(a) 強い求核剤であり弱塩基
　(b) 弱い求核剤であり強塩基
　(c) 強い求核剤であり強塩基
　(d) 弱い求核剤であり弱塩基

10.12 　＞―OH 　　_____働き

10.13 　＞―SH 　　_____働き

10.14 　HO^- 　　_____働き

10.15 　Cl^- 　　_____働き

10.16 　H－O－H 　　_____働き

10.17 　HS^- 　　_____働き

10.18 　＼／＼OH 　　_____働き

10.19 　I^- 　　_____働き

10.9　反応機構を決める

　すでに述べたように，置換反応と脱離反応の生成物を予測するには，おもに三つの段階がある．前節では，一つ目の段階(試薬の働きを決めること)を学んだ．この節では，二つ目の段階，つまり基質を調べ，どの機構が働いているか決めることを学ぶ．

　前節で述べたように，試薬は四つのグループに分類される．それぞれのグループについて，第一級，第二級，第三級の基質を用いた場合の予想される結果を調べる必要がある．次に示すフローチャートに大事な情報がまとめられている．これらの結果すべての理由を「理解する」ことは，より大事である．適切に理解することは，ただ規則を丸暗記することよりも，試験において，ずっと役に立つことがわかるだろう．

188 ◎ 10章 脱離反応

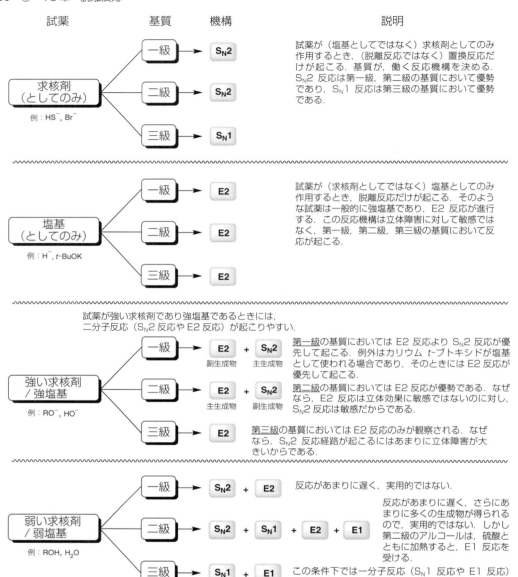

上のフローチャートを使って，それぞれの場合に作用する反応機構を決めることができる．練習してみよう．

例題 10.20 3-ブロモペンタンと水酸化ナトリウムを反応させるとき，働くと予想される反応機構を決めなさい．

10.10 生成物を予測する ◎ 189

解答 まず，試薬の働きを決める．前節で説明した方法を用いると，水酸化ナトリウムは強い求核剤であり，かつ強塩基であることがわかる．

Na⁺ :ÖH
    強い求核剤
    /強塩基

次に基質を決める．この場合，基質は3-ブロモペンタンであり，第二級なので，E2とS_N2の反応機構で進行すると予想される．

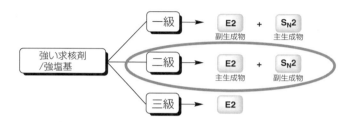

E2の反応経路が主生成物を与えると予想される．なぜならS_N2の反応経路は，第二級の基質が起こす立体障害に対して，より敏感だからである．

練習問題 次に示すそれぞれの場合について，働くと予想される反応機構を決めなさい．まだ生成物の構造を書く必要はない．それは次の節で行う．いまは，働く反応機構を決めるだけでよい．

10.21 ～Br $\xrightarrow{\text{NaOEt}}$

10.22 シクロペンタノール-OH $\xrightarrow[\text{加熱}]{H_2SO_4}$

10.23 (CH₃)₂C(I)CH₂CH₃ $\xrightarrow{H_2O}$

10.24 ～Cl $\xrightarrow{\text{NaBr}}$

10.25 (CH₃)₂C(Cl)CH₃ $\xrightarrow{\text{NaBr}}$

10.10 生成物を予測する

すでに述べたように，置換反応と脱離反応の生成物を予測するのに必要なのは，三つの別々の段階である．

1. 試薬の働きを決める．
2. 基質を分析し，予想される反応機構を決める．

3. 関連する位置選択性と立体選択性について考える.

前の二つの節では，この過程のうち，最初の二つの段階について学んだ．この節では，三つ目である最後の段階を学ぶ．どの反応機構が働くと予想されるか決めた後に，予想されるそれぞれの反応機構について位置選択性と立体選択性を考える．次の表に，生成物の構造を書くときに従うべきガイドラインを示している．

	位置選択性	立体選択性
S_N2	求核剤は，脱離基が結合しているα位を攻撃する．	求核剤は脱離基と置換し，立体配置の反転が起こる．
S_N1	求核剤は，元々脱離基が結合していた炭素から生じたカルボカチオンを攻撃する．もしカルボカチオンが転位すれば，別の炭素を攻撃するが，それについては，教科書で，S_N1 反応の際にカルボカチオンが転位することを解説している箇所を見てみよう．	求核剤は脱離基と置換し，ラセミ化が起こる．
E2	立体障害の大きな塩基を用いなければ，一般にザイツェフ生成物がホフマン生成物に優先して得られる．立体障害の大きな塩基を用いると，ホフマン生成物が優先して得られる．	反応は立体選択的であり，かつ立体特異的である．これが適用できるときには，トランス二置換アルケンがシス体に優先して得られる．基質のβ位にプロトンが1個だけあるときには，アンチペリプラナー脱離から生じる立体異性体のアルケンが(多くの場合，もっぱら)得られる．
E1	つねにザイツェフ生成物がホフマン生成物に優先して得られる．	反応は立体選択的である．これが適用できるときには，トランス二置換アルケンがシス体に優先して得られる．

表には，なんら新しい情報は含まれていない．すべての情報は，この章や前の章で見つけることができる．この表は，関連するすべての情報をまとめているだけだが，それらの情報を容易に読みとることができる．このガイドラインを利用して，練習してみよう．

例題 10.26 次に示す反応の生成物を予測し，主生成物と副生成物を決めなさい．

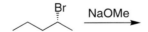

解答 生成物を書くために，次に示す三つの段階を踏む．

1. 試薬の働きを決める．
2. 基質を分析し，予想される反応機構を決める．
3. 関連する位置選択性と立体選択性について考える．

試薬の分析から始める．メトキシドイオンは強塩基であり，かつ強い求核剤である．次に二つ目の段階へ進み，基質を分析する．この場合，基質は第二級なので，E2 反応と S_N2 反応が互いに競争すると予想される．

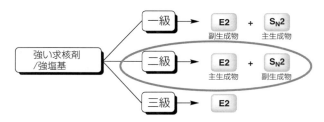

そしてE2反応が優勢であると予想される．なぜなら，立体障害に対してS_N2反応よりも敏感ではないからである．したがって，主生成物はE2過程で得られるものであり，副生成物はS_N2過程で得られるものであると予想される．生成物を書くために，三つ目の最後の段階を完了させなければならない．つまり，E2とS_N2の両方の反応について，位置選択性と立体選択性を考える必要がある．E2過程から始めよう．

位置選択性に関しては，ザイツェフ生成物が主生成物であると予想される．立体障害の大きな塩基を反応に用いていないからである．

次に立体選択性を見てみよう．E2過程は立体選択的なので，シス異性体とトランス異性体が生成すると予想され，トランス異性体が優勢である．

E2反応は立体選択的だけではなく，立体特異的でもある．しかしながらこの場合は，2個以上のプロトンがβ位にあるので，この反応の立体特異性には関連がない．

さて，S_N2反応を考えよう．この場合，立体中心が含まれており，立体配置の反転が起こると予想される．

要するに，次の生成物が予想される．

192 ◎ 10章 脱離反応

練習問題 次に示すそれぞれの反応について，予想される主生成物と副生成物を決めなさい．

10.27

(構造式) + NaOH →

10.28

(構造式) + NaOMe →

10.29

(構造式) + EtOH / 加熱 →

10.30

(構造式) + NaOEt →

10.31

(構造式) + NaOH →

10.32

(構造式) + H_2SO_4 / 加熱 →

10.33

(構造式) + H_2O →

10.34

(構造式) + NaSH / DMSO →

10.35

(構造式) + NaOEt →

10.36

(構造式) + t–BuOK →

10.37

(構造式) + NaH →

10.38

(構造式) + NaSH →

10.39

(構造式) + NaSMe →

11章
付加反応

付加反応(addition reaction)とは，二重結合の両側に二つの基が付加する反応である．

その過程で二重結合は開裂し，二つの基(XとY)がその二重結合に「付加」する．この章では数多くの付加反応に出合うが，次の三つの問題に焦点を絞る．(1)反応の生成物を予測する，(2)反応機構を書く，(3)合成法を考える．これら三つの課題を身につけるために，まずはいくつかの重要な専門用語に慣れなければならない．反応を学ぶ前に，これらの用語を学習しよう．

11.1　位置選択性を表す用語

　非対称のアルケンに二つの異なる基が付加するとき，付加反応の位置選択性を表す特別な用語がある．たとえば，アルケンに水素と臭素が付加する場合を考えよう．位置選択性は，生成物中の水素と臭素の位置に関するものである．水素と臭素は，それぞれどちらに付加するだろうか．

　位置選択性は，(水素と臭素のような)二つの異なる基が結合するときにだけ，問題となる．(臭素と臭素のような)二つの同じ基が付加するとき，位置選択性は生じない．

　同じように，二つの基が異なる場合も，対称なアルケンに付加するときは，位置選択性は生じない．

194 ◎ 11章 付加反応

まとめると，位置選択性は二つの<u>異なる</u>基が<u>非対称</u>のアルケンに付加するときにだけ生じる．

付加反応を学ぶ際，われわれは位置選択性を表すのに二つの重要な用語を使っていく．<u>マルコウ</u><u>ニコフ</u>（Markovnikov）と<u>アンチマルコウニコフ</u>（anti-Markovnikov）である．これらの用語を適切に使うには，どの炭素がより多く置換されているか判断できなければならない．次の例を考えよう．

上で影をつけたように，二つのビニル位がある．右側のビニル位が，より多くのアルキル基をもっている．すなわち，より多く置換されている．より多く置換された炭素に臭素が結合するとき，これを<u>マルコウニコフ付加</u>（Markovnikov addition）と呼ぶ．

より少なく置換された炭素に臭素が結合するとき，これを<u>アンチマルコウニコフ付加</u>（anti-Markovnikov addition）と呼ぶ．

付加反応の機構を調べることにより，ある反応はマルコウニコフ付加で進行し，別の反応はアンチマルコウニコフ付加で進行する理由がわかる．いまは，これらの用語の使い方をしっかりと覚えよう．

例題 11.1　次のアルケンに，水素と臭素がアンチマルコウニコフ付加をして得られる生成物を書きなさい．

解答　アンチマルコウニコフ付加反応では，臭素（水素ではない基）は，より少なく置換された炭素に結合するので，次のような生成物が書ける．

線構造式では，付加された水素を書く必要がないことを思いだそう．

練習問題 次のそれぞれの場合，与えられた情報を用いて，予想される生成物の構造式を書きなさい．

11.2 [シクロヘキサン=CH₂] → アンチマルコウニコフ / HとBrの付加

11.3 [シクロヘキサン=CH₂] → マルコウニコフ / HとClの付加

11.4 [CH₃CH₂CH=CH₂] → アンチマルコウニコフ / HとOHの付加

11.5 [シクロペンテン] → マルコウニコフ / HとOHの付加

11.2 立体化学を表す用語

　位置選択性に加えて，反応の立体化学を表現する特別な用語がある．例として，次の単純なアルケンを考えよう．

水素と OH 基が，このアルケンにアンチマルコウニコフ付加をするとしよう．

OHはここに結合 ⟵ ⟶ Hはここに結合

　アンチマルコウニコフ付加だから，二重結合のどちらの炭素に二つの基が結合するかはわかる．しかし，生成物を正しく書くには，この反応の立体化学も知らなければならない．これをよりよく理解するために，別の方法でアルケンを書くことにする．
　上で影をつけたビニル炭素原子は，ともに sp^2 混成であり，そのため平面三角形をとる．結果として，（ビニル位に結合している）四つの置換基は同一平面上にある．立体化学を議論するために，この平面が紙面に直交するよう，分子を回転させよう．

　これはアルケンの特別な書き方であるが（すべての結合が，直線ではなく，くさびと破線で示されている），この表し方は立体化学を調べるのに便利である．
　二つの基を平面の同じ側に付加することが想定でき（平面の上からでも下からでもよい），これを<u>シン付加</u>（syn addition）と呼ぶ．

あるいは二つの基を平面の反対側から付加することも想定でき，これを<u>アンチ付加</u>（anti addition）と呼ぶ.

注意すべきは，このときの「アンチ付加」と「アンチマルコウニコフ」という用語を混同してはならないことである．「アンチ付加」は立体化学を表しているのに対し，「アンチマルコウニコフ」は位置選択性を表す言葉である．アンチマルコウニコフ反応であっても，シン付加をすることは可能である．実際，このような例にすぐに出合う．

シン付加からの生成物は2種類あり，アンチ付加からの生成物も2種類ある．

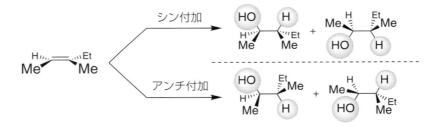

全体として四つの可能な生成物（2対のエナンチオマー）がある．シン付加の二つの生成物は1対のエナンチオマーである．またアンチ付加の二つの生成物は，もう1対のエナンチオマーである．

立体特異的でない反応では，四つの可能な生成物（2対のエナンチオマー）が得られると予想される．<u>立体特異的</u>（stereospecific）な反応では，シン付加による二つのエナンチオマーのみが観察されるか，アンチ付加による二つのエナンチオマーのみが観察されるかする．重要なのは，どの反応がアンチ付加で進行するか，シン付加で進行するか，あるいは立体特異的ではないかを知ることである．この章では，それぞれの反応機構を念入りに見ていく．なぜなら，反応機構が，その反応の立体化学をいつも説明してくれるからである．いまは用語をしっかりと理解しよう．すべての情報（どの二つの基が付加するか，その位置選択性と立体化学）が与えられたとき，その生成物の構造を書く練習をする．

例題 11.6 次のアルケンを考える．

11.2 立体化学を表す用語 ◎ 197

次の様式で水素と OH 基が付加するとき，得られると予測される生成物の構造式を書きなさい．

　　位置選択性＝アンチマルコウニコフ
　　立体化学＝シン付加

解答　まず位置選択性を見る．反応はアンチマルコウニコフなので，OH 基が，より少なく置換された炭素に位置する．

OHはここにくる ━━ Hはここにくる

次に立体化学を見る．反応はシン付加なので，水素と OH 基は二重結合の同じ側から付加する．より明確にこのことがわかるために，分子を回転させて二重結合の平面が紙面から突きでるようにし，シン付加で予想される 1 対のエナンチオマーを書く．

生成物は 1 対のエナンチオマーであり，したがって次のように，一つのエナンチオマーを書き，もう一つの存在を示すことで，より素早く解答を書くことができる．

＋　そのエナンチオマー

練習問題　次のそれぞれの問題について，与えられた情報を用いて生成物を予測しなさい．

11.7　　　　　2個のOHの付加 ／ アンチ付加

11.8　　　　　HとOHの付加 ／ アンチマルコウニコフ ／ シン付加

11.9　　　　　2個のOHの付加 ／ シン付加

11.10　　　　HとOHの付加 ／ マルコウニコフ ／ 立体特異的ではない

　これまでに見てきた例は，（環構造ではなく）すべて非環状のアルケンだった．環状アルケンへの付加反応では，生成物を書くのはより容易である．なぜなら，分子を回転させて書き直す必要がな

198 ◎ 11章 付加反応

いからである．その例を見てみよう．

例題 11.11 次の情報を用いて，生成物を予測しなさい．

HとOHの付加
アンチマルコウニコフ
―――――――→
シン付加

解答 まず位置選択性から始める．アンチマルコウニコフ付加なので，OH 基は，より少なく置換された炭素に位置する．

OHはここにくる

次に立体化学を考える．反応はシン付加なので，水素と OH 基は二重結合の同じ側に付加する．環状アルケンなので，生成物を書くのは容易である（アルケンを回転させる必要がない）．次のように，くさびと破線の基を単に加えるだけでよい．

二つの生成物は 1 対のエナンチオマーなので，次のように解答をより簡単に書くことができる．

＋ そのエナンチオマー

練習問題 次のそれぞれの問題について，与えられた情報を用いて生成物を予測しなさい．

11.12
HとOHの付加
アンチマルコウニコフ
―――――――→
シン付加

11.13
HとBrの付加
アンチマルコウニコフ
―――――――→
アンチ付加

11.14
2個のOHの付加
―――――――→
シン付加

11.15
OHとBrの付加
OHは，より多く置換された炭素に結合
―――――――→
アンチ付加

　これまで見てきた例では，すべて二つの立体中心が得られた．

11.2 立体化学を表す用語 ◎ 199

しかし，立体中心ができない例に出合うこともある．たとえば

このような状況では，立体化学は不要である．単一の生成物が存在するだけである（立体異性体は
ない）．

同じように，一つの立体中心しかできない状況にも出合うことがある．たとえば

ただ一つの立体中心

このような場合も（化合物がほかに立体中心をもたない限りは）立体化学を考える必要はない．なぜ
だろうか．ただ一つの立体中心があるとき，可能な生成物は二つしかない（四つではない）．この二
つの生成物は1対のエナンチオマーである（一つがR体で，もう一つがS体）．この反応がシン付
加であろうとアンチ付加であろうと，この二つの生成物が得られる．反応がシン付加であれば，
OH基は二重結合の平面の上からも下からも近づくことができ，二つの生成物を与える．同じよう
に，アンチ付加であっても，OH基は二重結合の平面の上からも下からも近づくことができ，二つ
の生成物を与える．いずれにしろ，ラセミ化合物が得られる．

まとめると，付加反応によって二つの新しい立体中心ができるとき，立体化学を最も考慮する必
要がある．

例題 11.16 次の情報が与えられているとき，立体化学を考慮する必要があるかを判断し，予測され
る生成物を書きなさい．

解答 まず位置選択性から始める．同じ基が二つ付加するので，位置選択性を考える必要はない．次
に立体化学を考える．反応はシン付加である．しかしこの場合，一つの立体中心しかできない．

そのため，この反応がシン付加で進行するという事実は，生成物を予測するのに重要ではない．アン

200 ◎ 11章 付加反応

チ付加だったとしても，同じ生成物を得られるだろう．実際には，反応が立体特異的でなくても，同じ二つの生成物（上記の1対のエナンチオマー）を得られる．

練習問題 次のそれぞれの問題について，与えられた情報を用いて生成物を書きなさい．

11.17 HとOHの付加　アンチマルコウニコフ　シン付加

11.18 2個のBrの付加　アンチ付加

11.19 2個のOHの付加　シン付加

11.20 2個のHの付加　シン付加

　われわれは実際の反応を学ぶ準備がほとんどできている．しかしまず，付加反応の立体化学にかかわるもう一つの事柄を見ておく必要がある．次の例を考えよう．

2個のOHの付加　シン付加

与えられた情報を分析すると，次の生成物が得られると予測される．

2個のOHの付加　シン付加

　ただし，ここに二つの生成物はない．注意深く見ると，上の二つの構造は，実際には同じ化合物であることがわかる．これはメソ化合物（7.6節参照）である．分子内に対称面をもっているからである．このような場合，実際の生成物は一つである．二つのOH基をくさび上に書くことも，破線上に書くこともできる．いずれにしろ，同じ生成物を書いている．両方を書かないように注意しよう．両方書いたら，君がメソ化合物のことを理解していない証拠になるだろう．

　次は，理解するのがそう簡単ではない，もう一つの例である．

2個のBrの付加　アンチ付加

この情報からは，次の生成物が予測される．

2個のBrの付加　アンチ付加

11.2 立体化学を表す用語 ◎ *201*

ちょっと見ただけでは，この二つの化合物が同じものであると理解するのは難しいかもしれない（それは，同じメソ化合物の二つの表し方である）．しかし，C—C 単結合のまわりに回転させると，実際には対称面が存在することがわかる．

C—C単結合のまわりに回転させる

そしてこれら三つの基が回転し…

対称面

これは微妙ではあるが，重要な点である．君がメソ化合物を容易に認識できないなら，7 章にもどって復習しよう．

例題 11.21 次の情報を用いて，予測される化合物を書きなさい．

$$\xrightarrow[\text{シン付加}]{\text{2個のOHの付加}}$$

解答 位置選択性から始める．この場合，同じ基が二つ付加するので，位置選択性を考慮する必要はない．

次に立体化学を見る．この場合，新たに二つの立体中心ができるので，シン付加の必要条件が立体化学を決める，すなわち，シン付加から得られる 1 対のエナンチオマーだけが予想される．このエナンチオマーを書くのに，前の例でやったように，アルケンを回転させる必要はない．ここでは，回転させることなく，単に生成物を書くだけで十分である（こうするほうが簡単なときがある）．

HO   OH   HO   OH

　　　＋

しかし，待ってほしい．最後の段階で，生成物が実際に 1 対のエナンチオマーであるか，一つのメソ化合物を 2 通り書いているのか判断しなければならない．対称面を探すと，この場合は確かにある．したがって，答えとして両方書いてはならない．どちらか一つを選ぶ．答えは次の通りである．

HO   OH

メソ化合物

202 ◎ 11章 付加反応

練習問題 次のそれぞれについて，与えられた情報を用いて生成物を予測しなさい（メソ化合物であることも，そうでないこともある．注意しよう）．

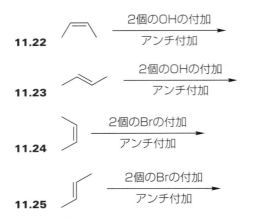

これまで，付加反応の生成物を予測するときに必要な基本用語を学んできた．まとめると，生成物を予測するために三つの情報が必要になる．

1. どの二つの基が二重結合に結合するか（XとY）
2. 位置選択性はどうか（マルコウニコフまたはアンチマルコウニコフ）
3. 立体化学はどうか（シンまたはアンチ）

この三つの情報があれば，生成物を容易に予測できるはずである．これまでの節では，それぞれの問題で，この三つの情報がすべて与えられてきた．しかし，この章が進むにつれて，その情報は与えられなくなる．かわりに，用いる試薬を見て，この三つの情報をすべて自分で判断しなければならない．たくさんのことを暗記しなければならないと思うかもしれない．しかし，そうではない．それぞれの反応機構が，必要とする三つの情報をすべて含んでいることが，すぐにわかるだろう．それぞれの反応機構を理解すれば，各反応の三つの情報すべてが「わかる」はずである．暗記することよりも，理解することに集中しよう．

11.3　2個の水素を付加させる

アルケンに2個の水素を付加させることもできる．次に二つの例がある．

触媒を用いた水素化（catalytic hydrogenation）と呼ばれるこの種の反応では，どんなアルケンを使おうとも位置選択性はつねに関係しない（二つの同じ基を付加させているから）．しかし，水素化反応の立体化学は調べる必要がある．そこで，反応がどのように起こるか慎重に見ていこう．

水素化反応を実行するのに用いる試薬（水素ガスと金属触媒）に注目しよう．白金，パラジウム，ニッケルなど，さまざまな金属触媒が使われる．水素分子（H_2）が金属触媒の表面と相互作用して，

効率よく水素−水素結合が切れる.

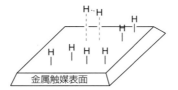

これにより，それぞれの水素原子が金属表面に吸着する．この水素原子は，アルケンへの付加反応に利用される．付加反応は，アルケンが金属表面に配位して始まる．

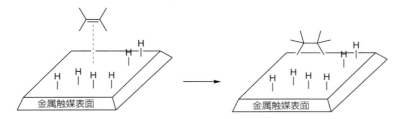

それから表面での化学が，続く二段階の反応を引き起こし，効率よくアルケンに水素を付加させる．

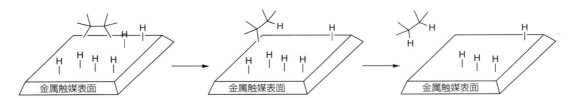

アルケンの同じ側に2個の水素が結合することに注目しよう．これはシン付加を与える．

次がシン付加の例である．

付加した水素を示していないが，線構造式では水素を書く必要がないことを思いだそう．水素が書かれていなくても，それらがあることを認識できなければならない．

上の例では，二つの新しい立体中心が生じている．だから，理論的には四つの可能な生成物（2対のエナンチオマー）を考えることができる．

しかし，四つの生成物すべてが得られるわけではない．シン付加により1対のエナンチオマー（左

204 ◎ 11章 付加反応

側)だけが得られる.

$$\text{（構造式）} \xrightarrow[\text{Pt}]{\text{H}_2} \text{（構造式）} + \text{そのエナンチオマー}$$

ただし，メソ化合物には注意しなければならない．次の例を考えよう．

$$\text{（構造式）} \xrightarrow[\text{Pt}]{\text{H}_2} \text{（構造式）} + \text{そのエナ✗チオマー}$$

この例では「＋そのエナンチオマー」とは書かない．生成物は一つのメソ化合物だからである．

　水素化反応の概略を次のように示すことができる．

	$\xrightarrow[\text{Pt}]{\text{H}_2}$ 2個の H
位置選択性	関係しない
立体化学	シン

例題 11.26　次のそれぞれの反応について，生成物を予測しなさい．

(a) $\text{（構造式）} \xrightarrow[\text{Pt}]{\text{D}_2}$

(b) $\text{（構造式）} \xrightarrow[\text{Pd}]{\text{H}_2}$

解答　(a)アルケンの水素化と同じように，アルケンの重水素化も可能である（重水素は水素の同位体）．したがって，2個の重水素(D)がアルケンに付加する．位置選択性を心配する必要はない．なぜなら，二つの同じ基が付加するからである．しかし，ここで立体化学は重要である．二つの新しい立体中心が生じるからである．四つの可能な生成物のうち，シン付加により生じる1対のエナンチオマーだけが予測される．

$$\text{（構造式）} \xrightarrow[\text{Pt}]{\text{D}_2} \text{（構造式）} + \text{そのエナンチオマー}$$

(b)この反応では，二重結合に2個の水素を付加させる．二つの同じ基が付加するので，位置選択性を心配する必要はない．立体化学が重要であるかどうかを決めるために，二つの新しい立体中心が生じるかどうかを考えなければならない．この例では，二つの新しい立体中心は生じない．実際には，立体中心は一つも生じない．だから，この例で立体化学は関係しない．次のように一つの生成物が得られる．

11.4　水素とハロゲンを付加させるマルコウニコフ反応　◎　205

練習問題　次の各反応の生成物を予測しなさい．それぞれの例で，二つの立体中心が生じるかどうかを確かめなさい．生じないのであれば，立体化学を考える必要はない．

11.27

11.28

11.29

11.30

11.31

11.32

11.4　水素とハロゲンを付加させるマルコウニコフ反応

　この節では，二重結合にハロゲン化水素（HX）を付加させる反応について詳しく調べよう．次に二つの例を示す．

ハロゲン化水素の付加の位置選択性と立体化学を理解するには，その反応機構を分析しなければならない．二重結合にハロゲン化水素が付加するとき，その機構には二つの重要な段階が含まれる．

第一段階　プロトンの移動

　この段階では，プロトンがアルケンに移動し，カルボカチオンが生じる．このカルボカチオンは，第二段階でハロゲン化物イオンにより攻撃される．

206 ◎ 11章 付加反応

第二段階　求核剤の攻撃

全体の結果は，二重結合への水素とハロゲンの付加である．とくにここでは，位置選択性や立体化学を考える必要がないアルケンを出発物に使っている．それら両方を考慮しなければならない別の例には，すぐに出合う．いまは，両段階の曲がった矢印に注目しよう．曲がった矢印を適切に書く方法を身につけることは，絶対に必要である．

例題 11.33　次の反応の機構を書きなさい．

解答　最初の段階には 2 本の曲がった矢印がある．

1 本の矢印はアルケンからでており，プロトンに向かっている(この矢印には，とくに注意しよう．逆の方向に書くのが，よく犯す間違いである)．第二の矢印は H−Cl 結合から Cl に向かっている．

第二段階では，矢印は 1 本だけである．前の段階で生じた塩化物イオンが，カルボカチオンを攻撃する．

練習問題　次のそれぞれの反応の機構を書きなさい．

11.34

11.35

11.36

11.4　水素とハロゲンを付加させるマルコウニコフ反応　◎　207

11.37

上の例はすべて対称なアルケンなので，位置選択性は関係しない．位置選択性が重要な場合を考えよう．非対称のアルケンでは，水素とハロゲンがどこに結合するかを決めなければならない．たとえば

いいかえると，その反応がマルコウニコフ付加であるかアンチマルコウニコフ付加であるかを決めなければならない．繰り返し述べているように，この質問の答えも反応機構にある．第一段階では，プロトンがアルケンに移動し，カルボカチオンが生じる．非対称のアルケンを出発物にすると，二つのカルボカチオンが生じる可能性がある（どこにプロトンを置くかに依存する）．

より多く置換された炭素にプロトンが移動する．

あるいは，より少なく置換された炭素にプロトンが移動する．

この質問に答えるために，それぞれの反応で生じるカルボカチオンを比較する．

第二級
カルボカチオン

第三級
カルボカチオン

第三級カルボカチオンは第二級カルボカチオンより安定であることを思いだそう．どちらかを選ぶとすれば，アルケンは，より安定なカルボカチオン中間体が生じるようにプロトンを受けとるだろうと予測できる．これが実現されるように，プロトンは，より少なく置換された炭素に結合し，より多く置換されたカルボカチオンが生じなければならない．

プロトンは
ここに結合

カルボカチオンは
ここに生じる

最後の段階では，ハロゲン化物イオンがカルボカチオンを攻撃する．結果としてハロゲン化物イオンは，より多く置換された（カルボカチオンが生じた）炭素に結合する．したがって，この反応はマルコウニコフ則に従う．

208 ◎ 11章 付加反応

マルコウニコフ付加

Xは，より多く置換された炭素に結合

　前節で学んだように，マルコウニコフ則は，より少なく置換された炭素に水素が，より多く置換された炭素にハロゲンが結合することを意味している．この規則は，アルケンへの臭化水素の付加反応における位置選択性を最初に示したロシア人化学者のウラジミール・マルコウニコフ (Vladimir Markovnikov) にちなんで名づけられた．19世紀末にマルコウニコフがこの選択性を見つけたとき，プロトンの結合位置に関する法則(とくにプロトンが，より少なく置換された炭素に結合すること)を発見した．われわれはいまや，位置選択性の理由(カルボカチオンの安定性)をよく理解しているので，次の原理をより反映するようにマルコウニコフ則を表現できる．より安定なカルボカチオン中間体を経て反応が進行するように，位置選択性は決まる．

　この反応の位置選択性は，反応機構によって説明される．この反応の位置選択性がマルコウニコフ型であることを暗記しようとしてはならない．むしろ，その反応がなぜ起こるか，「理由を理解する」ようにしよう．

　どんな反応でも，その機構は位置選択性を説明してくれるばかりでなく，立体化学も説明してくれる．この反応(アルケンへのハロゲン化水素の付加)では，立体化学は一般に重要ではない．立体化学(シンまたはアンチ)を考えなければならないのは，反応によって二つの新しい立体中心が生じる場合だけであることを，前節から思いだしてほしい．反応がシンであろうとアンチであろうと，立体中心が一つだけ生じるときは，1対のエナンチオマー(ラセミ混合物)が予測される．二つの新しい立体中心が生じる例に出合うことは，おそらくないだろう．なぜなら，そのような場合の立体化学は複雑で，われわれが対象とする範囲を超えているからである．

　この反応の詳細は，次の表のようにまとめられる．

$\xrightarrow{\text{HX}}$	HとX
位置選択性	マルコウニコフ
立体化学	本書の範囲を超えている

例題 11.38　次の反応の生成物を予測しなさい．

解答　まず位置選択性に注目する．このアルケンは非対称なので，水素と塩素がそれぞれどこに結合するかを決めなければならない．このため，どちらの炭素がより多く置換されているか判定する必要

11.4 水素とハロゲンを付加させるマルコウニコフ反応 ◎ 209

がある.

より多く置換されている

より少なく置換されている

この反応はマルコウニコフ則に従って進行するので，水素がより少なく置換された炭素に結合し，塩素がより多く置換された炭素に結合する.

ここでは立体化学を考える必要はない．なぜなら，生成物は二つの立体中心を含んでいないからである(実際，立体中心は一つもない)．したがって，この例で立体化学は関係しない．すでに述べたように，この反応(ハロゲン化水素の付加反応)の立体化学は，後にでてくる問題でも一般に重要ではない.

練習問題 次のそれぞれの反応について，生成物を予測しなさい．各問題を終えるごとに，その反応がなぜマルコウニコフ則に従って進行するか正確に「見える」ように，反応機構も書きなさい.

11.39

11.40

11.41

11.42

アルケンへのハロゲン化水素の付加反応の位置選択性を理解するために，中間体のカルボカチオンに注目しよう．すでに述べたように，反応は，より安定なカルボカチオンを経て進行する．この重要な原理は，転位が起こる反応について，その理由を説明するときも助けになる．たとえば次の反応を考えよう.

一見すると，生成物はわれわれが予想しそうなものと違うかもしれない．もう一度，その説明を得るために反応機構にもどろう．最初の段階は，この節で見てきたものである——二重結合がプロトン化して，より安定なカルボカチオン(第一級より第二級)ができる.

210 ◎ 11章 付加反応

ここで，カルボカチオンが塩化物イオンに攻撃される準備はできている．しかし，（塩化物イオンが攻撃する前に）別のことがまず起こる．ヒドリドイオンが移動して，より安定なカルボカチオンができる．

第二級　　　　　第三級

この第三級カルボカチオンが塩化物イオンに攻撃され，生成物が与えられる．

明らかなのは，われわれはカルボカチオンがいつ転位するかを予想できなければならない．カルボカチオンの転位には二つの様式がある．ヒドリドイオンの移動とメチル基の移動である．教科書にはいずれの例も載っているだろう．カルボカチオンの転位は，カルボカチオン中間体を含む反応なら，（アルケンへのハロゲン化水素の付加反応だけでなく）どんなものでも起こりうる．この章の後で，カルボカチオン中間体を経るほかの付加反応にいくつか出合うだろう．その場合，カルボカチオンの転位が起こるかどうか判別できることを君は期待されている．

いくつか練習をしてみよう．

例題 11.43　次の反応の機構を書きなさい．

解答　最初の段階はアルケンのプロトン化である．

2通りのプロトン化があり，（第一級カルボカチオンではなく）第二級カルボカチオンができるほうを選んだ．単にハロゲン化物イオンで攻撃して反応を終わらせる前に，転位が起こるかどうか考える．この場合，メチル基の移動が，より安定な第三級カルボカチオンを生じさせる．

11.5　水素と臭素を付加させるアンチマルコウニコフ反応　◎　211

第二級　　　　　　　　第三級

　最後に，塩化物イオンが第三級カルボカチオンを攻撃し，生成物を与える．

練習問題　次のそれぞれの反応の機構を書きなさい．

11.44　希HBr

11.45　希HCl

11.46　希HBr

11.47　希HCl

11.5　水素と臭素を付加させるアンチマルコウニコフ反応

　前節では，水素とハロゲンがどのように付加し，ハロゲンがより置換された炭素に結合するか（マルコウニコフ付加）を学んだ．もう一つの反応として，水素とハロゲンがアンチマルコウニコフ型に付加するものがある．しかし，その反応は臭化水素だけでうまく進む（ほかのハロゲン化水素ではうまく反応しない）．

　過酸化物（ROOR）の存在下，臭化水素を用いると，臭素はより少なく置換された炭素に結合する．

HBr
ROOR
Br

　過酸化物があると，なぜアンチマルコウニコフ付加が起こるのだろうか．この質問に答えるため，反応機構を詳しく調べる必要がある．この反応は，（Br$^-$のような）イオン中間体でなく（Br・のよう

212 ◎ 11章　付加反応

な)ラジカル(radical)中間体を含む機構で進む．過酸化物は，次のように臭素ラジカルを生じさせ
るために用いられる．

　過酸化物の O—O 結合は，光($h\nu$)や熱の存在下で容易に切れる．このとき結合は均一開裂し，
二つのラジカルができる．

$$RO-OR \xrightarrow{h\nu} RO\cdot\ +\ \cdot OR$$

このラジカルは，それぞれ臭化水素から水素原子を引き抜き，反応性の中間体(Br·)をつくる．

$$RO\cdot\quad H-Br \longrightarrow ROH\ +\ \boxed{Br\cdot}$$

上に示した段階をプロトン移動と比較することができる．ただし，大きな違いが一つある．プロト
ン移動では，H$^+$(プロトンは水素原子の原子核であり，電子は含まれていない)が，ある場所から
別の場所にイオン過程を経て移動している．しかしここでは H·(水素原子そのもの，つまりプロト
ンと電子)が移動しており，ラジカル過程として取り扱っている．

　生じた Br·は，次のようにアルケンを攻撃する．

$$Br\cdot \quad \diagup\!\!\!\diagup \longrightarrow \overset{Br}{\diagdown}\!\cdot$$

　ここで，片鉤の曲がった矢印(one-headed curved arrow)を使うことに注意しよう．

　　　　　　　　　　　ではなく

この矢印〔釣り針矢印(fishhook arrow)と呼ぶ〕はラジカル反応の目印である．ラジカル機構では釣
り針矢印を使う．なぜなら，その矢印が2電子ではなく1電子の動きを示すからである(対照的に，
両鉤の曲がった矢印(two-headed curved arrow)はイオン反応の機構に用いられ，2電子の動きを
示す).

　上の段階では，Br·は，アルケンのより少なく置換された炭素を攻撃し，より多く置換された炭
素ラジカル(C·)をつくる．第三級ラジカルは第二級ラジカルより安定である．その理由は，第三
級カルボカチオンが第二級カルボカチオンより安定なのと同じである．アルキル基は電子供与性で
あり，隣接した空の p 軌道を安定化させるように，隣接した部分的にしか満たされていない軌道
も安定化させる．(第二級ラジカルより)第三級ラジカルをつくる傾向があるために，Br·はより少
なく置換された炭素を攻撃する．このことが，観察されるアンチマルコウニコフ位置選択性を説明
している．

　最終段階として，炭素ラジカルは臭化水素から水素原子を引き抜き，生成物を与える．

$$\overset{Br}{\diagdown}\!\cdot \quad H-Br \longrightarrow \overset{Br}{\diagdown}\ +\ Br\cdot$$

この反応の副反応として，再生された Br·が別のアルケンと反応することがある．これを連鎖反応

11.5 水素と臭素を付加させるアンチマルコウニコフ反応 ◎ 213

(chain reaction)と呼び，非常に速く起こる．実際，（この連鎖反応を起こすための）過酸化物が存在するとき，反応は前節で見た臭化水素のイオン的付加反応に比べて，はるかに速く起こる．

このラジカル機構の中間体と，イオン機構の中間体を比較しよう．

イオン機構	ラジカル機構
第三級カルボカチオン 中間体	第三級ラジカル 中間体

いずれの機構でも，位置選択性は，より安定な中間体ができる傾向により決められる．たとえばイオン機構では，プロトンは第二級カルボカチオンよりも第三級カルボカチオンができるように付加する．同様にラジカル機構では，Br・は第二級ラジカルよりも第三級ラジカルをつくるように付加する．この点については，二つの反応は類似している．しかし，基本的な違いにとくに注目しよう．イオン機構では，まずプロトンが付加する．しかしラジカル機構では，まず臭素が付加する．この決定的な違いが，なぜイオン機構ではマルコウニコフ付加が起こり，一方，ラジカル機構ではアンチマルコウニコフ付加が起こるかを説明している．

臭化水素のラジカル付加の概略を，もう一度復習しよう．

HBr ROOR →	BrとH
位置選択性	アンチマルコウニコフ
立体化学	本書の範囲を超えている

これまで，この反応の位置選択性に注目してきたが，立体化学については調べていなかった．なぜなら，本書の範囲を超えているからである．二つの立体中心ができるような状況では，結果は出発物のアルケンと反応温度に依存している．したがって，立体中心ができない場合と，一つだけできる場合についてのみ問題を示すことにしよう．

例題 11.48 次の反応の生成物を予測しなさい．

$$\xrightarrow[\text{ROOR}]{\text{HBr}}$$

解答 矢印の上の臭化水素は，水素と臭素が二重結合に付加することを意味している．下の過酸化物の存在は，位置選択性がアンチマルコウニコフ付加であることを意味している．この場合に立体化学が重要であるかどうかを決めるには，新しい立体中心が二つできるかどうかを見る必要がある．臭素が，より少なく置換された炭素に（そして水素が，より多く置換された炭素に）結合するとき，新しい

214 ◎ 11章 付加反応

立体中心は一つである．立体中心が一つだけのとき，生じる立体異性体は四つではなく，二つだけである（1対のエナンチオマー）．そして1対のエナンチオマーは，反応がシン付加であろうとアンチ付加であろうと同様に予測される．

$$\text{（反応式）} \xrightarrow[\text{ROOR}]{\text{HBr}}$$

練習問題 次のそれぞれの反応について，生成物を予測しなさい．

11.49 $\xrightarrow[\text{ROOR}]{\text{HBr}}$

11.50 $\xrightarrow[\text{ROOR}]{\text{HBr}}$

11.51 $\xrightarrow[\text{ROOR}]{\text{HBr}}$

11.52 $\xrightarrow[\text{ROOR}]{\text{HBr}}$

　二重結合への臭化水素の付加について，イオン的な経路（マルコウニコフ付加）とラジカル的な経路（アンチマルコウニコフ付加）という二つの経路を見てきた．両経路は，実際には競合して起こる．しかしラジカル反応のほうが，はるかに速い．したがって，条件を慎重に選ぶことで付加反応の位置選択性を制御できる．過酸化物のようなラジカル開始剤を使えば，ラジカル経路が優先的に起こり，アンチマルコウニコフ付加となる．ラジカル開始剤を使わなければ，イオン的な経路が優先し，マルコウニコフ付加が起こる．

$$\text{アルケン} \begin{cases} \xrightarrow{\boxed{\text{HBr}}} & \text{イオン機構経路（マルコウニコフ付加）} \\ \xrightarrow{\boxed{\begin{array}{c}\text{HBr}\\\text{ROOR}\end{array}}} & \text{ラジカル機構経路（アンチマルコウニコフ付加）} \end{cases}$$

　臭化水素の付加反応における適当な条件を選ぶ問題を少し解いてみよう．

例題 11.53 次の臭化水素化反応で，過酸化物を使うべきかどうか判断しなさい．

$$\longrightarrow$$

解答 過酸化物を使うべきかどうか判断するには，目的の変換反応がマルコウニコフ付加であるかア

11.6 水素とヒドロキシ基を付加させるマルコウニコフ反応 ◎ 215

ンチマルコウニコフ付加であるかを決める必要がある．出発物のアルケンと目的の生成物を比べると，臭素が，より多く置換された炭素に結合しなければならないことがわかる(すなわちマルコウニコフ付加)．だからイオン的な経路を必要とし，過酸化物を<u>使うべきではない</u>．臭化水素だけを使う．

練習問題 次のそれぞれの変換を進めるために，どのような試薬が必要になるか考えなさい．

11.54

11.55

+ そのエナンチオマー

11.56

11.57

11.6 水素とヒドロキシ基を付加させるマルコウニコフ反応

これから2節にわたり，二重結合への水素とヒドロキシ基の付加について学ぶ．アルケンへの水の付加反応は水和(hydration)と呼ばれており，マルコウニコフ付加あるいはアンチマルコウニコフ付加で反応が進行する．必要なのは，慎重な試薬の選択である．この節では，水のマルコウニコフ付加反応を進行させる試薬について調べる．そして次の節では，水のアンチマルコウニコフ付加反応について調べる．

次の反応を考えよう．

出発物と生成物を慎重に比較すると，マルコウニコフ付加型の位置選択性による水和反応が進行していることがわかる．用いた試薬(H_3O^+)に注目しよう．本質的には水(H_2O)と(硫酸のような)酸の元である．この試薬の表し方はいろいろある．あるときは(上のように)H_3O^+と書かれ，また別のときは，H_2O, H^+のように書かれる．次のようにH^+が括弧でくくられた表現を見ることもある．

216 ◎ 11章 付加反応

$$\xrightarrow[\text{H}_2\text{O}]{[\text{H}_2\text{SO}_4]}$$

この括弧は，H$^+$が反応で消費されないことを示している．いいかえると H$^+$は触媒であり，そのためこの反応を<u>酸触媒水和反応</u>(acid-catalyzed hydration reaction)と呼ぶ．この反応がなぜマルコウニコフ付加型で進行するかを理解するには，その機構を調べなければならない．酸触媒水和反応の受けいれられている機構は，ハロゲン化水素の付加で示した機構(イオン的経路)と似ている．二つの機構を比べてみよう．

それぞれの機構では，最初の段階でアルケンがプロトンをとらえ，カルボカチオンをつくる．次に，いずれの場合も求核剤(X$^-$または H$_2$O)がカルボカチオンを攻撃する．この二つの反応の違いは，生成物の違いにある．上の反応(ハロゲン化水素化反応)は，中性の生成物(電荷なし)を与える．しかし下の反応(水和反応)では，荷電した生成物を与える．したがってこの反応の最後には，正電荷を取り除くために，もう一段階必要になる．この反応は水の存在下で起こるので，水がこの段階の塩基として作用しているらしい．

この最後の脱プロトン化を書くときには，塩基として水酸化物イオン(HO$^-$)ではなく，水が使われることに注意しよう．その理由を理解するには，酸性条件下にあることを思いだそう．実際には，多くの水酸化物イオンがあるわけではない．かわりに，たくさんの水がある．反応機構は必ず実際の条件と一致しなければならない．

　それぞれの段階を見てきたので，これから全体の反応機構を見る．

ここで平衡を示す矢印を使うことに注意しよう(─→ ではなく ⇌)．この平衡の矢印は，反応が実

11.6　水素とヒドロキシ基を付加させるマルコウニコフ反応　◎　217

際には両方向に進むことを示している．逆の経路（アルコールから出発してアルケンができる）は，すでに学んだ反応の一つである．それはE1反応である（上の反応を終わりから初めの方向にたどっていくと，E1反応であることがわかる）．実際のところ，多くの反応は平衡反応であるが，（一般に）有機化学者は平衡を容易に扱える（どの生成物が優勢になるかを制御できる）場合にだけ，平衡の矢印を書く．この反応は，そういう状況のうちの一つである．（高濃度の酸あるいは希酸を使って）存在する水の量を慎重に制御することで，平衡をどちらか一方に偏らせることができる．

ルシャトリエの原理を利用すれば，試薬を除去または追加するときに，平衡がどちらに傾くかを知ることができる．上に示した系（左側にアルケン＋水，右側にアルコール）があり，それが平衡に達していると想像しよう．そこに水を加えると，濃度が平衡からずれ，その系は新たな平衡濃度条件に到達しようとする．水を加えることで，最終的に，より多くのアルケンがアルコールに変換されるだろう．そこでわれわれは，希酸（大部分は水）を使ってアルコールを優勢にする．アルケンを優勢にしようとすれば，水を除く必要がある．その結果，平衡は左側に移動する．したがってアルケンの形成を望むときは，高濃度の酸（多くの酸と少量の水）を使えばよい．

繰り返すが，反応条件を慎重に選ぶことで，反応の収支に大きな影響を与えることができる．

酸触媒水和反応の位置選択性，つまりマルコウニコフ型付加反応の傾向については，すでに説明した．さて，立体化学についてはどうだろうか．

酸触媒水和反応の立体化学は，ハロゲン化水素のイオン的付加反応の立体化学と非常によく似ている（これは理に適っている．なぜなら，これら反応の機構は互いに同じであると，すでに見ている）．反応がアンチ付加だろうとシン付加だろうと，立体中心が一つだけ生じるなら，1対のエナンチオマー（ラセミ混合物）が期待される．君はおそらく，新しい立体中心が二つ生じる例を見ることはないだろう．なぜなら，その場合の立体化学は複雑であり，われわれが対象とする範囲を超えているからである．

酸触媒水和反応の概要を次に示す．

H_3O^+	H と OH
位置選択性	マルコウニコフ
立体化学	本書の範囲を超えている

218 ◎ 11章 付加反応

例題 11.58 次の反応の生成物を予測し，生成機構を示しなさい．

$$\text{（構造式）} \xrightarrow{\text{H}_3\text{O}^+}$$

解答 この試薬(H_3O^+)は，酸触媒水和反応であることを示唆している．したがって水素とヒドロキシ基が付加し，位置選択性はマルコウニコフ付加である．酸触媒水和反応の立体化学は，二つの新しい立体中心が生じるときにだけ複雑になる．この例題の場合，二つの新しい立体中心はできない．実際，立体中心は一つも生じない．立体中心なしで，ただ一つの生成物を与える．

$$\text{（構造式）} \xrightarrow{\text{H}_3\text{O}^+} \text{（OH をもつ構造式）}$$

反応機構は三つの段階からなる．(1) アルケンがプロトン化し，カルボカチオンができる．(2) 水がカルボカチオンを攻撃する．(3) プロトンが脱離して生成物を与える．

練習問題 次のそれぞれの反応について，生成物を予測し，生成機構を示しなさい．

11.59
$$\text{（構造式）} \xrightarrow{\text{H}_3\text{O}^+}$$

11.60
$$\text{（構造式）} \xrightarrow[\text{H}_2\text{O}]{[\text{H}_2\text{SO}_4]}$$

11.61
$$\text{（構造式）} \xrightarrow{希\text{H}_2\text{SO}_4}$$

11.62
$$\text{（OH をもつ構造式）} \xrightarrow{濃\text{H}_2\text{SO}_4}$$

11.7 水素とヒドロキシ基を付加させるアンチマルコウニコフ反応

前節では，二重結合に水素とヒドロキシ基が付加するマルコウニコフ付加反応を学んだ．この節ではアンチマルコウニコフ付加を学ぶ．たとえば

$$\text{（構造式）} \xrightarrow[\text{2. H}_2\text{O}_2,\ \text{NaOH}]{\text{1. BH}_3 \cdot \text{THF}} \text{（OH をもつ構造式）} + そのエナンチオマー$$

11.7 水素とヒドロキシ基を付加させるアンチマルコウニコフ反応 ◎ 219

生成物を一見すると，アルケンに水素とヒドロキシ基が付加していることがわかる．その位置選択性と立体化学を慎重に見て，分析する．ヒドロキシ基が置換基のより少ない炭素に結合しており，したがって位置選択性はアンチマルコウニコフ付加を示す．しかし，立体化学についてはどうだろう．シン付加だろうか，それともアンチ付加だろうか．

　注意しよう．上の例では錯覚するかもしれない．生成物はアンチ付加体を示しているように見える（メチル基とヒドロキシ基はトランスの位置にある）．しかし，この反応で何が付加したのかを考えよう．ヒドロキシ基とメチル基が付加したのではない．メチル基はすでにそこにある．ヒドロキシ基と水素が付加したのである．その水素は上の生成物では示されていない（なぜなら，線構造式で水素は書く必要がない）．水素を書くとしたら，それは破線上に位置する——だから，この化合物は，水素とヒドロキシ基がシン付加をしたものである．

　繰り返すと，上の反応は水素とヒドロキシ基の付加であり，位置選択性はアンチマルコウニコフ，立体化学はシン付加である．ここで三つの重要な質問に答えてみよう．

　　1．これらの試薬（BH$_3$など）は，どのようにして水素とヒドロキシ基を付加させるのか．
　　2．なぜアンチマルコウニコフなのか．
　　3．なぜシンなのか．

この三つの質問に対する答えは，例の通り，反応機構の中にある．その受けいれられた機構を調べるために，まず，この試薬をよく知らなければならない．最初の段階の試薬はBH$_3$とTHFである．前者はボラン（borane）と呼ばれている．元素のホウ素は，3個の価電子により3本の結合をつくる．

$$\begin{array}{c} H \\ | \\ H-B-H \end{array}$$

しかし，この構造ではホウ素のオクテット則を満たさない．ホウ素は空のp軌道をもっている（カルボカチオンによく似ているが，正電荷はもっていない）．したがって，ボランは非常に反応性が高い．実際，ボラン同士で反応して，ジボラン（diborane）と呼ばれる二量体をつくる．

$$2\,BH_3 \;\; \rightleftharpoons \;\; B_2H_6$$

　ホウ素の空のp軌道に電子を供与できる（THFのような）溶媒を使えば，空のp軌道はいくらか安定化される．

THF

この溶媒はテトラヒドロフラン（tetrahydrofuran）と呼ばれ，THFと略される．BH$_3$中のホウ素原子上の空のp軌道をいくらか安定化させても，ホウ素原子はほかの電子源を強く求める．それが求電子剤であり，ホウ素の空の軌道を電子密度の高いサイトが満たしてくれるのを求める．π結合は電子密度の高いサイトであり，そのためボランを攻撃できる．実際これが，この反応機構の最初

220 ◎ 11章 付加反応

の段階である. π結合がホウ素の空のp軌道を攻撃し, 同時にヒドリドイオンの移動を引き起こす.

注目してほしいのは, この反応が(四員環遷移状態を経た)一つの協奏反応(concerted reaction)として起こることである. 最初の段階をよく見て, その位置選択性と立体化学を考えよう.

　位置選択性については, ホウ素が, より少なく置換された炭素に結合することに注目しよう(最終的に, そこにヒドロキシ基が結合する). これで, この位置選択性の理由の一つを理解できる. 二重結合に水素とBH$_2$が付加する. BH$_2$は水素より大きく, かさ高いので, より少なく置換された炭素(立体障害の小さい位置)に結合する. こうしてアンチマルコウニコフ付加となる.

　立体化学の傾向(シン付加)も, ここで理解できる. 上の段階は協奏過程である. BH$_2$と水素が同時に付加するので, アルケンの同じ側に結合しなければならない. いいかえると, この反応はシン付加でなければならない.

　上に示した生成物は, まだ2本のB—H結合を残しているので(BH$_2$基を見なさい), その結合に再び反応が起こる. つまり, BH$_3$ 1分子はアルケン3分子と反応し, トリアルキルボランをつくる.

トリアルキルボラン

　これまでの反応(上のトリアルキルボランの形成)はヒドロホウ素化(hydroboration)と呼ばれ, THF中でアルケンとBH$_3$を混合すると起こる. さて, 酸化反応を起こす別の試薬の組合せに移ろう. 過酸化水素と水酸化物イオンである. この試薬によって酸化反応が起こる.

B—R結合間にどのようにして酸素が挿入されるのだろうか. よく見てみよう——水酸化物イオンは過酸化水素を脱プロトン化して, ヒドロペルオキシドアニオンをつくる.

このヒドロペルオキシドアニオンがトリアルキルボランを攻撃する(ホウ素原子は依然として空のp軌道をもっており, 求電子剤である).

11.7 水素とヒドロキシ基を付加させるアンチマルコウニコフ反応 ◎ 221

この段階で，かなりめずらしいことが起こる（このようなことは，これまで見てこなかった）．アルキル基の一つが移動して（アルキル移動），水酸化物イオンを放出させる．

全体の結果に注目してほしい．Rが移動すると，酸素がホウ素とアルキル基の間に入る．アルキル基の立体中心に注目しよう．Rが移動しても，立体中心の配置は保持される．3本のB—R結合すべてに，これが起こる．

最後の段階でホウ素からアルコキシ基が脱離し，次のようになる．

RO⁻が水からプロトンを取り除き，最終生成物のアルコールができる．全体として，アルケンからアルコールへの二段階合成になる．これをヒドロホウ素化−酸化反応と呼ぶ．この二段階合成をまとめよう．

1. BH$_3$・THF 2. H$_2$O$_2$, NaOH	H と OH
位置選択性	アンチマルコウニコフ
立体化学	シン

例題 11.63 次のそれぞれの反応について，生成物を予測しなさい．

(a) $\xrightarrow[\text{2. H}_2\text{O}_2,\ \text{NaOH}]{\text{1. BH}_3\cdot\text{THF}}$

(b) $\xrightarrow[\text{2. H}_2\text{O}_2,\ \text{NaOH}]{\text{1. BH}_3\cdot\text{THF}}$

222 ◎ 11章 付加反応

解答 （a）これらの試薬は，ヒドロキシ基と水素のアンチマルコウニコフ付加を起こす．立体化学は
シン付加である．しかしまず，生成物を書いて，立体化学が重要な要素であるかどうかを決めよう．
そのためには，この反応で新しい立体中心が二つできるかどうかを確かめなければならない．この例
では新たに二つの立体中心が生じる．だから立体化学が重要である．二つの立体中心について，理論
的には四つの生成物が可能であるが，そのうち二つだけが期待される．シン付加からはエナンチオマー
が1対だけ得られることが期待されるからである．正確を期して，（すでに何度もやったように）この
アルケンをもう一度書いてみよう．ヒドロキシ基と水素は次のように付加する．

（b）これらの試薬は，ヒドロキシ基と水素のアンチマルコウニコフ付加を起こす．立体化学はシン付
加である．しかしまず，生成物を書いて，立体化学が重要な因子であるかどうかを決めよう．そのた
めには，新しい立体中心が二つできるかどうかを確かめなければならない．この例では二つの立体中
心は生じない．実際，立体中心は一つも生じない．したがってこの問題では，立体化学は関係しない．

立体化学が関係しない（つまり二つの立体中心が生じない）とき，その問題はいくらかやさしくなる．

練習問題 次のそれぞれの反応について，生成物を予測しなさい．

11.64
1. BH$_3$・THF
2. H$_2$O$_2$, NaOH

11.65
1. BH$_3$・THF
2. H$_2$O$_2$, NaOH

11.66
1. BH$_3$・THF
2. H$_2$O$_2$, NaOH

11.67
1. BH$_3$・THF
2. H$_2$O$_2$, NaOH

11.68
1. BH$_3$・THF
2. H$_2$O$_2$, NaOH

11.8　合成の方法 ◎ 223

11.69

$$\text{1. BH}_3 \cdot \text{THF} \qquad \text{2. H}_2\text{O}_2, \text{NaOH}$$

11.8 合成の方法

11.8A 一段階合成

　合成の問題を解き始める前に，これまでに見てきたそれぞれの反応をすべてマスターしておくことが絶対に必要である．走りだす前に，歩き方を身につけなければならない．だから，まず一段階合成の問題に集中しよう．それぞれの反応に慣れてきたら，それらをさまざまにつなげて合成の問題をつくればよい．

　これまでに置換反応（S_N1 と S_N2），脱離反応（E1 と E2），そして五つの付加反応を学んだ．これらの反応が何をもたらすか，素早く復習しておこう．置換反応は基の変換を可能にする．

脱離反応はアルケンを形成する．

付加反応は，二重結合に二つの基を付加させることができる．これまでに次の五つの付加反応を学んだ．

この五つの変換反応を進めるために必要な試薬を書き込めるだろうか．やってみよう．

例題 11.70　次の変換反応を進めるには，どのような試薬を使えばいいだろうか．

解答　出発物と生成物を比較すれば，水素とヒドロキシ基を付加させなければならないことがわかる．位置選択性を見ると，ヒドロキシ基が，より多く置換された炭素に結合していることがわかる――したがってマルコウニコフ付加反応を必要としている．それから立体化学を見ると，この反応では二つ

224 ◎ 11章 付加反応

の立体中心が生じていないことがわかる（実際には，立体中心は一つも生じていない）．したがって，この反応の立体化学は関係しない．だから，水素とヒドロキシ基のマルコウニコフ付加を起こさせる試薬を選ぶ必要がある．酸触媒水和反応でこれを達成できる．

練習問題 次のそれぞれの変換反応を進めるには，どのような試薬を使えばよいだろうか．

11.71

11.72

11.73

11.74

11.75

11.76 ＋ そのエナンチオマー

11.77

11.78

11.8B 脱離基の位置を変える

これまでに学んだ反応を組み合わせて，合成を考えだす練習をしてみよう．

次のような変換反応がある．

11.8 合成の方法 ◎ 225

全体の結果は，臭素原子の位置の変化である．臭素原子は「移動」している．この種の変換反応は，どのようにしたら可能だろうか．これができる一段階の方法はない．十分長い間待てば，臭化物イオンが S_N1 反応で遊離し，生じたカルボカチオンが転位して第三級になり，臭化物イオンが再び攻撃できるかもしれない．しかし，それはあまりにも時間がかかりすぎる．第二級の基質に S_N1 反応を待つのは，賢明な考えではない．二段階反応なら，はるかに速く，しかも効率よくこの反応を進めることができる．つまり脱離反応と付加反応を行えばよい．

このように続けて反応を進めるとき，心に留めておく重要な事柄がいくつかある．最初の段階（脱離反応）では，どちらの方向に脱離させるかを選択しなければならない．より多く置換されたアルケン（ザイツェフ生成物）を生じさせるべきか，より少なく置換されたアルケン（ホフマン生成物）を生じさせるべきか．

塩基を慎重に選択することで，どちらの生成物が優先して得られるかを制御できる．（メトキシドあるいはエトキシドのような）強塩基を用いれば，より多く置換されたアルケンが優先して得られる．一方，tert-ブトキシドのような立体的に混んだ強塩基を使えば，より少なく置換されたアルケンが優先して得られる．

　二重結合が生じた後，二重結合に臭化水素がどのように付加するかという位置選択性も慎重に検討しなければならない．繰返しになるが，慎重に試薬を選択することで，位置選択性を制御できる．臭化水素を使ってマルコウニコフ付加を起こすこともできるし，過酸化物の存在下で臭化水素を用いてアンチマルコウニコフ付加をさせることも可能である．その例を見てみよう．

例題 11.79　次の変換反応を進めるには，どのような試薬を使えばいいだろうか．

解答　この問題では，臭素原子を左側に移動させることが必要になる．まず脱離反応を起こし（二重結

226 ◎ 11章 付加反応

合を形成する），ついで二重結合に付加反応を起こすことで，これを達成できる．

脱離 付加

しかし，この二段階のそれぞれにおいて，位置選択性を適切に制御するように注意しなければならない．脱離反応では，より置換されていない二重結合をつくる必要があり（すなわちホフマン生成物），そのため立体障害の大きな塩基を使用しなければならない．次の付加反応の段階では，より少なく置換された炭素上へ臭素を結合させなければならないので（アンチマルコウニコフ付加），<u>過酸化物とともに臭化水素を用いる</u>．このようにして次の多段階の合成を実現できる．

1. *t*-BuOK
2. HBr, ROOR

このような方法を用いるとき，心に留めておくべきことがもう一つある．<u>ヒドロキシ基はよくない脱離基である</u>．ヒドロキシ基を取り扱うときの例を見てみよう．次の変換反応を進めたいと仮定する．

次の方法が考えられる．

脱離 H–OHの付加

最初の段階では，脱離反応が進行してホフマン生成物が得られるので，立体障害の大きな塩基を用いてE2反応を起こさなければならない．このため，まずはOH基をよい脱離基に変換する必要がある．そこでOH基をトシラート（tosylate）に変換させる．OH基に比べると，トシラートははるかに優れた脱離基である．

TsCl, ピリジン

よくない脱離基   よい脱離基

トシラートについて有機化学の講義でまだ習っていないなら，教科書をよく調べたほうがいいだろう．

 OHをトシラートに変換した後，われわれの方法を使う（立体的に混んだ強塩基を使って脱離反応を起こし，それからアンチマルコウニコフ付加反応を進める）．

11.8 合成の方法 ◎ 227

練習問題 次のそれぞれの変換反応を進めるには，どのような試薬を使えばいいだろうか．

11.80

11.81

11.82

11.83

＋ そのエナンチオマー

11.84

＋ そのエナンチオマー

11.85

11.8C π結合の位置を変える

　これまで，二つの反応を組み合わせて合成する方法，つまり脱離反応を起こし，ついで付加反応を進める方法を見てきた．ここでは別の方法に焦点をあてよう．付加反応に続く脱離反応である．その例を見よう．

例題 11.86 次の変換反応を進めるには，どのような試薬を使えばいいだろうか．

解答 この例では，二重結合を移動させなければならない．われわれは一段階でこの変換を行う方法を知らない．しかし，二段階では容易にこの変換を行うことができる——付加反応に続く脱離反応である．

228 ◎ 11章 付加反応

上の最初の段階では，マルコウニコフ付加（臭素原子が，より多く置換された炭素上に結合する）を必要とする．これは臭化水素を使えば簡単に達成できる．第二段階では，ザイツェフ生成物を与える脱離反応を必要とする．それは，塩基を慎重に選択することで可能になる（立体障害が大きくない塩基を使う必要がある）．結果として，全体の合成反応は次の通りである．

この方法を使うときに実現されることに，とくに注目しよう．それは，二重結合の位置を移動させる手段をわれわれに与えてくれる．この方法を用いるとき，それぞれの段階での位置選択性を慎重に検討する必要がある．最初の段階（付加反応）では，マルコウニコフ付加（臭化水素）か，それともアンチマルコウニコフ付加（臭化水素＋過酸化物）を必要としているか決めなければならない．また第二段階（脱離反応）では，ザイツェフ生成物か，それともホフマン生成物を必要としているか決めなければならない（塩基としてエトキシドと tert-ブトキシドのいずれかを慎重に選ぶことで，生成物を制御できる）．次の練習問題で，この方法を身につけよう．

練習問題 次のそれぞれの変換反応を進めるには，どのような試薬を使えばいいだろうか．

11.87

11.88

11.89

11.90

11.8D 官能基を導入する

これまで見てきた方法では，出発物に操作できる官能基が必ず含まれていた．出発物は脱離基か二重結合をもっていた．しかし出発物が，脱離基や二重結合のような官能基をもっていないときは，どうすればいいだろうか．このような状況では，なすべきことはただ一つである．つまりラジカル的に臭素化する．アルカンのラジカル的臭素化について，教科書や講義ノートを調べてみよう．その部分を読み終えたら，次の例が，合成でラジカル的臭素化をどのように使うことができるかを示してくれるだろう．

11.8 合成の方法 ◎ 229

例題 11.91 次の変換反応を進めるには，どのような試薬を使えばいいだろうか．

解答 この問題では<u>アルカン</u>を出発物とする．脱離基がないので，置換反応も脱離反応も使うことができない．二重結合もないので，付加反応も不可能である．なすべきことがなく，行き詰まったかのようである．この状況から抜けだすには，ラジカル的臭素化により，この化合物に官能基を導入するしかない．ラジカル的臭素化では，より多く置換された位置（第三級の位置）に臭素が置換され，それから脱離反応を進めることができる．

したがって，全体としては次のようになる（NBS は *N*-ブロモスクシンイミド）．

この方法を使うとき，心に留めておかなければならないことがいくつかある．まず，ラジカル的臭素化反応では，より多く置換された位置が選択的に臭素化される．したがって，どこに臭素化が進行するかを見るには，必ず第三級の位置を探す．それから脱離反応を進めるときは，望みの位置選択性を実現するために，塩基を慎重に選択する．これについて，いくつか練習をしよう．

練習問題 次のそれぞれの変換反応を進めるには，どのような試薬を使えばいいだろうか．

11.92

11.93

11.94

11.95

11.96

11.97

11.9 2個の臭素の付加, 臭素とヒドロキシ基の付加

次の付加反応に注目しよう. 2個の臭素が二重結合に付加している.

次の付加反応に注目しよう. 2個の臭素が二重結合に付加している.

上の反応の位置選択性と立体化学を分析することから始めよう. どのようなアルケンから出発しようと, 位置選択性は関係しない. なぜなら, 同じ二つの基(2個の臭素)が付加するからである. しかし, <u>立体化学は重要である</u>. なぜなら, 上の例では二つの新しい立体中心ができるからである. 生成物をよく調べれば, 1対のエナンチオマーができることに気づくだろう(注意すべきなのは, 多くの学生が間違ってこの二つの生成物を同一であると信じるが, 実際はそうではなく, それらはエナンチオマーである. もしこれを理解するのが難しいなら, 二つの化合物の分子模型を組み立てることを勧める). 生成物は, アンチ付加による1対のエナンチオマーである. だから, この反応がなぜアンチ付加で進行するかを理解しなければならない. このためにもう一度, 受けいれられている反応機構にもどろう.

第一段階では, アルケンに臭素分子が付加する. この反応機構を理解するには, 何が求核剤で, 何が求電子剤であるかを決めなければならない. アルケンは π 結合をもっており, そこは電子密度の高い領域である. そのためアルケンが求核剤として働く.

これは, 臭素分子が求電子剤であることも意味する. しかし, 臭素分子はどのように求電子剤として作用するのだろうか. 二つの臭素原子間の結合は共有結合であり, したがって電子は両方の臭素原子に均等に分布すると予想される. しかし, 臭素分子がアルケンに接近すると, 面白いことが起こる. アルケンの π 結合の電子が臭素分子の電子と<u>反発し</u>, 臭素分子中に一時的な双極子モーメントが生じるのである.

臭素分子がアルケンに近づくにつれて, この一時的な影響はより大きくなる. ここで, 臭素分子がなぜ求電子剤として作用するかを理解できる. アルケンの π 結合に近いほうの臭素原子上に, 一時的な δ+ が生じるからである. 電子密度の大きなアルケンが電子密度の小さな臭素を攻撃すると, 次のような機構で反応が進行する.

ブロモニウム
イオン

ここでは, 3本の曲がった矢印が存在することに注意しよう. 何かの理由で, 学生は第三の矢印(臭化物イオンの排除を示す矢印)を書き忘れることがよくある. 第一段階の生成物は橋かけの, 正電荷をもつ中間体であり, <u>ブロモニウムイオン</u>(bromonium ion)と呼ばれる(「オニウム」は正電荷

11.9 ２個の臭素の付加, 臭素とヒドロキシ基の付加　◎　231

があることを意味する). 反応の第二段階では, ブロモニウムイオンが(第一段階で生じた)臭化物イオンに攻撃される.

この段階は S_N2 過程であり, したがって背面からの攻撃である. いいかえると, 攻撃する臭素イオンは後ろ側(橋の後ろ側)から攻撃するはずであり, アンチ付加反応が観察される. シン付加反応が優先するアルケンもある. そのような場合, 異なる反応機構が明らかに作用している. 本書で出合うアルケンについては, この反応は必ずアンチ付加であり, ここで示した機構で進行する.

　この反応をまとめよう.

	Br₂ →	２個の Br
位置選択性		関係しない
立体化学		アンチ

この反応の溶媒に水を使うと, 結果はもっと面白くなる. 次がその例である.

生成物を見ると, ２個の臭素のかわりに, 臭素とヒドロキシ基が一つずつ付加していることがわかる. どのような反応が起こっているかを理解するために, 受けいれられている反応機構に立ちもどってみよう.

　第一段階は, 少し前に見たことと同じである. つまり, アルケンが臭素分子に攻撃し, 橋かけのブロモニウム中間体をつくる. ただし, ここで新しい可能性がある. 臭化物イオンと水という, 二つの求核剤が存在するからである. 臭化物イオンのかわりに水分子がブロモニウムイオンを攻撃し, 上に示した生成物を与える. ここで疑問が生じる. なぜ臭化物イオンのかわりに水が攻撃するのだろうか. 臭化物イオンは, より優れた求核剤ではないのだろうか. その通りである. 臭化物イオンは, 水より優れた求核剤である. しかし, ブロモニウムイオンの立場から考えてみよう. ブロモニウムイオンは非常に不安定な中間体である(ひずみのある三員環であり, 臭素原子上に正電荷も存在する). そのため, どんな求核剤とも反応したがっている. 反応は容易である. 最初に出合った求核剤と反応する. ここでは水を溶媒として用いているので, ブロモニウムイオンは, 臭化物イオンに攻撃される前に, 水と出合う.

　水が存在しないとき, 位置選択性について考慮する必要はなかった. ２個の臭素が付加するからである. しかし, ここでは水が存在するので, 臭素とヒドロキシ基(二つの異なる基)が付加する.

232 ◎ 11章 付加反応

結果として，非対称のアルケンを使えば，位置選択性が重要になる．たとえば

$$\text{（シクロヘキセン構造）} \xrightarrow[\text{H}_2\text{O}]{\text{Br}_2} \quad ?$$

どちらの基が，より多く置換された炭素と結合するだろうか．臭素，それともヒドロキシ基だろう
か．いいかえると，水は，より多く置換された炭素を攻撃するのだろうか，より少なく置換された
炭素を攻撃するのだろうか．この質問に答えるために，これまでよりもっと慎重にブロモニウムイ
オンの構造を見る必要がある．以前にブロモニウムイオンを書いたときは，正電荷をもつ臭素原子
を完全な三員環(二等辺三角形)ができるように書いた．しかし，臭素は完全に中央に位置する必要
はなく，どちらかにずれていてもよい．

（ブロモニウムイオン構造） または （ブロモニウムイオン構造）

臭素原子が一方に<u>ずっと</u>偏っているとしよう．そうすると，あるカルボカチオンができる．

（カルボカチオン構造）

実際には，一方に完全に偏っているわけではないが，いくぶん偏っており，これが第三級炭素に
「カルボカチオン的性質」を与える．

（δ+ を示すブロモニウム構造）

より多く置換された炭素(第三級炭素)が，このカルボカチオン的性質を示す．したがって，より多
く置換された炭素が，より少なく置換された炭素より δ+ 性を示すだろう．このことは，第三級炭
素原子は sp^2 混成炭素原子に近い性質を示すことを意味している．それは完全に荷電したカルボカ
チオンではないので，完全な sp^2 混成ではない．しかし，通常の sp^3 混成炭素原子でもない．む
しろそれは，二つ(sp^2 混成と sp^3 混成)の間の状態にある．したがって構造は，真の平面三角形でも
なければ四面体でもない．上に示した第三級炭素原子の構造は，平面三角形と四面体の中間であ
る．このことが，第二段階で第三級炭素への S_N2 反応がどのように起こっているかの説明を助けて
くれる．通常，第三級炭素への S_N2 反応は起こらない．しかし，この場合は起こる．なぜなら，そ
の構造が平面三角形により近く，水の攻撃を受けるからである．

（反応機構の図：水分子がδ+炭素を攻撃し，生成物を与える）

11.9 2個の臭素の付加，臭素とヒドロキシ基の付加 ◎ 233

最終段階で，脱プロトン化が生成物を与える．

水酸化物イオン（HO⁻）は使わず，プロトンを引き抜くための塩基として水を示していることに注意しよう．水酸化物イオンはあまり存在しないからである．実際の条件に一致していることが，いつも重要である．この場合，試薬は臭素と水（水酸化物イオンではない）である．だから，プロトンを引き抜く塩基として水を使わなければならない．

最終生成物はハロヒドリン（halohydrin）と呼ばれる（同じ化合物にハロゲンの臭素とヒドロキシ基が含まれることを示している）．この反応は通常，ハロヒドリン生成反応と呼ばれる．

ハロヒドリン生成反応を次の表にまとめよう．

$\xrightarrow[\text{H}_2\text{O}]{\text{Br}_2}$	Br と OH
位置選択性	OH は，より多く置換された炭素に結合
立体化学	アンチ

例題 11.98 次のそれぞれの反応について，生成物を予測し，生成機構を示しなさい．

(a) $\xrightarrow{\text{Br}_2}$

(b) $\xrightarrow[\text{H}_2\text{O}]{\text{Br}_2}$

解答 （a）2個の臭素を付加しているので，位置選択性は関係しない．しかし立体化学はどうだろうか．二つの新しい立体中心ができているかどうかを確かめる．この場合，そうである．したがって立体化学は重要になる．これまで，反応機構を調べ，なぜ反応がアンチ付加でなければならないかを説明してきた．そこで，アンチ付加からできる1対のエナンチオマーを書こう．これを適切に行うため，以前何度もしたように，アルケンをもう一度書くのが助けになる．

この反応機構はブロモニウムイオンの形成を含んでおり，これを開環する攻撃が続く．

（b）この問題では，二つの異なる基（臭素とヒドロキシ基）が付加する．だから位置選択性が重要になる．より置換された炭素にヒドロキシ基が結合した生成物を書く．立体化学はどうだろうか．二つの新しい立体中心ができているかどうかを調べる．この場合，そうである．だから立体化学も重要になる．この反応がなぜアンチ付加で進むかについては，すでに説明した．そこで，アンチ付加から予測される1対のエナンチオマーを書く必要がある．このため，次のようにアルケンを再び書くとよい．

この反応機構は，（1）ブロモニウムイオンの形成，（2）水の攻撃，（3）脱プロトン化の三段階である．

練習問題 次のそれぞれの反応について，生成物を予測しなさい．

11.99 $\xrightarrow{\text{Br}_2}$

11.100 $\xrightarrow[\text{H}_2\text{O}]{\text{Br}_2}$

11.101 $\xrightarrow{\text{Br}_2}$

11.102 $\xrightarrow[\text{H}_2\text{O}]{\text{Br}_2}$

11.103 $\xrightarrow{\text{Br}_2}$

11.104 $\xrightarrow[\text{H}_2\text{O}]{\text{Br}_2}$

11.10 二つのヒドロキシ基のアンチ付加

　ここからは，二つのヒドロキシ基がどのようにアルケンに付加するかを見ていく．ヒドロキシ基をシン付加させるかアンチ付加させるかを制御することは，（ヒドロキシ基を付加させるのに使う試薬を選ぶことにより）可能である．この節では，二つのヒドロキシ基をアンチ付加させる反応について学ぶ．次の節ではシン付加をする反応について学ぶ．

　二つのヒドロキシ基にアンチ付加させるために，二段階反応を使う．まずエポキシド（epoxide）を生じさせ，ついでエポキシドを酸性触媒下で水により開環させる．

　二段階反応のそれぞれについて，まず調べる．最初の段階では，過酸と呼ばれることもあるペルオキシ酸（RCO$_3$H）がアルケンと反応する．カルボン酸とペルオキシ酸の構造を比べよう．

　ペルオキシ酸はカルボン酸に構造が似ており，違いは酸素をもう1個もっているだけである．ペルオキシ酸はそれほど強い酸ではないが，強力な酸化剤として使われる．ペルオキシ酸の一般的な例を示す．

右側の化合物は m-クロロ過安息香酸（MCPBA）と呼ばれる．この講義のなかで，おそらく最も一般的なペルオキシ酸である．MCPBA を見たときは，すぐにペルオキシ酸であると認識しなければならない．同様に，RCO$_3$H を見たときは，ペルオキシ酸の一般式であると理解しなければならない．

　ペルオキシ酸は，アルケンと反応してエポキシドをつくる．この反応機構はいくぶん複雑で，その説明がでてくるかどうかは，使っている教科書次第である．

　これと同じような複雑な反応機構に出合うことはない．そこで，この反応の機構には時間を費や

236 ◎ 11章　付加反応

さず，生成物に注意をもどそう．生成物は<u>エポキシド</u>と呼ばれ，三員環エーテルを示す用語である．

　次に，このエポキシドを酸性触媒条件で水により開環させる．この反応がどのように起こるか調べよう．まず，エポキシドはプロトン化される．

このプロトン移動によって，ブロモニウムイオン（電気求引性の原子上に正電荷をもつ三員環）によく似た中間体が生じる．ブロモニウムイオンが水に攻撃されるのと同じように，プロトン化したエポキシドも水に攻撃される．

繰り返すが，（前節のブロモニウムイオンへの攻撃と同じように）水は背面から攻撃する．それが，観察されるアンチ付加の立体選択性を説明する．

　最終段階として，プロトンを引き抜き生成物を与える塩基として水が作用している．

さらに繰り返すが，実際の反応条件に一致させるため，脱プロトン化には（水酸化物イオンではなく）水を使う．酸性条件下では水酸化物イオンを<u>使うことはできない</u>．

　この節で見てきた二段階合成反応を，次のように要約できる．

1. MCPBA 2. H_3O^+	2個の OH
位置選択性	関係しない
立体化学	アンチ

例題 11.105　次のそれぞれの反応について，生成物を予測しなさい．

(a) （構造式）　1. MCPBA　2. H_3O^+

(b) （構造式）　1. MCPBA　2. H_3O^+

11.11 二つのヒドロキシ基のシン付加 ◎ *237*

解答　(a) 二つのヒドロキシ基が付加しているので，位置選択性は関係しない．立体化学はどうだろうか．この場合，二つの新しい立体中心ができるので，エナンチオマーの正しい対を書くために，この反応の立体化学をよく考えなければならない．この二段階合成反応は，ヒドロキシ基のアンチ付加体を与える．したがって

(b) この例では，新しい立体中心は二つ生じない．一つだけできる．だからこの場合，立体化学は関係しない．反応は二つのヒドロキシ基のアンチ付加により進行する．しかし，生成物の新たな立体中心が一つなので，アンチ付加の立体選択性は関係しない．われわれは生成物として1対のエナンチオマーを予測する．

練習問題　次のそれぞれの反応について，生成物を予測しなさい．

11.106

1. MCPBA
2. H$_3$O$^+$

11.107

1. CH$_3$CO$_3$H
2. H$_3$O$^+$

11.108

1. MCPBA
2. H$_3$O$^+$

11.109

1. MCPBA
2. H$_3$O$^+$

11.11　二つのヒドロキシ基のシン付加

　前節では，二重結合への二つのヒドロキシ基のアンチ付加が，どのように進行するかを見た．この節では，二重結合へのヒドロキシ基のシン付加を可能にする条件を調べよう．この反応は，しばしばシンヒドロキシ化(syn hydroxylation)と呼ばれる．

　次の例を考えよう．

238 ◎ 11章 付加反応

この例では明らかに,ヒドロキシ基がシン付加をしている.この反応がシン付加で進行する理由を説明するために,反応機構の最初の段階を調べなければならない.

この反応がシン付加で進行する理由を説明できるのは,最初の段階の反応機構である.この段階で,四酸化オスミウム(OsO_4)は協奏的にアルケンに付加する.つまり,2個の酸素原子がアルケンに同時に結合する.これによって,アルケンの<u>同じ側</u>に二つの基が効率よく付加する.

この反応を次の表に要約する.

$\xrightarrow[H_2O_2]{OsO_4}$	2個の OH
位置選択性	関係しない
立体化学	シン

同じ変換反応(二つのヒドロキシ基のシン付加)は,冷却した過マンガン酸カリウムと水酸化物イオンによっても可能である.繰り返すが,この反応機構の最初の段階だけを見る.

さらに繰り返すが,二重結合に2個の酸素が同時に付加する協奏過程で進行する.この二つの方法(OsO_4 と $KMnO_4$)の反応機構が類似していることに注目しよう.

例題 11.110 次の反応の生成物を予測しなさい.

$$\xrightarrow[\text{冷却}]{KMnO_4,\ NaOH}$$

解答 この反応では二つのヒドロキシ基が付加しているので,位置選択性を考える必要はない.いつもと同じように,二つの新しい立体中心が生じれば立体化学だけが重要になる.この例では二つの新しい立体中心ができるので,シン付加の生成物を示す1対のエナンチオマーだけを慎重に書かなければならない.

11.12 アルケンの酸化的切断 ◎ 239

練習問題 次のそれぞれの反応について，生成物を予測しなさい．

11.111

$$\xrightarrow[\text{2. H}_2\text{O}_2]{\text{1. OsO}_4}$$

11.112

$$\xrightarrow[\text{2. H}_2\text{O}_2]{\text{1. OsO}_4}$$

11.113

$$\xrightarrow[\text{冷却}]{\text{KMnO}_4,\ \text{NaOH}}$$

11.114

$$\xrightarrow[\text{冷却}]{\text{KMnO}_4,\ \text{NaOH}}$$

11.115

$$\xrightarrow[\text{2. H}_2\text{O}_2]{\text{1. OsO}_4}$$

11.116

$$\xrightarrow[\text{2. H}_2\text{O}_2]{\text{1. OsO}_4}$$

11.12 | アルケンの酸化的切断

　アルケンに付加して，C＝C 結合を完全に切る試薬がたくさんある．この節では，オゾン分解（ozonolysis）と呼ばれるそのような反応について学ぶ．次の例を考えよう．

$$\xrightarrow[\text{2. DMS}]{\text{1. O}_3}$$

C＝C 結合は完全に切れ，2 本の C＝O 結合ができることに注目しよう．したがって立体化学や位置選択性は関係しない．この反応がどのように起こるかを知るために，まずその試薬を調べる必要がある．

　オゾンは，次のような共鳴構造をもつ化合物である．

240 ◎ 11章 付加反応

オゾンはおもに成層圏で生じる．そこでは酸素ガス（O_2）が紫外線にさらされている．

前節と同じように，この反応機構の最初の段階だけを調べよう．

この段階を前節で見た機構（シンヒドロキシ化）と比べると，非常によく似ていることがわかる．最初の生成物（中央）はモルオゾニド（molozonide）と呼ばれ，さらに転位反応を起こし，最後にジメチルスルフィド（DMS）で処理すると生成物を与える．DMS の構造は次の通りである．

$$H_3C\overset{\textstyle S}{\diagdown}CH_3$$

DMS は穏やかな還元剤である．オゾン分解の最終段階で用いられる還元剤はほかにも多いが，DMS が一般的である．

オゾン分解の生成物を書く簡単な方法がある．それぞれの C＝C 結合を切り，2 本の C＝O 結合にするだけである．どのようにするか例題を見てみよう．

例題 11.117 次の反応の生成物を予測しなさい．

解答 この化合物には 2 本の C＝C 結合がある．それぞれについて，ただ C＝C 結合を消し，2 本の C＝O 結合をそこに置く．解答は次のようになる．

練習問題 次のそれぞれの反応について，生成物を予測しなさい．

11.118

11.119

11.120

11.121

11.13 反応のまとめ ◎ 241

11.122 $\dfrac{\text{1. O}_3}{\text{2. DMS}}$

11.123 $\dfrac{\text{1. O}_3}{\text{2. DMS}}$

11.13 反応のまとめ

　この章での重要な反応を次に示す．この章の問題をすべてやり終えれば，これらの変換反応に必要な試薬をすべて書き込むことができるだろう．いま，それをやってみよう．それぞれの反応の試薬を思いだすことができないときは，該当する節にもどって，その試薬を探そう．

必要な試薬をすべて埋めた後，この図を注意深く学習しなさい．よく見わたして，それぞれの部分の内容を説明できるか確認しよう．それを10回繰り返す．（何も見ないで）白紙に全体図を書けるようになるまで復習しよう．

12章 アルキン

12.1 アルキンの構造と性質

C≡C三重結合を含む化合物はアルキン(alkyne)と呼ばれる．アルキンでは2個の炭素原子がその間に三重結合をもち，その軌道はsp混成である．

$$R-C\equiv C-R$$
sp混成　　sp混成

sp混成軌道の炭素原子は直線構造をしていることを(4章から)思いだそう．したがってアルキンは直線に書かなければならない．正しく書けるようにしよう．

R———R　　　R＝＝R
正しい　　　　間違っている

5章ではアルキンの命名法についても学んだが，この章でしばしば使う(5章では学んでいない)別の用語がある．具体的にいうと，末端アルキンはC≡C三重結合にプロトンが直接結合しているのに対して，内部アルキンはそのようなプロトンをもっていない．

R———H　　　R———R
末端アルキン　　内部アルキン

(末端アルキンの)影をつけたプロトンは弱酸性であり，強塩基で処理するとプロトンが取り除かれ，アルキニドイオンと呼ばれる共役塩基が生じる．

R———H ⌢ :塩基 → R———:⁻
　　　　　　　　　アルキニドイオン

どれだけ強い塩基が必要なのだろうか．末端アルキンを脱プロトン化するには，得られるアルキニドイオンより不安定な塩基(より強塩基)を使わなければならない．そのようなわけで，脱プロトン化はエネルギー的に容易な(熱力学的に有利な)過程である．3章で学んだように，塩基の安定性

12.1 アルキンの構造と性質 ◎ 243

を比較するときに考慮すべき四つのファクター(ARIO)があることを思いだそう. いまの場合では, 第一のファクター(原子, Atom)と第四のファクター(軌道, Orbital)が最も関係している. それらのファクターを検討してみよう.

第一のファクター(原子, Atom)から, N^- は O^- より不安定であるが, C^- よりは安定である(電気陰性度による).

安定性

$\overset{\text{\large\}}{-}\overset{|}{C}:^-$ $\overset{\text{\large\}}{-}\overset{|}{\bar{N}}\overset{|}{-}$ $\overset{\text{\large\}}{-}\overset{..}{\underset{..}{O}}:^-$ $:\overset{..}{\underset{..}{F}}:^-$

そして第四のファクター(軌道, Orbital)から, C^- は sp 混成軌道にあるとき, より安定であることがわかる.

安定性

$-\overset{|}{C}:^-$ $=\overset{|}{C}:^-$ $\overset{\text{\large\}}{-}C\equiv C:^-$
sp³   sp²   sp

実際, sp 混成軌道にある C^- は N^- よりも安定である.

安定性

$\overset{\text{\large\}}{-}\overset{|}{C}:^-$ $\overset{\text{\large\}}{-}\overset{|}{\bar{N}}\overset{|}{-}$ $\overset{\text{\large\}}{-}\overset{..}{\underset{..}{O}}:^-$ $:\overset{..}{\underset{..}{F}}:^-$

$\overset{\text{\large\}}{-}C\equiv C:^-$

この場合には, 第四のファクターが第一のファクターに勝っていることに注意しよう(第一のファクターがそうでないと予測しても, C^- は N^- より安定である). 3.5 節で, この例外に初めて出合ったことを思いだそう.

アルキニドイオンは N^- より安定であるが, O^- より安定であるわけではない. したがって, もし末端アルキンを脱プロトン化したいときは, ナトリウムエトキシド(NaOEt)やナトリウムメトキシド(NaOMe)のようなアルコキシドイオン(RO^-)を使うことはできない. これらの塩基はアルキニドイオンより安定であり, アルキニドイオンを生成させるのに使うことはできない. そのような過程はエネルギー的に困難(熱力学的に不利)である. アルキニドイオンを生成させるには, アルキニドイオンよりも強い(より不安定な)塩基を用いなければならない. たとえば, カルボアニオン(C^-)やアミドイオン(N^-)を用いることができる. ナトリウムアミド(NaNH₂)がよく用いられる.

$$R\!\!=\!\!=\!\!-H \xrightarrow{\text{NaNH}_2} R\!\!=\!\!\equiv:^- \ Na^+ \ + \ NH_3$$

同様に水素化ナトリウム(NaH)は, ヒドリドイオンが十分に強い塩基なので, 末端アルキンを脱プロトン化するために使うことができる.

244 ◎ 12章 アルキン

$$R\!-\!\!\equiv\!\!-H \xrightarrow{\text{NaH}} R\!-\!\!\equiv\!\!:^{-} \ Na^{+} \ + \ H_2$$

水素化ナトリウムを用いると，水素ガスが副生成物として生じる．気体の発生が反応の完了を促す．

例題 12.1 次のアルキンと塩基について考えよう．

（a）上に示した塩基が，アルキンの脱プロトン化に対して十分強い塩基であるかどうかを決めなさい．もしそうでなければ，十分に強い塩基は何か示しなさい．
（b）上記のアルキンが脱プロトン化されたとき，得られるアルキニドイオンの構造を書きなさい．

解答 （a）この塩基(ナトリウムフェノラート)は，酸素原子(O⁻)上に負電荷をもっており，末端アルキンを脱プロトン化するのに十分強い塩基ではない．実際，フェノラートイオンは共鳴安定化しているので，NaOMe や NaOEt のようなアルコキシドイオン(RO⁻)よりも安定である．アルキンを脱プロトン化するには，NaNH₂や NaH のようなより強い塩基を必要とする．
　（b）もしアルキンを NaNH₂や NaH のようなより強い塩基で処理すると，脱プロトン化が起こり，次に示すアルキニドイオンを与える．

練習問題 次のそれぞれの場合，示された塩基がアルキンの脱プロトン化に十分強い塩基であるかどうかを決め，アルキンが脱プロトン化されたとき，得られるアルキニドイオンの構造を書きなさい．

12.2

12.3

12.4

12.5

12.2 アルキンの合成

アルキンは，（ジェミナルでもビシナルでも．訳注参照)ジハロゲン化物を非常に強い塩基と処理することによって合成される．

12.2 アルキンの合成 ◎ 245

$$\underset{\text{ジェミナルニハロゲン化物}}{R-\overset{\overset{\displaystyle Br}{|}}{\underset{\underset{\displaystyle Br}{|}}{C}}-\overset{\overset{\displaystyle H}{|}}{\underset{\underset{\displaystyle H}{|}}{C}}-R} \quad \xrightarrow[\text{(2当量)}]{\text{強塩基}} \quad R-C\equiv C-R$$

$$\underset{\text{ビシナルニハロゲン化物}}{R-\overset{\overset{\displaystyle Br}{|}}{\underset{\underset{\displaystyle H}{|}}{C}}-\overset{\overset{\displaystyle Br}{|}}{\underset{\underset{\displaystyle H}{|}}{C}}-R} \quad \xrightarrow[\text{(2当量)}]{\text{強塩基}} \quad R-C\equiv C-R$$

それぞれの場合，2当量の塩基(1 mol のジハロゲン化物につき 2 mol の塩基)が必要である．なぜなら，次に示すような，連続して起こる二つの脱離反応(E2)を経て変換が起こるからである．

両方の脱離反応を完了させるために，$NaNH_2$のような非常に強い塩基を使わなければならない．

この反応を利用して末端アルキンを合成するときは，塩基を3当量用い，生成物としてアルキニド塩を得る．

$$R-\overset{\overset{\displaystyle H}{|}}{\underset{\underset{\displaystyle H}{|}}{C}}-\overset{\overset{\displaystyle Br}{|}}{\underset{\underset{\displaystyle Br}{|}}{C}}-H \quad \xrightarrow[\text{(3当量)}]{NaNH_2} \quad \underset{\text{アルキニドイオン}}{R-C\equiv C\!:^{-}} \quad Na^{+}$$

反応が完了してアルキニドが得られたら，フラスコにプロトン源を加え，アルキニドをプロトン化して，対応するアルキンを得る．このプロトン化反応は，ヒドロニウムイオン(H_3O^{+})を用いても可能であり，水(H_2O)を加えるだけでも達成される．

$$R-C\equiv C\!:\overset{\frown}{}H\!-\!\overset{\displaystyle O}{\underset{\displaystyle H}{|}}\!-\!H \quad \longrightarrow \quad R-C\equiv C-H \ + \ HO^{-}$$

水は適切なプロトン源である．なぜなら，得られる水酸化物イオンが，出発物であるアルキニドイオンよりも安定なため，プロトン化過程は熱力学的に有利だからである(この反応は，より安定な塩基の生成を好む)．

まとめると，次に示すように，ジハロゲン化物を末端アルキンに変換するためには，3当量の$NaNH_2$を用い，ついでプロトン源を加える．

$$\underset{\underset{\displaystyle Br}{|}}{R-CH_2-\overset{}{C}H-Br} \quad \xrightarrow[\text{2. } H_2O]{\text{1. } NaNH_2\text{(3当量)}} \quad R-C\equiv CH$$

訳注　ジェミナル(geminal)は「双子」，ビシナル(vicinal)は「近隣」を意味する形容詞であり，有機化学ではそれぞれ，同一炭素に結合する二置換体，隣接炭素に結合する二置換体を表す接頭語である．

246 ◎ 12章 アルキン

または，次に示すように過剰の $NaNH_2$ を用いるだけでもよい．

$$R-CHBr-CH_2Br \xrightarrow[\text{2. } H_2O]{\text{1. 過剰の}NaNH_2} R-C\equiv CH$$

練習問題 次に示すそれぞれの反応式について，主生成物を予測しなさい．

12.6
$$\xrightarrow[\text{2. } H_2O]{\text{1. 過剰の}NaNH_2}$$

12.7
$$\xrightarrow[\text{2. } H_2O]{\text{1. 過剰の}NaNH_2}$$

12.8
$$\xrightarrow[\text{2. } H_2O]{\text{1. 過剰の}NaNH_2}$$

12.9
$$\xrightarrow[\text{2. } H_2O]{\text{1. 過剰の}NaNH_2}$$

12.3 末端アルキンのアルキル化

12.1 節で，末端アルキンは（ナトリウムアミドのような）強塩基で処理すると脱プロトン化し，アルキニドイオンを与えることを学んだ．

$$R-C\equiv C-H \xrightarrow{\ ^-:NH_2\ } R-C\equiv C:^-$$
アルキニドイオン

アルキニドイオンは非常に強い求核剤である．実際，アルキニドイオンは，適切な求電子剤と反応させると，S_N2 反応の求核剤として作用する．

$$R-C\equiv C:^- + R-X \xrightarrow{S_N2} R-C\equiv C-R$$
求核剤　　　求電子剤

この反応は，求電子剤がハロゲン化メチル（CH_3X）か第一級のハロゲン化物（RCH_2X）であるときにだけ有効である（というのは，第二級や第三級のハロゲン化物では，置換反応よりも脱離反応が優先的に進むからである）．

この S_N2 反応過程では，アルキル基の導入が行われるので，アルキル化（alkylation）反応と呼ばれている．例として，ヨウ化エチルが求電子剤として用いられる次のアルキル化過程を考えよう．

$$\xrightarrow[\text{2. EtI}]{\text{1. }NaNH_2}$$

反応が二段階を必要とすることに注意しよう．最初の段階では，末端アルキンが脱プロトン化し，アルキニドイオンが生成する．次の段階で，アルキニドイオンが求核剤として働き，S_N2反応でヨウ化エチルを攻撃し，生成物（内部アルキン）を与える．

もし出発物がアセチレン（H－C≡C－H）なら，両末端は別々にアルキル化される．たとえば，

この場合，エチル基が一方に導入され，メチル基が他方に導入される．反応の順番（エチル基とメチル基のどちらが最初に導入されるか）は重要ではない．つまり，いずれのアルキル基も最初に導入することができる．

同じアルキル基を二つ導入する場合（たとえば二つのエチル基）にも，各アルキル基を別々に導入する必要がある．つまり，次の四つの段階が必要となる．

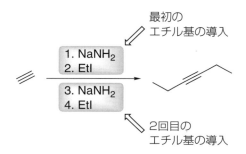

最初の二つの段階は一つのエチル基を導入するために使われ，次の二つの段階が，もう一つのエチル基を導入するために使われる．決して，試薬を次のように示してはならない．

この条件では反応はうまくいかない．なぜだろうか．（2当量のNaNH₂で処理したとき）アセチレンは二度脱プロトン化されず，ジアニオンは生成しないからである．

ジアニオン
（非常に高エネルギー）

このジアニオンはエネルギーが高く，生成しない．そのため，もし1 molのアセチレンを2 molのNaNH₂で処理しても，1 molのナトリウムアミドが反応混合物中に残ってしまう．そうすると，反応フラスコにヨウ化エチルが加えられたとき，これらの過剰のアミドアニオンがヨウ化エチルと反応してしまう（置換反応や脱離反応が起こる）．そのため，アセチレンの両側にアルキル基を導入するときには，それぞれのアルキル基を別々に導入しなければならない．

248 ◎ 12章 アルキン

練習問題 次のそれぞれの変換反応に必要な試薬を示しなさい.

12.10

12.11

12.12

12.13

12.4 アルキンの還元

11.3 節で学んだように，アルケンの二重結合に対し，（Pt, Pd, Ni のような）適切な触媒の存在下で水素分子(H_2)が反応することを思いだそう. その生成物はアルカンである.

$$\xrightarrow[\text{Pt}]{\text{H}_2}$$

この水素化と呼ばれる反応では，アルケンはアルカンへ還元されている（reduced）といわれる〔還元（reduction）という用語の定義は 13.5 節を参照〕. 水素化反応はアルキンでも観察される. Pt のような触媒の存在下，H_2で処理すると，アルキンは還元されてアルケンを与える. アルケンが生成するとすぐに，（このような条件下では）さらに還元が進行してアルカンが得られる.

$$\xrightarrow[\text{Pt}]{\text{H}_2} \left(\right) \xrightarrow[\text{Pt}]{\text{H}_2}$$

括弧は，このような条件下でアルケンを単離するのは難しいことを示している. なぜなら，出発物のアルキンよりもアルケンのほうが水素化に対してより反応性が高いからである. 生成物としてアルケンを望むなら，被毒化触媒（poisoned catalyst）とも呼ばれる，部分的に不活性化された触媒を用いなければならない. 一例はリンドラー触媒（Lindlar's catalyst）と呼ばれるもので，$CaCO_3$と少量のPbO_2を用いて調製された Pd 触媒である. アルキンがリンドラー触媒存在下，水素ガスで処理されると，シスアルケンが生成物として得られる.

$$\xrightarrow[\text{リンドラー触媒}]{\text{H}_2}$$

（ちょうど11.3 節で学んだように）水素化はシン付加で起こることに注意しよう. したがって，この反応はトランスアルケンの合成には使うことができない. もしトランスアルケンがほしいときには，まったく異なる反応過程，次に示す溶融した金属による還元反応（dissolving metal reduction）と呼ばれる方法を使わなければならない.

12.4 アルキンの還元 ◎ 249

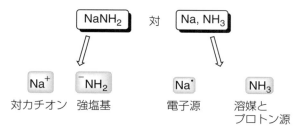

この反応の試薬は金属ナトリウム(Na)と液体アンモニア(NH₃)であることに注意しよう．これらの試薬とナトリウムアミド(NaNH₂)とは，決して混同してはいけない．すでに学んだように，NaNH₂は強塩基であり，末端アルキンの脱プロトン化に用いられる．それとは異なり，金属ナトリウムは電子供給源であり，液体アンモニアは，その溶媒であると同時にプロトン供給源である．

金属ナトリウムが液体アンモニアに溶解するとき(Na, NH₃)，得られた混合物は電子とプロトンの両方の供給源となる．これは，溶融した金属による還元反応で受けいれられている反応機構の段階において見られる．この機構の最初の二段階を次に示す．

最初の段階では，1個の電子がアルキンへ移動する．それから次の段階で，プロトン移動が起こる．これら二段階を合わせると，1個の水素原子(1電子＋1プロトン＝1水素原子)が導入されることになる．後半の二段階へ進む前に，最初の二段階の重要な特徴を調べておこう．最初の段階は，片鈎の曲がった矢印を使っていることに注目しよう．この矢印は釣り針矢印と呼ばれており(この矢印が釣り針に似ているため)，ただ1個の電子の動きを示している．たとえば，ナトリウム原子は最初の段階で1個の電子だけを移動させており，釣り針矢印がその1個の電子の動きを示すのに使われている．一段階目のほかの2本の矢印もまた釣り針矢印であり，それぞれは1個の電子を示している．しかしながら，この反応機構の第二段階では，より見慣れている両鈎の矢印が使われている．これらの曲がった矢印は，それぞれ2個の電子の動きを示している．この反応機構は比較的めずらしい．なぜなら，2種類の曲がった矢印(片鈎および両鈎の矢印)を使っているからである．

最初の段階のもう一つの特徴も注意に値する．最初の段階で生成した中間体に注目しよう．

250 ◎ 12章 アルキン

この中間体はラジカルアニオン（radical anion）と呼ばれている．なぜなら，この中間体は不対電子（したがってラジカル）と負電荷（したがってアニオン）の両方をもっているからである．不対電子と孤立電子対が，互いの反発を避けるように，できるだけ離れた位置に存在していることに注意しよう．このためR基がトランス配置をとり，引き続く反応でもその配置を保っている．これによって立体選択性（アンチ付加）を説明できる．

後半の二段階の反応機構は，（再び）電子移動とそれに続くプロトン移動である．

電子移動　　　　　　　　プロトン移動

まとめると，これら最後の二段階では，1個の水素原子（1電子＋1プロトン＝1水素原子）が導入される．全体として，反応機構は四段階からなる．初めの二段階で1個の水素原子が導入され，後の二段階でもう1個の水素原子が導入される．結果として，2個の水素原子がアンチ付加型で導入される．

以上で，アルキンを還元する三つの方法を学んだことになる．

練習問題　次に示すそれぞれの反応で，予測される生成物を書きなさい．

12.14　H_2 / Pt

12.15　H_2 / リンドラー触媒

12.16　Na, NH_3

12.17　H_2 / リンドラー触媒

12.18　Na, NH_3

12.19　次に示す一連の反応式について，各空欄を予測される生成物で埋めて完成させなさい．

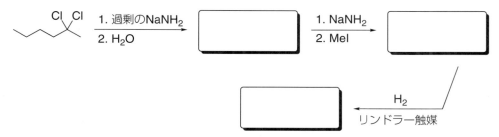

12.20 1-ペンチンを次の各化合物へ変換するために用いる試薬を示しなさい．

(a) ペンタン
(b) 2-ヘキシン
(c) 3-ヘプチン
(d) *cis*-4-オクテン
(e) *trans*-4-オクテン

12.5 アルキンの水和

11.6 節で学んだように，アルケンと酸の水溶液からアルコールが生成する反応を思いだそう．

この反応は酸触媒水和と呼ばれており，π 結合に対して H と OH が付加する反応である．OH 基は置換基のより多い位置に導入されることが知られている（マルコウニコフ付加）．速度は遅いけれども，アルキンにもマルコウニコフ付加による酸触媒水和反応が起こることが知られている．この反応は，反応混合物に硫酸水銀（$HgSO_4$）を加えると，著しく加速することが知られている．

ここで示す試薬（H_2SO_4, H_2O）と $HgSO_4$ を混同してはならない．これらの試薬はアルケンの水和反応のときと同じである（H_2SO_4, H_2O は H_3O^+ と同じである）．（試薬における）ここでのただ一つの違いは，触媒として硫酸水銀（$HgSO_4$）を使うことである．

最初の生成物は，π 結合（アルケン，alk<u>ene</u>）と OH 基（アルコール，alcoh<u>ol</u>）の両方をもっており，そのためエノール（enol）と呼ばれることに注意しよう．上記の反応式中の括弧は，エノールがケトンに素早く変換されてしまうために単離できないことを示している．これが起こる理由を理解するために，まずエノールとケトンの関係を考えよう．両者は同じ分子式をもっているが，その構造（原子間の結合様式）が異なっており，構造異性体（constitutional isomer）と呼ばれる．

252 ◎ 12章 アルキン

$$\text{OH} \quad \text{O}$$

$$C_3H_6O \qquad C_3H_6O$$

より詳しくいうと，それらは<u>互変異性体</u>(tautomer，構造異性体の下層分類)と呼ばれる．なぜなら，次に示すように，影をつけたプロトンの移動によって相互変換できるからである．

$$\xrightarrow[\substack{\text{または}\\\text{塩基触媒}}]{\text{酸触媒}}$$

(影をつけた)プロトンの移動は，π結合の位置の変化に伴って起こる．この平衡過程は<u>互変異性</u>(tautomerizm)と呼ばれ，酸あるいは塩基によって触媒される．次に示すのは，酸性条件下の互変異性の機構である．

エノール　　　　　　　　　　　　　　　　　　　ケトン

共鳴安定化した中間体

この機構が二段階だけであることに注意しよう．最初の段階はプロトン化であり，共鳴安定化した中間体を与え，次の段階で脱プロトン化が起こり，ケトンが生成する．この過程は，ケトン側に大きく傾いた平衡反応によって支配されている．実際，エノールの検出は困難であることが多い(ある種のエノールは，少量ではあるが，つねに存在する)．

まとめると，アルキンは酸触媒の水和反応を受け，ケトンを生じる．

$$\xrightarrow[\text{HgSO}_4]{\text{H}_2\text{SO}_4,\ \text{H}_2\text{O}}$$

エノールを生成物として<u>書かないように</u>注意しよう．その間違いは避けよう．エノールは単離されないので，生成物として書くべきではない．互変異性過程は一般にエノールよりもケトンの生成を好む(次の節で例外を知ることになる)．

この反応は末端アルキンに最も有用であり，末端アルキンはメチルケトンへと変換される．

$$R\text{—}\!\!\equiv \xrightarrow[\text{HgSO}_4]{\text{H}_2\text{SO}_4,\ \text{H}_2\text{O}} R\text{—}\!\!\overset{\text{O}}{\text{C}}\text{—}\text{CH}_3$$

12.5 アルキンの水和 ◎ 253

もし出発物が（末端アルキンではなく）内部アルキンなら，得られるのは混合物であるが，合成方法
としては非効率的である．

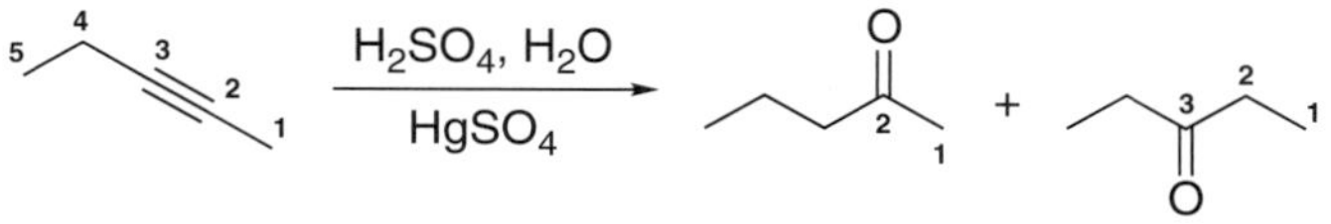

内部アルキンの水和は，対称アルキンであるときにだけ有効である．対称アルキンでは，次の例
に見られるように単一の生成物が得られる．

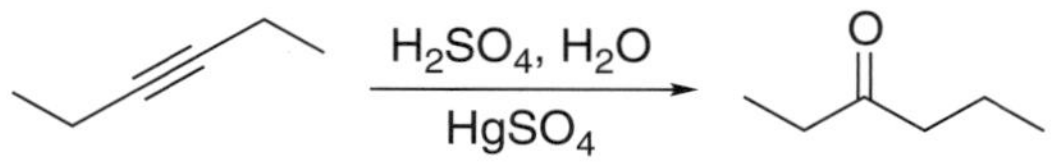

この例では，ただ一つの可能な位置選択性生成物がある．3-ヘキサノン（3-hexanone）が水和反応
の唯一の生成物である．

練習問題 次に示すそれぞれの各反応で，予測される生成物を書きなさい．

12.21

12.22

12.23

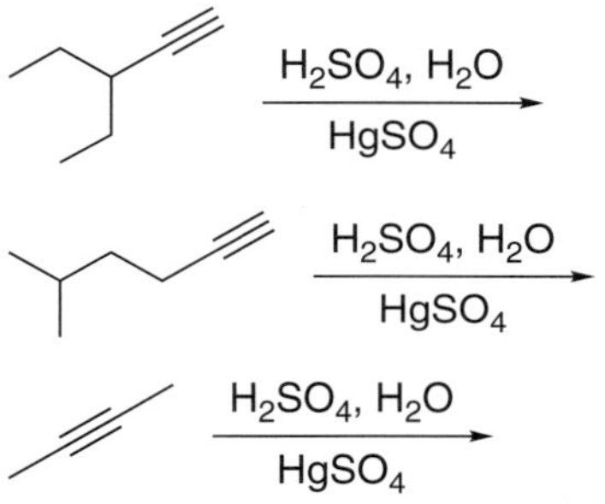

11.7 節では，π結合に対して H と OH を付加するもう一つの方法をすでに学んだ．この方法は
ヒドロホウ素化–酸化反応と呼ばれ，アルケンをアルコールに変換し，OH 基を置換基のより少な
い位置に導入する（逆マルコウニコフ付加）．

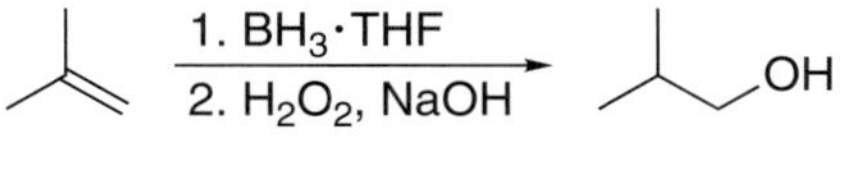

アルキンでも，ヒドロホウ素化–酸化反応が進行することが知られている．

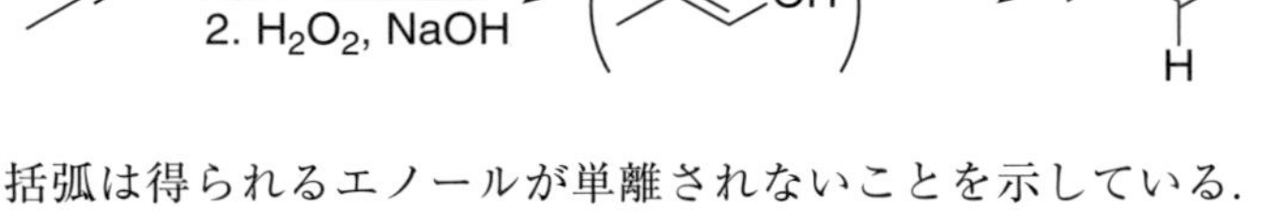

繰返しになるが，括弧は得られるエノールが単離されないことを示している．このような条件で
は，エノールは素早い互変異性によってアルデヒドを生成する．

次に示すのは，塩基性条件下での互変異性の機構である．

254 ◎ 12章 アルキン

この機構が二段階だけであることに注意しよう．最初の段階は脱プロトン化であり，共鳴安定化した中間体を与え，次の段階でプロトン化が起こり，アルデヒドが生成する．これら二つの段階は，酸触媒条件下での互変異性に似ているが，順番は逆である．酸触媒条件下では，最初の段階がプロトン化であり，カチオンを生じる．塩基性条件下では，最初の段階が脱プロトン化であり，アニオンを生じる．

まとめると，末端アルキンはヒドロホウ素化－酸化反応を受け，アルデヒドを与える．

ヒドロホウ素化段階の試薬に注目しよう．アルキンのヒドロホウ素化には，ボラン(BH_3)よりも，ジアルキルボラン(R_2BH)を用いる．アルキル基が立体的嵩高さを与え，出発物のアルキンがボラン2分子と続けて反応するのを防いでくれる（アルキンは2本のπ結合をもっており，それぞれがボラン分子と反応してしまう可能性がある）．もし君が特定のジアルキルボランを必要とするなら，講義ノートや教科書を見直すべきである．次に二つの例を示す．

ジシアミルボラン　　　　9–BBN

練習問題　次に示すそれぞれの反応で，予測される生成物を書きなさい．

12.24

1. R_2BH
2. H_2O_2, NaOH

12.25

1. R_2BH
2. H_2O_2, NaOH

12.26

1. R_2BH
2. H_2O_2, NaOH

12.6 ケト-エノール互変異性 ◎ 255

　この節では，末端アルキンを水和する二つの方法を学んだ．酸触媒の水和反応は末端アルキンをメチルケトンへ変換し，一方，ヒドロホウ素化－酸化反応はアルデヒドを与える．

　酸触媒水和反応では C2 位にカルボニル基(C＝O)が導入されるのに対し，ヒドロホウ素化－酸化反応では C1 位にカルボニル基が導入されることに注意しよう．

練習問題　次のそれぞれの変換反応に必要な試薬を示しなさい．

12.27

12.28

12.29

12.30

12.6　ケト-エノール互変異性

　前節では，エノールが酸または塩基触媒の存在下で互変異性化を受けることを学んだ．

　実際には，反応容器から痕跡量の酸または塩基をすべて取り除くことは非常に困難であり，したがって一般には互変異性化は避けがたい．そこでエノールとケトンの平衡状態における定量を，一般にはケトンがはるかに優勢であるが，行う．君が有機化学を学ぶ際，ケト-エノール互変異性(keto-enol tautomerizm)に何度か出合うことになるので，この重要なトピックについて多少時間

256 ◎ 12章 アルキン

を費やそう．

　まず第一に，互変異性体と共鳴構造を混同しないことが大事である．その違いを示すために，前節で見た酸触媒による互変異性化反応の機構を復習しよう．

化合物1と2（エノールとケトン）は互変異性体である．つまり，それらは二つの異なる化合物であり，互いに平衡にあり，平衡状態ではどちらも存在する．一方，構造AとBは二つの異なる化合物を示しているのではない．それらはいずれも一つの実体（中間体）を表している．この反応では，ただ一つの（二つではない）中間体が存在し，それは共鳴安定化されている（構造AとB）．1と2（互変異性体）の関係は，AとB（共鳴構造）の関係とはまったく異なる．

　塩基性条件下でのケト−エノール互変異性を考えるときも，同じ考え方があてはまる．

再び，化合物1と2（エノールとケトン）は互変異性体であり，構造CとDはただ一つの中間体の共鳴構造である．

　すでに述べたように，ケト−エノール互変異性では一般にケトンが優勢である．そのことを非対称の平衡の矢印を使って次に示す．

もちろん，エノールのほうが優勢である例外はいくつかあり，講義を受けていくうちに，少なくともこれら例外のうちの一つ（次に示す）に出合うであろう．フェノールとその互変異性体について考えよう．

12.6 ケト–エノール互変異性

これら二つの化合物は実際に互変異性体である．しかしこの場合，ケトンは優勢ではない．エノールが非常に優勢であるので，平衡状態でケトンの量は無視できる．なぜだろうか．（この場合）エノールは，ケトンにはない特別な安定性をもっている．具体的にいうと，エノールはベンゼン環にあるのと同じ芳香環(aromatic ring)をもっている．

君は有機化学の講義ですでに，芳香族性という概念を習っているかもしれない．あるいはすぐに，それを習うことになるかもしれない．いずれにしろ，芳香環にかかわる安定性が大事であることを知るのは重要であり，この場合には互変異性化過程が，芳香族性のエノールがケトンより安定である原因となっている．

さて，反応機構の書き方に集中しよう．互変異性化過程の機構を書くときには，（カチオンを生じる）プロトン化で始めるか，あるいは（アニオンを生じる）脱プロトン化で始めるかを決める必要がある．その選択は，用いる条件と一致していなければならない．たとえば，アルキンの酸触媒水和反応(12.5節)では，エノールは酸性条件で生成している．反応条件が酸性なので，互変異性化過程はプロトン化（酸触媒互変異性化）で始まり，カチオン性の中間体を与える．まず脱プロトン化が起こるように書くのは間違いである．なぜなら，得られる中間体（アニオンは強塩基性である）は，酸性条件とは一致しない．同様にアルキンのヒドロホウ素化–酸化反応では，互変異性化過程は脱プロトン化（塩基触媒互変異性化）で始まるので，アニオン性中間体を与える．まずプロトン化が起こるように書くのは間違いである．なぜなら，得られる中間体（カチオンは強酸性である）は，塩基性条件とは一致しない．

次に，反応機構を書くときに考えるべきそのほかの点に注目しよう．酸性条件下の互変異性化過程では，学生は間違った反応機構を導くような誤りを犯すことがよくある．具体的には，最初のプロトン化過程でπ結合よりもOH基をプロトン化してしまう．これは誤りである．なぜなら，この中間体は共鳴安定化していないからである．

これに対し，π結合のプロトン化はより安定であり，共鳴安定化している中間体を与える．

258 ◎ 12章 アルキン

そしてC=O結合をもつ共鳴構造を書いてしまえば，正しい経路を理解できるはずである．なぜなら，脱プロトン化によってケトンが生じるからである．

この脱プロトン化過程に，塩基として（水酸化物イオンではなく）水が使われることに注意しよう．なぜだろうか．再び，用いる酸性条件と一致していなければならない．ここで塩基として水酸化物イオンが作用することを示すことはできない．なぜなら，水酸化物イオンは強塩基であり，酸性条件とは一致しないからである．酸性条件下では，水（弱塩基）が脱プロトン化過程の塩基として作用する．

　同じような理由で，塩基性条件下で互変異性化が起こるとき，最後のプロトン化段階ではプロトン源として（H_3O^+ではなく）水が示される．

なぜH_3O^+を示すことができないのか．なぜなら，用いた塩基性条件と一致していなければならないからである．H_3O^+は強酸であり，塩基性条件とは一致しない．塩基性条件下では，水（弱塩基）がプロトン化過程のプロトン源として作用する．

例題 12.31　次に示すエノールの構造を考えなさい．もし，この化合物を合成できたとしても，それを単離したり貯蔵したりすることはできない．素早い互変異性化が起こるからである．

(a) 得られる互変異性体の構造を書き，酸性条件下でそれが生成する機構を示しなさい．
(b) 塩基性条件下で互変異性が起こると仮定し，その過程の機構を書きなさい．

解答　(a) 酸性条件下では，最初の段階はプロトン化であり，プロトン源としてH_3O^+を用いる．OH基ではなく，π結合がプロトン化するように間違いなく書こう．得られた中間体は共鳴安定化している（もしそうでなければ，何か間違いをしている！）．

12.6 ケト-エノール互変異性 ◎ 259

最後に脱プロトン化が互変異性体(この場合はアルデヒド)を与える.

水は脱プロトン化過程で塩基として作用することに注意しよう. 君が書いた反応機構で水酸化物イオンが示されているなら, それは間違いである. なぜなら, この反応は酸性条件下で起こり, 酸性条件は水酸化物イオン(強塩基)とは一致しないからである.

(b) 塩基性条件下では, 最初の段階は脱プロトン化である. 水酸化物イオンが塩基として作用し, 共鳴安定化したアニオンを与える.

最後にプロトン化がアルデヒドを与える.

水はプロトン化過程でプロトン源として作用することに注意しよう. 君が書いた反応機構で H_3O^+ が示されているなら, それは間違いである. 塩基性条件は H_3O^+(強酸)とは一致しないからである.

問題 12.32 次に示す化合物は, 単離したり貯蔵したりすることはできない. 素早い互変異性化が起こるからである.

(a) 酸性条件下で互変異性過程が起こると仮定して, 次の余白に, その機構を書きなさい.

260 ◎ 12章 アルキン

(b) 塩基性条件下で互変異性過程が起こると仮定して，次の余白に，その機構を書きなさい．

問題 12.33　次に示す化合物は，単離したり貯蔵したりすることはできない．素早い互変異性化が起こるからである．

(a) 酸性条件下で互変異性過程が起こると仮定して，次の余白に，その機構を書きなさい．

(b) 塩基性条件下で互変異性過程が起こると仮定して，次の余白に，その機構を書きなさい．

問題 12.34　次に示す化合物は，単離したり貯蔵したりすることはできない．素早い互変異性化が起こるからである．

(a) 酸性条件下で互変異性過程が起こると仮定して，次の余白に，その機構を書きなさい．

12.7 アルキンのオゾン分解 ◎ 261

(b) 塩基性条件下で互変異性過程が起こると仮定して，次の余白に，その機構を書きなさい．

12.7 アルキンのオゾン分解

11.12節で学んだように，オゾン分解と呼ばれる反応によってアルケンが切断されることを思いだそう．

アルキンでも，オゾンで処理し，ついで水で処理すると酸化的開裂 (oxidative cleavage) が起こることが知られている．ただし，生成物はカルボン酸である．

この反応を末端アルキンに対して行うと，末端側の炭素は二酸化炭素に変換され，他方の炭素はカルボン酸へと変換される．

練習問題 次に示すそれぞれの反応で，予測される生成物を書きなさい．

12.35

12.36

12.37

12.38

13章 アルコール

アルコールは OH 基(ヒドロキシ基)をもつ化合物である．この章ではアルコールの合成法と，アルコールをそのほかの化合物に変換する方法を学ぶ．

13.1　アルコールの命名と分類法

5章で命名法の基本を学んだ際に，アルコールの命名法と，そのほかにアルコールが三つのグループに分類されることも学んだ．

第一級　　第二級　　第三級
R-OH　　R₂CH-OH　　R₃C-OH

アルコールの分類法(第一級，第二級，第三級)は，OH 基が結合している α 炭素の置換の程度を示している．この分類は，この章の後半でアルコールの反応を検討する際に重要になるが，とくに分類(第一級，第二級，第三級)が反応の結果に影響する場合がある．

例題 13.1　次に示すアルコールが，第一級，第二級，第三級のいずれであるかを決めなさい．

解答　まず，OH 基が直接結合している炭素原子(α炭素)を見つける．

次に，α 炭素に直接結合しているアルキル基の数を数える．いまの場合，アルキル基は二つである．

13.2　アルコールの溶解度を予測する　◎　263

したがって，この化合物は第二級アルコールである．

練習問題　次に示すアルコールが，第一級，第二級，第三級のいずれであるかを決めなさい．

13.2　　　　　　　　　　　　　　　　　　　**13.3**

13.4　　　　　　　　　　　　　　　　　　　**13.5**

13.2　アルコールの溶解度を予測する

　アルコールは定義によって，その構造に OH 基を含む．したがって水素結合が起こると予想される．

　水素結合(hydrogen bonding)は，（水素結合という名をもってはいるが）結合を意味するのではない．この名前はいささか誤解を招きやすい．実際のところ，水素結合は分子の間の引力(分子間力)を表している．この引力は一時的なものであり，液相や気相で素早く移動している．2分子のアルコールが互いに近づくと，一時的に引き合う．温度が十分低く，アルコールが固体であれば，この力は実際にアルコール分子を結晶状態に保つ．しかし液相や気相では，分子は互いにぶつかり合い，長時間結びつけられてはいない．

　なぜ誤解を招く名前(水素結合)が用いられるのだろう．高校で勉強していたとき，ねじれた梯子のように見える DNA らせん(DNA helix)の模型を見たことがあるだろう．このねじれた梯子は，実際には二つの巨大分子(それぞれが1本の調理済みのスパゲティのように見える)が互いにからみ合ったものである．梯子のそれぞれの横木は，二つの分子の間の水素結合である．それぞれの水素結合自体は，二つの巨大分子を結びつけるほど強くはない．しかし，（何百万もの水素結合の）累積効果が，二つの分子をねじれたらせんに保っている．このことは，なぜわれわれがこの相互作用(梯子の横木)を水素結合と呼ぶかを理解する助けになるだろう．これはまた，なぜらせんの「チャック」が容易に開くかを説明してくれる．

　君は有機化学の講義の終わりに DNA の構造を学ぶかもしれないが，さしあたりは小さい分子に集中するので，水素結合を相互作用，一種の分子間力と理解しておこう．

どのアルコールにしても，水素結合相互作用の強さは濃度に大きく依存する．高濃度のアルコールでは，相当な強さの水素結合相互作用がどの瞬間にも働いている．しかし，水素結合をつくらない溶媒でアルコールを薄めると，水素結合の効果は最小になる．

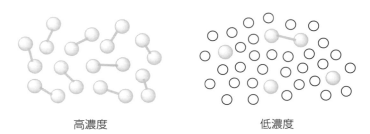

高濃度　　　　　　　　　　低濃度

ここでアルコールと水素結合相互作用できる溶媒(たとえば水のような溶媒)で薄めると考えよう．そのような場合，相互作用はきわめて強く(高濃度のアルコールの場合と同じ)，このことはなぜメタノールが水と混じり合うかを説明する．混じり合う(miscible)という用語は，メタノールが水と任意の割合で混ざる(互いに溶け合う)ことを意味する．しかし，すべてのアルコールが水と混じり合うわけではない．実際，ごく小さいアルコール(メタノール，エタノール，プロパノール，tert-ブチルアルコール)だけが水と混じり合う．その理由を理解するためには，それぞれのアルコールは二つの領域〔水と相互作用しない疎水性領域(hydrophobic region)と，水と相互作用する親水性領域(hydrophilic region)〕をもつことを理解する必要がある．

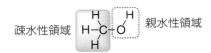

メタノールの場合，分子の疎水性末端はごく小さい．このことはエタノールやプロパノールでも成り立つ．しかし1-ブタノールになると，面白いことが起こる．この分子の疎水性末端は十分に大きいので，混合性が妨げられる．

水と1-ブタノールは混ざるが，どんな割合でも混ざるわけではない．つまり1-ブタノールは水に溶けるが，混じり合うのではない．溶ける(soluble)という用語は，1-ブタノールの一部が室温で一定量の水に溶けることを意味する．

さらに大きい疎水性領域をもつ分子では，溶解度は減少する．たとえば1-オクタノールは，室温ではごく低い溶解度しか示さない．

溶解度を予測するのに役立つ経験則がある．水に対する高い溶解度を示すためには，OH基一つあたり5個以上の炭素原子があってはならない．OH基二つと炭素原子7個をもつ化合物は，水に

対して大きな溶解度をもつが，OH 基一つと炭素原子 7 個をもつ化合物は，水に対して大きな溶解度をもたない．もちろん，この簡単な経験則には多くの例外があるが，アルコールの溶解度を手早く見積もる必要がある場合，この経験則は役に立つだろう．

例題 13.6 次に示すアルコールの，水に対する溶解度が高いか低いかを予測しなさい．

解答 この化合物は OH 基一つに対して炭素原子 8 個をもつ．分子の疎水性領域が大きいので，この分子の水に対する溶解度は低いと予想される．

練習問題 次に示す各アルコールの，水に対する溶解度が高いか低いかを予測しなさい．

13.7　13.8　13.9　13.10

13.3　アルコールの相対的酸性度を予測する

3 章で学んだように，ある化合物の相対的酸性度を決めるには，その共役塩基の安定性を注意深く見積もる必要がある．たとえば

このアルコールがどのくらい酸性かを決めるために　プロトンを除き　共役塩基の安定性を見積もる

アルコールの共役塩基を描くと，負電荷は酸素原子上にあることがわかる．酸素原子上の負電荷は，窒素原子上の負電荷よりはるかに安定であるが，ハロゲン上の負電荷ほど安定ではない．

酸性が増大 →

最も不安定　　　　　　　　　　　　　　　　　　最も安定

したがって酸性度についていえば，アルコールはアミンとハロゲン化水素の間にある．

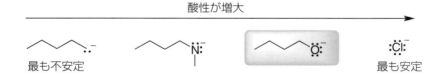

最も酸性が低い　　　　　　　　　　　　　　　　最も酸性が高い

266 ◎ 13章 アルコール

ほとんどのアルコールの pK_a は 15 から 18 の間にある．低い pK_a 値はその化合物がかなり酸性であることを意味し，高い pK_a 値はその化合物の酸性があまり強くないことを意味することを思いだそう．次に示す pK_a 値を比較してみよう．

酸性が増大 →

	R–H	R–NH$_2$	R–OH	X–H
pK_a値	45〜50	35〜40	15〜18	−10〜3

3章で，負電荷を安定させる四つのファクター（ARIO）を学んだ．ARIO の I は誘起（induction）を表す．近くのハロゲンは電子密度を引きつけ，負電荷を安定化する．

Cl〜〜O⁻ は 〜〜O⁻ より安定

したがって，ハロゲンが含まれるとアルコールの pK_a 値が 14 付近まで下がる．いいかえれば，ハロゲンが含まれるとその化合物の酸性度は上がる．

次に示す二つのアルコールの比較は面白い．

シクロヘキサノール
pK_a = 18

フェノール
pK_a = 10

シクロヘキサノールの pK_a は 18，フェノールの pK_a は 10 だから，フェノールの酸性はシクロヘキサノールの酸性より 8 桁高い．いいかえれば，フェノールの酸性はシクロヘキサノールの酸性の 1 億倍である．なぜ，そんなに大きな差がでるのだろうか．アルコールの期待される範囲（15 〜 18）から，シクロヘキサノールの pK_a が 18 であるのは理解できる．だから本当に問題になるのは，なぜフェノールの pK_a がそんなに低いかである．フェノールはなぜ普通のアルコールに比べて著しく酸性が強いのだろうか．この問題，つまりフェノールの酸性を説明するのに，われわれは ARIO の「R」（共鳴）を用いる．

共鳴安定化

フェノールの共役塩基は共鳴によって安定化されている．これが，フェノール性プロトンが典型的なアルコール性プロトンより酸性が強い理由である．

13.4 アルコールの合成 —— 復習 ◎ 267

例題 13.11 次に示す化合物中で，最も酸性が強いプロトンを決めなさい．

$$\text{HO}\diagdown\diagup\overset{\text{F}\quad\text{F}}{\diagdown}\diagup\text{OH}$$

解答 この化合物では二つの OH 基が 2 個の酸性プロトンの源であるが，どちらのプロトンがより酸性であるかを決めなければならない．まず，それぞれの共役塩基を書き，次に四つのファクター（ARIO）を用いて二つの共役塩基を比較する．

どちらの場合も負電荷は酸素原子上にあるので，1 番目のファクター（<u>A</u>RIO）は役に立たない．どちらの構造も共鳴によって安定化されていないので，2 番目のファクター（A<u>R</u>IO）も役に立たない．この場合，どちらの構造がより安定かを示すのは 3 番目のファクター（誘起）である．どちらの共役塩基も 2 個のフッ素原子の電子求引効果によって安定化されている．しかし，より安定な共役塩基は 2 個のフッ素原子が負電荷を帯びた酸素原子に近いほうである．

したがって，次に示す影をつけたプロトンの酸性が最も強い．

練習問題 次に示す化合物の対のうち，酸性が強いほうの化合物を決めなさい．君は選択の理由を説明できなければならない．

13.12
13.13
13.14
13.15
13.16
13.17

13.4 アルコールの合成 —— 復習

　この章では，アルコール合成のさまざまな方法を学ぶ．まず，これまでの章で学んださまざまな

268 ◎ 13章　アルコール

反応を振り返ってみよう．次に示す反応は，すべてアルコール合成に用いられる．

置換　　　　　　　　　　　　　付加

アルコール合成に用いられる<u>新しい</u>反応を学ぶ前に，すでに学んだ上記の方法を覚えているかどうか確かめなくてはならない．少し練習してみよう．

例題 13.18　次に示す変換を実現するために，どんな試薬を用いればよいか．

解答　この場合，H と OH は π 結合にアンチマルコウニコフ機構で付加する．立体中心は生じないから，立体化学は関係しない．水を π 結合にアンチマルコウニコフ付加させる唯一の方法は，ヒドロホウ素化−酸化である．したがって解答は次のようになる．

練習問題　次に示すそれぞれの変換を実現するために，どんな試薬を用いればよいか．

13.19

13.20

13.21

13.22　＋　そのエナンチオマー

13.5 還元によるアルコールの合成

　この節では，還元(reduction)によるアルコール合成を学ぶ．還元という用語が何を意味するのか理解するために，酸化状態とは何かを振り返ってみる必要がある．それをやってみよう．

　電子の数え方には形式電荷(formal charge)と酸化状態(oxidation state)の二つの方法がある．この二つの数え方は，実のところ1枚のコインの裏と表のようなものである．形式電荷を計算する際，われわれはすべての結合を，実際どうかに関係なく，共有結合として扱う．

すべての電子が等しく
共有されていると考える
（すべて共有結合）

この方法を用いると，炭素原子は4個の自分自身の電子をもっているように見える

　すべての結合を共有結合として扱うと，炭素原子は本来4個の電子をもっているように見える．炭素原子は4個の価電子をもつと思われている．炭素原子がもっているように見える電子の数と，本来もっている電子の数を比較すると，この場合はすべてがうまくいっているのがわかる．炭素原子は4個の価電子をもつと思われ，明らかに4個の価電子を用いている．したがってこの場合，形式電荷はない．

　コインの反対側について，同じ炭素原子の酸化状態を計算してみよう．原子の酸化状態を計算する際には，すべての結合を，実際どうかに関係なく，イオン結合として扱う．

すべての電子が完全に
共有されていないと考える
（すべてイオン結合）

この方法を用いると，炭素原子は5個の自分自身の電子をもっているように見える

　それぞれの結合において，2個の電子は電気陰性度の大きいほうの原子に割り当てられる．C—Cl結合では塩素の電気陰性度のほうが大きいので，塩素が2個の電子を得る．各C—H結合では，ごくわずかではあるが，炭素の電気陰性度は水素のそれよりも大きいので，どちらの場合も炭素原子が2個の電子を得る．ところがC—C結合では，どちらかの炭素原子がもう一方の炭素原子より電気陰性度が大きいことはありえないので，各炭素原子に1個の電子を割り当てる．ここで電子を数えると，炭素原子は自分のものとして5個の電子を用いているように見える．しかし炭素原子は本来，ただ4個の電子をもつはずであるから，この炭素原子は電子を1個よぶんに使っている．したがって，この炭素の酸化状態は−1である．

　形式電荷と酸化状態は，電子密度を評価する二つの異なる方法である．どちらの方法も完全に正確ではない．どちらの方法も，真実ではない極端な状況を想定している．形式電荷はすべての結合が共有結合であるという（一般的には正しくない）前提に基づいて計算している一方，酸化状態はすべての結合がイオン結合であるという（一般的には正しくない）前提に基づいて計算している．この本の前半で，われわれはもっぱら形式電荷を学んだので，この節では酸化状態を集中的に学ぼう．

　炭素の酸化状態は−4から+4の範囲にある．

270 ◎ 13章 アルコール

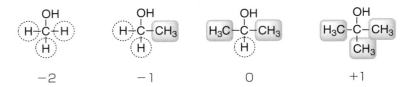

アルコール中の炭素原子の酸化状態は，その炭素原子に結合している原子の種類によって決まる．次にいくつかの例を示す（ここに示された酸化状態が正しいことを計算して確かめよう）．

では，練習してみよう．

例題 13.23 次に示す影をつけた炭素原子の酸化状態を計算しなさい．

解答 それぞれの結合で，電気陰性度が大きいほうの原子に2個の電子を与える．C–O結合では，電気陰性度の大きい酸素原子が2個の電子を得る．それぞれのC–C結合では，電子は等しく共有される（1個の電子が1個の原子に，もう1個の電子がもう1個の原子に割り当てられる）．C–H結合では，炭素原子はごくわずかだが，水素原子より電気陰性度が大きいので，炭素が2個の電子を得る．

ここで数えると，炭素は4個の電子を使っているように見える．次にこの数を，炭素原子が本来もっていると考えられる価電子（4個の価電子）と比較する．この炭素原子は，まさしく正しい数の電子を使っている．つまり，この炭素原子の酸化状態は0である．

練習問題 次に示すそれぞれの化合物中の，影をつけた炭素原子の酸化状態を計算しなさい．

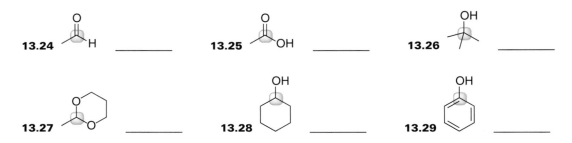

13.5 還元によるアルコールの合成 ◎ 271

それでは，次に示すそれぞれの化合物中の，中心炭素原子の酸化状態を比較しよう．

アルカン	アルコール	アルデヒド	カルボン酸	二酸化炭素
−4	−2	0	+2	+4

全体的な傾向に注目しよう．両極端(アルカンと二酸化炭素)を無視し，中央の三つの化合物，アルコール，アルデヒド，カルボン酸に注目する．カルボン酸の酸化状態はアルデヒドより高く，そのアルデヒドの酸化状態はアルコールより高い．ここで，アルコールをアルデヒドあるいはカルボン酸に変換する反応を行っていると想像しよう．この反応は酸化状態を増やすものである．酸化状態を増やす反応を行うごとに，<u>酸化</u>が起こったという．したがって第一級アルコールのアルデヒドまたはカルボン酸への変換は，酸化と呼ばれる．

同様に，第二級アルコールのケトンへの変換も酸化と呼ばれる．

酸化を実現するためには，それ自身が還元される何らかの化合物が必要である(その化合物は望みの酸化を起こすので，酸化剤と呼ばれる)．

　酸化状態が<u>減少</u>する反応を行うときはいつも<u>還元</u>が起こったという．たとえば，ケトンあるいはアルデヒドのアルコールへの変換は還元である．

ケトン　　　　　　　　　　アルコール

アルデヒド　　　　　　　　アルコール

　C＝O 結合を還元して得られる生成物は，要するにアルコールである．したがってケトンまたはアルデヒドの還元によってアルコールが得られる．この反応を実現するためには，還元剤が必要である．このためによく用いられる二つの試薬がある．これら試薬の構造を理解するために，周期表から少しばかり学ぶことにしよう．二つの元素，ホウ素とアルミニウムは周期表の同じ族に属している(炭素のすぐ左である)．

これらの元素(ホウ素とアルミニウム)はそれぞれ，3個の価電子をもつ．したがって，これらの元素はそれぞれ，3本の結合をつくる．

$$H-\underset{H}{\overset{H}{B}}-H \qquad H-\underset{H}{\overset{H}{Al}}-H$$

上記の化合物では，ホウ素もアルミニウムもそれぞれの価電子を使って結合をつくるが，どちらもオクテットをもっていないことに注意しよう．両元素は第四の結合をつくり，オクテットをもつことができる．しかしそうすると，両元素は -1 の形式電荷をもつことになる．

水素化ホウ素ナトリウム   水素化リチウムアルミニウム
(NaBH$_4$)   (LiAlH$_4$)

これらの化合物のどちらにおいても，中央の原子(BとAl)は4本の結合と負電荷をもつ．左の化合物(NaBH$_4$)ではNa$^+$が対イオンとして用いられている．右の化合物(LiAlH$_4$)ではLi$^+$が対イオンとして用いられている．対イオンに何が用いられるかは，われわれの議論にはあまり関係ないので，以後はこの問題を取り上げない．

このどちらの試薬(NaBH$_4$またはLiAlH$_4$)も，ケトンまたはアルデヒドを攻撃してアルコールをつくることができる．

この反応機構は少しばかり複雑で，この本の範囲を超えているが，次に示す単純化された反応機構は役に立つかもしれない．

この反応機構の最初の段階を注意深く分析すると，還元剤(LiAlH$_4$)は単にH$^-$源として働いていることがわかる．この第一段階はLiAlH$_4$あるいはNaBH$_4$のどちらを用いても同じである．ついで第

13.5 還元によるアルコールの合成 ◎ 273

二段階で，プロトン源が用いられ，アルコールが生成する．

これでなぜ LiAlH$_4$ と NaBH$_4$ が還元剤として働くかを知った．本質的には，両方とも求核性 H$^-$ の供給源である．だが，なぜ単に水素化ナトリウム(NaH)を用いることができないのだろうか．

これはうまくいかない．求核性は分極率(原子の大きさ)に依存することを思いだそう(10章)．大きい原子(硫黄やヨウ素など)は分極しやすく，その結果，優れた求核剤となる．小さい原子は分極しないので，弱い求核剤である．H$^-$ はもともと小さいので，強い求核剤にはなれない．H$^-$ はよい塩基(実際すばらしい塩基)であるが，よい求核剤ではない．そこで求核性 H$^-$ の「源」として LiAlH$_4$ または NaBH$_4$ を用いる．われわれは LiAlH$_4$ や NaBH$_4$ を求核性 H$^-$ の運び手と見なすことができる．

われわれはケトンやアルデヒドの還元にどちらの試薬も用いることができるが，LiAlH$_4$ と NaBH$_4$ の間にはびっくりするような違いがある．LiAlH$_4$ は，NaBH$_4$ よりはるかに反応性が高い．LiAlH$_4$ の構造をよく見ると，(負電荷を帯びている)中央の原子はアルミニウムである．これに対して NaBH$_4$ では，負電荷はホウ素がもっている．アルミニウムはホウ素よりはるかに大きい(より分極しやすい)ので，LiAlH$_4$ の反応性がはるかに高い．LiAlH$_4$ の高い反応性は，この本の続編(下巻)でより重要になるが，ここではその差は顕著ではない．LiAlH$_4$ と NaBH$_4$ のどちらもケトンやアルデヒドと反応するからである．

さしあたっては LiAlH$_4$ と NaBH$_4$ との間の注目すべき差が一つある．LiAlH$_4$ を用いる場合は，反応後(LiAlH$_4$ がケトンまたはアルデヒドを攻撃する機会を得た後)にプロトン源を加えなければならない．LiAlH$_4$ は反応性が高く，水と激しく反応するからである．これに対して NaBH$_4$ (より反応性が低い還元剤)を用いる際は，NaBH$_4$ がプロトン源と反応するかどうかを心配する必要はない．プロトン源(メタノールがよく用いられる)がフラスコ内で NaBH$_4$ と共存できる．次にその様子を示す．

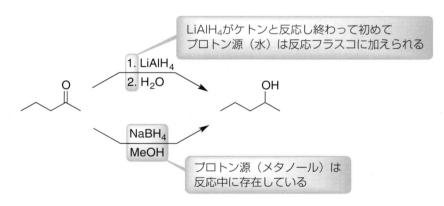

LiAlH$_4$ では反応が二段階になることに注意しよう．

これまでのところ，われわれは求核性 H$^-$ の源(LiAlH$_4$ と NaBH$_4$)を学んだ．このほかにも多くのヒドリド(H$^-$)試薬(あるものは LiAlH$_4$ より反応性が高く，あるものは NaBH$_4$ より反応性が低い)

274 ◎ 13章 アルコール

が合成されている. たとえば

$$
\begin{array}{c}
\boxed{R} \\
| \\
R-Al-H \\
| \\
\boxed{R}
\end{array}
$$

Rは何でもよい

上記のR基を注意深く選ぶことで(電子供与基でも電子求引基でもよい)，ヒドリド試薬の反応性を細かく制御できる. さしあたりは，よく用いられる二つのヒドリド試薬，$LiAlH_4$ と $NaBH_4$ だけに注目しよう.

$LiAlH_4$ または $NaBH_4$ を用いてケトンまたはアルデヒドをアルコールに還元する問題を解いてみよう.

例題 13.30 次に示すアルコールを合成するのに用いるケトンと適当な試薬を選びなさい.

解答 次に示すケトンから上記のアルコールが合成される.

$LiAlH_4$ とそれに続く水，あるいは $NaBH_4$ をメタノールとともに反応させて，上記のケトンを生成物(狙ったアルコール)に変換できる.

1. LiAlH$_4$
2. H$_2$O

NaBH$_4$
MeOH

練習問題 次に示すアルコールを還元反応によって合成する際，出発物となるケトンまたはアルデヒドを決めなさい.

13.31

13.32

13.33

13.34

13.6 グリニャール反応によるアルコールの合成 ◎ 275

13.35

(structure: 1-cyclohexyl with OH, dicyclohexylmethanol)

13.36 (structure: HO-terminated chain)

13.6 グリニャール反応によるアルコールの合成

前節で，ケトンやアルデヒドは適当な H⁻ 源に攻撃されることを学んだ．同様に，ケトンやアルデヒドは適当な R⁻ 源に攻撃される．次の反応を比較してみよう．

(reaction scheme with LiAlH₄ mechanism)

(reaction scheme with R⁻ mechanism)

H⁻ と R⁻ のどちらも，ケトンまたはアルデヒドを攻撃してアルコールに変換できる．おもな差は，炭素骨格に与える効果である．H⁻ では，炭素骨格にまったく変化はない．しかし R⁻ の場合は，炭素骨格が大きくなり，C−C 結合ができるが，これは合成の問題においてきわめて重要であることがわかるだろう．ここではまず，どうすれば R⁻ をつくれるかを考えよう．炭素原子上の負電荷はあまり安定とはいえない(つまり簡単につくれない)ことに注意しよう．

炭素原子上に負電荷をつくるいくつもの方法がある．この講義の後半で君は多くの時間を使って特別な C⁻ 化合物について学ぶが，ここではさしあたりグリニャール試薬(Grignard reagent)と呼ばれる，その種の化合物の一つについて学ぼう．

$$R-MgX$$

ここで R はアルキル基，あるいはアリール基である．グリニャール試薬には，マグネシウム原子と直接結合している炭素原子がある．C と Mg の電気陰性度を比較すると，C は Mg よりはるかに電気陰性である．その結果，炭素はより強く電子密度を引きつけ，負電荷を生じる．

グリニャール試薬は，C−X 結合の C と X(ここで X はハロゲン)の間にマグネシウムを挿入してつくる．

$$R-X \xrightarrow{\text{Mg}} R-Mg-X$$
グリニャール試薬

マグネシウムを挿入する機構は，この講義の範囲を超えているので深入りしない．ここでは Mg を C−X 結合(ここで X は Cl，Br，I)に挿入できることだけを知っておこう．二つの例を示す．

276 ◎ 13章 アルコール

C—X 結合の間にマグネシウム原子が挿入されると，新しくできた C—Mg 結合はいくぶんイオン結合的な性質をもつ(炭素の電気陰性度がマグネシウムのそれよりもはるかに大きいため)．そこでグリニャール試薬には 2 通りの書き方(画法)が認められている．

どちらの書き方も完全に正確とはいえない．左の書き方は完全な<u>共有結合</u>を前提にしているが，もちろんこれは正確ではない．右の書き方は<u>イオン結合</u>を前提にしている．実際は，イオン結合にかなり近いが，この両極端の間にある．

　グリニャール試薬がケトンまたはアルデヒドを攻撃すると，新しく導入された R 基をもつアルコールが生じる．

実例を二つ示す．

　グリニャール試薬は，(エステルなど)C＝O 結合をもつほかの化合物も攻撃してアルコールを<u>生</u>じる．しかしここでは，グリニャール試薬によるケトンやアルデヒドの攻撃に集中しよう．

例題 13.37　次に示すアルコールの合成に，グリニャール反応をどのように用いるかを示しなさい．

解答　逆向きに考えると，グリニャール反応を用いて次の結合(波線に注目)をつくることができる．

13.6　グリニャール反応によるアルコールの合成　◎　277

上記の逆合成（retrosynthesis）用の矢印に注意しよう．この矢印は，求めるアルコールを上記のケトンから合成可能であることを示している．

次の結合をつくることもできる．

ここでも上記の逆合成の矢印に注意しよう．この矢印は，求めるアルコールを上記のケトンから次のようにつくれることを示している．

この例題は重要な点を示している．この問いに対して完全に正しい二つの解答があることを見た．実際，今後はただ一つの解答をもつ合成の問題に出くわすことはまずなく，二つ以上の受けいれられる解答をもつ合成の問題に出合うだろう．

練習問題　次に示すそれぞれのアルコールの合成に，グリニャール反応をどのように用いるかを示しなさい．

13.38

13.39

13.40

13.41

13.42

13.43

　この節では，グリニャール試薬がケトンあるいはアルデヒドを攻撃してアルコールを生じることを学んだ．この反応は，C＝O結合をアルコールに変換するだけでなく，R基を化合物に導入するという点できわめて重要である．

278 ◎ 13章 アルコール

これはC—C結合形成反応(C—C bond-forming reaction)である. これまでのところ, われわれはただ一種のC—C結合形成反応(末端アルキンのアルキル化)を学んでいた. いまや, C—C結合をつくる第二の方法を知った. この反応を合成の「道具箱」に収めよう. 合成の問題に出合ったら, いつも二つの質問をしなければならない. すなわち, 炭素骨格に変化はあるか, 官能基に変化はあるか(次章を参照)である. 炭素骨格が大きくなる合成反応に出合ったら, C—C結合をつくらなくてはならないことがわかる. この本では, このことを実現するのに二つの方法があることを学んだ. 末端アルキンのアルキル化と, グリニャール試薬によるケトンまたはアルデヒドの攻撃である.

グリニャール反応は有機化学の残りの講義にひんぱんに現れるので, この反応になじむことは重要である. 少し練習してみよう. 理解を確実なものにするために, まずは一段階合成(グリニャール反応)を扱う問題をいくつか解いてみよう. 練習問題の最後の二つは多段階合成(グリニャール反応とすでに学んだほかの反応)を扱っている.

練習問題 次に示すそれぞれの変換について, 可能性の高い合成を提案しなさい.

13.44

13.45

13.46

13.47

13.48

13.49

13.7 | アルコールの合成法 —— まとめ

これまでにアルコールをつくる多くの方法を学んだ. われわれは第一級, 第二級, 第三級アル

コールをさまざまな方法で合成できる．まとめとして，次に示すそれぞれの変換に必要な試薬を決めよう．

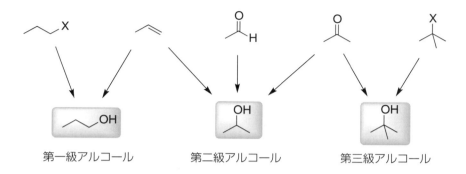

例題 13.50 君が選んだ任意の試薬を用いて，次のアルコールを合成する3通りの方法を示しなさい．

解答 目的物は第二級アルコールである．われわれは第二級アルコールを合成する方法をいくつも学んだ．ケトンから出発して，LiAlH$_4$ あるいは NaBH$_4$ で還元する．

あるいはアルデヒドから出発して，グリニャール反応を行う．

あるいはアルケンから出発して，付加反応（酸触媒水和反応）を行う．

練習問題 君が選んだ任意の試薬を用いて，次のそれぞれのアルコールを合成する方法を少なくとも2通り示しなさい．

13.51   13.52   13.53

13.54   13.55   13.56

280 ◎ 13章 アルコール

13.8 アルコールの反応 —— 置換と脱離

　アルコールの合成法を学んだので，アルコールの反応に注目しよう．手始めに，これまでに学んだ置換と脱離を振り返ってみよう．まず脱離反応を思いだしてみる．脱離反応には E1 と E2 の二つのタイプがある．

　E1 の条件で OH 基を脱離させるには，酸性条件が必要である．

この反応では，OH 基をプロトン化して，OH 基をよい脱離基へ変換するために，酸性条件が用いられる．脱離基が離脱すると，カルボカチオン中間体が生じ，これがプロトンを失ってアルケンが得られる（この反応機構の復習は 10 章参照）．E1 機構にはカルボカチオン中間体がかかわるので，この反応は第三級アルコールでスムーズに進み，第二級アルコールでも反応は進む．

　第一級アルコールからカルボカチオンは生成しないので，第一級アルコールに対して E1 反応を用いることはできない．そのかわり E2 反応を用いる．だがそうしても，OH 基はまったくよくない脱離基であるという問題が残る．この問題を，E1 反応では OH 基をプロトン化して解決した．E2 反応でも，OH 基をよりよい脱離基に変換する必要がある．しかし，E2 反応を行うのに必要な強塩基条件と両立しないので，プロトン源は用いられない．したがって E2 条件を用いるために，OH 基をトシル基に変換する必要がある．

最後の段階では，脱離を置換より優先させるために *t*-ブトキシドが用いられる（10.10 節を参照）．まとめれば，アルコールをアルケンに変換するのに E1 過程，E2 過程のどちらも用いることができる．

　次に，アルコールがかかわる置換反応を考えよう．

$$R-OH \longrightarrow R-X$$

アルコールがかかわる置換反応を行いたいのであれば，少し前に脱離反応を検討したときと同じ問題——OH 基はよい脱離基ではない——に出くわす．だから，OH 基をよい脱離基に変換しなければならない．置換反応に対してもいくつかの方法があるが，ここでは四つの方法を示そう．

1. S_N1 過程経由：第三級アルコールには S_N1 過程を用いることができる．酸を用いて OH 基をプロトン化し，よい脱離基にしてやればよい．初めの二段階は，学んだばかりの E1 過程と同じである．

13.8 アルコールの反応 —— 置換と脱離 ◎ *281*

2. S_N2 過程経由：第一級および第二級アルコールには，同様に OH 基をプロトン化すれば置換反応が起こる（S_N1 ではなく S_N2 にほかならない）．

この反応では，カルボカチオンは不安定で生じない．OH 基のプロトン化（よりよい脱離基に変える）の後，この脱離基は求核剤が S_N2 経路で攻撃されると離脱する．

HBr でこの反応はうまくいくが，HCl ではそれほどうまくいかない．塩化物イオンは臭化物イオンより小さく，そのため臭化物イオンより分極しにくい．これは，塩化物イオンが求核剤として臭化物イオンより劣ることを意味する．塩化物イオンはかなりの求核性をもつが，反応が遅いので，$ZnCl_2$ のような触媒を用いて反応を加速する．

$ZnCl_2$ の効果は OH 基のプロトン化と同じであるが，$ZnCl_2$ は H^+ より有効である．

3. 置換反応を進める第三の方法は，OH 基をトシル基に変換するもので，変換後，S_N2 反応が起こる．

よくない脱離基　　　　　　　　　　よい脱離基

4. 置換反応を行うために，OH 基をよりよい脱離基に変換する別の方法もある．アルコールを塩化アルキルに変換するのに塩化チオニル（$SOCl_2$）を用いる．

この過程の反応機構を次に示す．

282 ◎ 13章 アルコール

よくない脱離基

よい脱離基

　初めの三段階は，単によくない脱離基のよい脱離基への変換である．また SO_2（気体）が副生成物として生じることに注意しよう．この気体は生じると反応フラスコから逃げだせるので，平衡が，生成物が生成する側に押し進められる．実際，気体が生成するにつれて自由に逃げだせるなら，反応は完了する方向に進む．

　この過程の最後は新しい反応のように見える．しかし実際はそれほど新しくはない．この反応では，まず OH 基がよりよい脱離基に変換され，塩化物イオンが求核剤として働いている．この反応は，OH 基をトシル基に変換し，ついで塩化物イオンが攻撃する経過と変わるところはない．唯一の実際的な違いは，$SOCl_2$ を用いると，すべてが一つの反応として起こる点である（OH 基をよりよい脱離基に変換すると同時に塩化物イオンの攻撃が起こる）．

　この節では，まずアルコールの反応を検討することから始めた．この節では，なじみ深い反応（置換と脱離）の詳細に焦点をあてた．新しい反応を学ぶ前に，いままとめた反応を練習しよう．

例題 13.57　次に示す変換を行うのに，君が用いる試薬を決めなさい．

解答　アルケンを合成するのだから，脱離反応が必要である．また，この脱離は特定の位置選択的脱離を必要とする．より少なく置換されたアルケン（ホフマン生成物）を合成しなければならない．したがって立体障害の大きい塩基（t-ブトキシド）を用いる必要がある．ここでも障害はひどく脱離しにくい OH 基である．したがって，まず OH 基をよりよい脱離基に変換する必要がある．OH 基をトシル基に変換し，これを t-ブトキシドと反応させればよい．

13.9 アルコールの反応 —— 酸化 ◎ *283*

練習問題 次に示すそれぞれの変換を行うのに，君が用いる試薬を決めなさい．

13.58

13.59

13.60

13.61

13.9 ┃ アルコールの反応 —— 酸化

　この章の初めに，われわれは酸化と還元という用語の定義を学んだ．酸化は酸化状態の増加をともなう．たとえば第二級アルコールの酸化によってケトンが生成する．

矢印の上の表記[O]に注意しよう．この表記は酸化が行われていることを意味する．この変換を実現するのに用いられる多くの酸化剤がある．クロム酸(H_2CrO_4)はよい例である．クロム酸は，二クロム酸ナトリウム($Na_2Cr_2O_7$)と硫酸を混合すると得られる．

上の例では<u>第二級</u>アルコールが酸化されてケトンを生じている．しかし<u>第一級</u>アルコールから出発すると，二つの選択肢がある．(1)酸化してアルデヒドを得る，(2)さらに酸化してカルボン酸を得る．

アルコール　　　　　アルデヒド　　　　　カルボン酸

酸化剤を注意深く選ぶことによって，どこまで酸化するかを制御できる．カルボン酸まで一挙に酸化したいのなら，クロム酸を用いればよい．

第一級アルコール　　　　　カルボン酸

284 ◎ 13章 アルコール

アルデヒドの段階で酸化を止めたいのであれば，弱い酸化剤を用いる必要がある．第一級アルコールを酸化してアルデヒドを与える（そしてアルデヒドをカルボン酸まで酸化しない）この種の酸化剤はいろいろある．

アルコール　　　　　アルデヒド　　　　　カルボン酸

その一例は，次のように調製されるクロロクロム酸ピリジニウム（PCC）である．

ピリジン　+　CrO_3　+　HCl　⟶　pyridinium chlorochromate

PCC は穏やかな酸化剤で，第一級アルコールをアルデヒドに酸化する．一例を示す．

第一級アルコール　　　　　　　アルデヒド

例題 13.62　次に示す反応のおもな生成物を予測しなさい．

解答　第一級アルコールから出発して，PCC で酸化すると，生成物は（カルボン酸ではなく）アルデヒドである．

練習問題　次に示すそれぞれの変換をおこなうのに，君が用いる試薬を決めなさい．

13.63

13.64

13.65

13.66

13.67

13.68

13.10 アルコールをエーテルに変換する ◎ 285

13.10 アルコールをエーテルに変換する

アルコールは強塩基によって脱プロトン化される.

かなり強い塩基が必要である. プロトンを除くことによって酸素原子上に負電荷が生じる(アルコキシドイオン). したがって脱プロトン化するためには, アルコキシドイオンよりも強い塩基が必要である. 例として, ナトリウムアミド($NaNH_2$)のように, 窒素原子上に負電荷をもつ塩基を用いることができる.

酸素上の負電荷は
窒素上の負電荷より安定

しかし, アルコールの脱プロトン化にはもっと簡単な方法がある. 次に示すように金属ナトリウムを用いればよい.

対イオン

共役塩基
(エトキシド)

水素ガスが発生

金属ナトリウム(Na)は1個の電子をもち, これを放出してNa^+になる. 放出された電子はアルコールのプロトンと結合して水素原子となる(水素原子はプロトン1個と電子1個からなることを思いだそう). 2個の水素原子から気体の水素分子(H_2)が生じるが, これは反応フラスコから逃げだして, 反応を完了する方向に導く. この過程はアルコールの脱プロトン化(アルコキシドになる)を効果的に行い, 対イオンとしてNa^+を生じ, 気体の水素が放出される.

どうすればアルコールの脱プロトン化(アルコキシドの生成)が起こるかがわかった. そこで自明な疑問は「アルコキシドイオンをどうするか」である. すでに学んだように, アルコキシドイオンは強い塩基として働く. ただし, アルコキシドイオンは強い求核剤としても働く. 例として, 次に示すS_N2反応を考えよう.

これは新しい反応ではなく, S_N2反応にほかならない. アルコキシドイオン(いまの場合はエトキシドイオン)を攻撃役の求核剤として用いているだけである. この反応の最終結果に注目しよう. アルコールとハロゲン化アルキルを結合させてエーテルを得ている. この反応には特別な名前——

286 ◎ 13章 アルコール

ウィリアムソンのエーテル合成(Williamson ether synthesis)——がつけられている．この反応の
おもな段階はS_N2反応なので，S_N2反応の制限に注意深く従わなければならない．第一級ハロゲン
化アルキルを用いるのが最もよい．第二級ハロゲン化アルキルでは，置換でなく脱離が優先するの
で使えない．もちろん第三級ハロゲン化アルキルは使えない．

例題 13.39 次の化合物の合成に，ウィリアムソンのエーテル合成をどのように用いればよいか示し
なさい．

解答 ウィリアムソンのエーテル合成を用いるので，エーテル結合を形成するために，出発物として
アルコールとハロゲン化アルキルが必要である．逆向き(逆合成)に考えると次の反応式を得る．

逆合成を用いた解析によると，ナトリウムプロポキシドと塩化プロピルから目的物を合成できる．ナ
トリウムプロポキシドは1-プロパノールとNaとの反応で生成する．まとめると，解答は次のように
なる．

練習問題 1-プロパノールと君が選択するほかの任意の試薬から出発して，次の各化合物の合成に，
ウィリアムソンのエーテル合成がどのように使えるかを示しなさい．

13.70

13.71

14章
エーテルとエポキシド

14.1 エーテル序論

エーテル（ether）は，二つのR基にはさまれた酸素原子からなる化合物である．次の例に示すように，ここでR基はアルキル基，アリール基，あるいはビニル基である．

アルキル　アルキル　　ビニル　アルキル　　アルキル

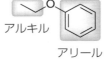
アリール

5章では命名について多くの規則を学んだが，エーテルの例にはあまり出合わなかった．そこで少し時間をとってエーテルの命名法を学ぼう．

エーテルの慣用名は，次の例で見るように，まず各R基を決め，それに接尾語として「エーテル」（ether）を加えればよい．

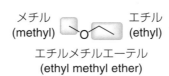

メチル　　　　エチル
(methyl)　　(ethyl)
エチルメチルエーテル
(ethyl methyl ether)

アルキル基はアルファベット順に並べられることに注意しよう．したがって命名ではエチル（<u>e</u>thyl）基はメチル（<u>m</u>ethyl）基の前にくる．二つのR基が等しい場合は，次の例に見られるように，その化合物はジアルキルエーテルと命名される．

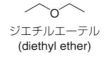

ジエチルエーテル
(diethyl ether)

系統名では大きいほうの基を主鎖アルカンとし，小さいほうの基をアルコキシ置換基として加える．

288 ◎ 14章 エーテルとエポキシド

2-エトキシヘキサン
(2-ethoxyhexane)

この例では，大きいほうの炭素6個の鎖が主鎖(ヘキサン)となり，小さいほうのエチル基が(酸素原子とともに)エトキシ基として名前に加えられる．エトキシ基がC2に位置していることに注目しよう．このとき，われわれがほかの置換基に対して行ったのと同じように，位置(2-エトキシ)を示すロカント(locant，訳注参照)を用いる．主鎖と置換基の命名法については5章を参照してほしい．

　エーテルは多くの理由によって有機反応用の優れた溶媒である．すなわち，(1)反応性が低い，(2)広い範囲の有機化合物を溶かす，(3)沸点が低い(反応が終わった後，容易に溶媒を蒸発させることができる)．次に，有機反応の溶媒として通常用いられる2種類のエーテルの例を示す．右のもの(THF)は11.7節(ヒドロホウ素化-酸化)で学んだので，なじみ深いだろう．

ジエチルエーテル　　テトラヒドロフラン(THF)

THFは酸素原子が環の中に組み込まれているので，環状エーテル(cyclic ether)と呼ばれる．複数のエーテル基を含む環式化合物は環式ポリエーテル(cyclic polyether)と呼ばれる．いくつかの例を次に示す．

12-クラウン-4　　15-クラウン-5　　18-クラウン-6

これらの化合物はクラウンエーテル(crown ether)と呼ばれることが多い．また，これらの化合物は，環の大きさと環に含まれる酸素原子の数を示す慣用名をもっている．たとえば18-クラウン-6では，環は18個の原子からなり，そのうち6個が酸素原子である．

　クラウンエーテルは金属イオンと相互作用(溶媒和)する能力があって役に立つ．たとえば18-クラウン-6の中心にある穴は，カリウムイオン(K^+)を取り込むのにちょうどぴったりの大きさである．その結果，もし18-クラウン-6が共存すれば，フッ化カリウム(KF)はベンゼンに溶ける．

訳注　ロカントとは，有機分子内の原子や置換基の位置を示す数字や記号．たとえば3-ペンタノール，p-ニトロ安息香酸などの3，p．

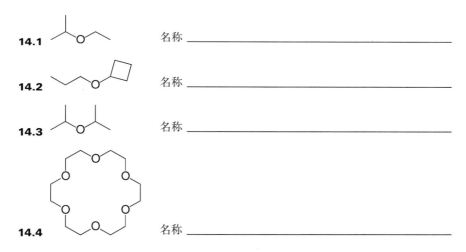

クラウンエーテルがなければ，KF はベンゼンのような非極性溶媒には溶けない．18-クラウン-6 があると，ベンゼンに溶ける錯体（上図の右側）が生じる．この混合物は，置換反応で求核剤として用いるフッ化物イオンの優れた供給源として働く．求核性のフッ化物イオンの調製は困難なので，これは役に立つ（KF を極性溶媒に溶かすと，フッ化物イオンは溶媒ときわめて強く相互作用するので，置換反応で求核試薬として働くことができなくなる）．実際，クラウンエーテルが役に立つ応用例は，ほかにもいろいろあるから，講義ノートや教科書を見直して，クラウンエーテルが利用できる特定の方法を探してみるとよい．

練習問題　次のそれぞれの化合物を慣用名で命名しなさい．

14.1　名称 _____

14.2　名称 _____

14.3　名称 _____

14.4　名称 _____

練習問題　次のそれぞれの化合物を系統名で命名しなさい．

14.5　名称 _____

14.6　名称 _____

14.7　名称 _____

290 ◎ 14章 エーテルとエポキシド

14.2 エーテルの合成

すでに学んだように(13.10節)，エーテルはアルコールから合成できる．

$$\text{R-OH} \xrightarrow[\text{2. R'X}]{\text{1. NaまたはNaH}} \text{R-O-R'}$$
アルコール　　　　　　　　　　　　　　エーテル

この反応は二段階で進行し，ウィリアムソンのエーテル合成と呼ばれる．第一段階でアルコールは脱プロトン化されてアルコキシドイオンになる．脱プロトン化段階ではアルコールを金属ナトリウム Na と反応させる(13.10節を参照)．また脱プロトン化段階で，アルコールを水素化ナトリウム(NaH)のような強塩基で処理してもよい．

$$\text{R-O-H} \longrightarrow \text{R-O}^- + \text{H}_2$$
アルコキシド
イオン

ウィリアムソンのエーテル合成の第二段階では，このアルコキシドイオンは S_N2 反応の求核剤として用いられ，エーテルを生じる．

$$\text{R-O}^- + \text{R'-X} \xrightarrow{S_N2} \text{R-O-R'}$$
求核剤　　　求電子剤
(アルコキシド
イオン)

この反応は S_N2 経路で起こるので，S_N2 反応が受ける制限に従う．とくに基質(求電子剤)はハロゲン化メチルまたは第一級アルキルハロゲン化物でなければならない．第二級ハロゲン化アルキルでは置換より脱離が優先するので有効ではないし，第三級ハロゲン化アルキルは使えない．また思いだしてほしいが，S_N2 反応は sp^3 混成中心だけで起こり，sp^2 混成中心では起こらない．したがって次の化合物はウィリアムソンのエーテル合成では得られない．

左側のC−O結合をつくることはできない．というのも，そのためには第三級ハロゲン化物の S_N2 反応が必要になるが，これはうまくいかない．右側のC−O結合をつくることもできない．というのも，そのためには sp^2 混成中心での S_N2 反応が必要になるが，これもうまくいかない．

それではウィリアムソンのエーテル合成計画を少し練習しよう．

例題 14.8 次の化合物をつくるためにはウィリアムソンのエーテル合成をどのように使えばよいか示しなさい．

14.2　エーテルの合成　◎　*291*

解答　まず2本のC−O結合を検討しよう.

左側のC−O結合はウィリアムソンのエーテル合成ではつくれない. というのも, この結合をつくるためには第三級ハロゲン化物のS_N2反応が必要になるが, これはうまくいかない. しかし, もう一方(右側)のC−O結合はウィリアムソンのエーテル合成でつくることができる. というのも, この結合をつくるためには第一級ハロゲン化物のS_N2反応が必要になるが, これはうまくいく.

第一級
ハロゲン化物

こうして, アルコール(*t*-ブチルアルコール)を望みのエーテルに変換するために, 次の反応経路を用いる.

ここでヨウ化アルキルを用いていることに注意しよう. ヨウ化アルキルは臭化アルキルや塩化アルキルより反応性が高いからである(とはいえ, この過程は臭化アルキルや塩化アルキルでも進む).

練習問題　次のそれぞれの化合物をつくるためにはウィリアムソンのエーテル合成をどのように使えばよいか示しなさい. それぞれについて出発物のアルコールの構造を書き, アルコールを望みのエーテルに変換するのに必要な試薬を示しなさい.

14.9

14.10

14.11

14.12　次の化合物をウィリアムソンのエーテル合成でつくる二つの異なる方法を示しなさい.

292 ◎ 14章 エーテルとエポキシド

14.13 次の分子内ウィリアムソンのエーテル合成を実現するために使う試薬(複数かもしれない)を決めなさい.

$$HO\!-\!\!\diagdown\!\!\diagup\!\!\diagdown\!\!-Br \longrightarrow \text{(テトラヒドロフラン)}$$

14.3 エーテルの反応

　通常,塩基性あるいは弱酸性条件ではエーテルの反応性は低い.しかし強酸性条件では,C—O結合は結合開裂(bond cleavage,結合が切断されること)を受ける.たとえば,HX(X＝Brまたは I)と反応させるとC—O結合は酸性開裂し,二つのハロゲン化アルキルが生じる.

$$R\!-\!O\!-\!R \xrightarrow[\text{加熱}]{\text{過剰のHX}} R\!-\!X \ + \ X\!-\!R \ + \ H_2O$$

それぞれのR基はハロゲン化アルキル(RX)として放出され,酸素原子は反応副生成物である水(H₂O)として放出される.それぞれのC—O結合が切断される反応機構は,もっぱら各R基の種類に依存する.第一級アルキル基はS_N2機構で切断される一方,第三級アルキル基はS_N1機構で切断される.次の例で,この点を考えてみよう.

第一級　　第三級

HXと反応させると,双方のC—O結合は酸性開裂するが,2本のC—O結合は異なる機構で切れる.左側のC—O結合ではR基は第一級であり,S_N2機構がおもな機構である.

上の反応式で見られるように,まずエーテルがプロトン化され,それによってよくない脱離基(t-ブトキシド)がきわめてよい脱離基(t-ブチルアルコール)に変換される.生じたオキソニウムイオン(酸素上に正電荷を帯びた中間体)は,ハロゲン化物イオンにS_N2機構で攻撃される.
　もう1本のC—O結合は,R基が第三級なので,S_N1機構で切れる.

プロトン化によって新しいオキソニウムイオンが生じ,S_N1機構によって第三級ハロゲン化アルキルが生じる.

ある種の R 基はどちらの機構（S_N2 または S_N1）でも切れない．たとえば，次に示す化合物中の影をつけた結合を考えよう．

S_N2 機構も S_N1 機構も sp^2 混成中心では有効でないので，この C－O 結合は酸性開裂を受けない．強酸と反応させると，次のような生成物を得られる．

一方の C－O 結合は切れてハロゲン化アルキルを生じるが，もう一方の C－O 結合は切れない．

練習問題 次に示すそれぞれの化合物を過剰の HBr と加熱するとき，期待される生成物を書きなさい．

14.14

14.15

14.16

14.17

14.4 エポキシドの合成

次に示す各化合物は，環の中に酸素原子があるので，環状エーテルである．

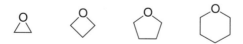

最初の化合物は三員環をもち，オキシラン（oxirane）と呼ばれる．オキシランの三員環には大きなひずみがかかっているので，典型的なエーテルより反応性が大きい．オキシランは<u>エポキシド</u>（epoxide）とも呼ばれ，置換基を四つまでもつことができる．次に，影をつけてそれらの置換基を示す．

294 ◎ 14章 エーテルとエポキシド

11.10 節で学んだように，アルケンを MCPBA（*m*-chloroperoxybenzoic acid，*m*-クロロ過安息香酸）のような過酸と反応させれば，エポキシドが得られる．

この反応はさまざまな過酸（RCO$_3$H）を用いて行うことができる．よく用いられる二つの過酸は，次に示す MCPBA と過酢酸である．

MCPBA

過酢酸

エポキシドの生成は立体特異的過程であることが認められている．シスアルケンはシスエポキシドに変換される．

（メソ体）

シス　　シス

同様に，トランスアルケンはトランスエポキシドに変換される．

＋　そのエナンチオマー

トランス　　トランス

エポキシド生成反応はアルケンの両面で起こるので，生成物はエナンチオマーの対である．
　エポキシドをつくる方法はいくつもある．それだけでなく，（ラセミ混合物ではなく）一方のエナンチオマーのみをつくるエナンチオ選択的エポキシ化と呼ばれる反応もある．教科書や講義ノートを見て，ほかにエポキシド合成の方法がないかを調べてみよう．

練習問題　次に示すそれぞれの化合物を MCPBA のような過酸（RCO$_3$H）と反応させたとき，期待される生成物を書きなさい．

14.18

14.19 → MCPBA →

14.20 → MCPBA →

14.21 → MCPBA →

14.22 → MCPBA →

練習問題 次に示すそれぞれのエポキシドをつくるために君が用いる試薬を書きなさい.

14.23

14.24

14.25

14.5 エポキシドの開環

　エポキシドは，環が開き，三員環に伴う環のひずみが解消される反応を受ける．たとえばエポキシドを強い求核剤と反応させると，その求核剤は S_N2 型の反応でエポキシドを攻撃して環を開く．

$$O \overset{:Nuc}{\longrightarrow} \quad \overset{:\ddot{O}^-}{}\text{—}\text{—}Nuc$$

この置換反応でエポキシドは基質(求電子剤)として働き，一方の C−O 結合が切れる．開環のためには，さまざまな求核剤が使える．たとえば，水酸化物イオン(HO^-)が求核剤として用いられる次の例を考えよう.

$$O \quad \xrightarrow[\text{2. } H_2O]{\text{1. NaOH}} \quad HO\text{—}\text{—}OH$$

この反応は二段階反応であることに注意しよう．第一段階では水酸化物イオンは求核剤として働き，エポキシドを攻撃し，環を開き，アルコキシドイオン(酸素上に負電荷をもつ中間体)を与え

る．第二段階でアルコキシドイオンに水を加えると，生成物が得られる．

第二段階(水との反応)は，アルコキシドイオンをプロトン化し，生成物を得るために必要である．
　水酸化物イオンは，エポキシドを開環する唯一の求核剤ではない．実際，多くの求核剤がエポキシドと反応して，開環生成物を与える．たとえば，アルコキシドイオン(RO⁻)が求核剤として用いられる次の反応を見てみよう．

ここでも，第二段階で水がプロトン源として用いられている．この場合，求核剤がアルコキシドイオンなので，アルコキシ基(OR)が生成物の中に取り込まれている．次に，エポキシド環が強い求核剤と反応して開環する(水との反応が後に続く)例をほかにいくつか示す．

これらすべての場合で，出発物のエポキシドは対称構造なので，生成物の位置選択性を考慮する必要はない．つまり，エポキシドのどちら側が求核剤に攻撃されるかを考慮する必要はない(どちらの側が攻撃されても結果は同じ)．それでは，一方の側が他方よりも多く置換されている非対称なエポキシドを考えてみよう．

非対称なエポキシドを強い求核剤と反応させると，その求核剤はより少なく置換された側を攻撃する．

14.5　エポキシドの開環　◎　*297*

求核剤はより少なく置換された側に収まり，エポキシドの酸素原子はより多く置換された側でOH基に変換される．次に二つの具体例を示す．

第一の例では，求核剤としてグリニャール試薬（RMgX）が用いられる（グリニャール試薬については13.6節を参照）．第二の例では，水素化リチウムアルミニウム（$LiAlH_4$）が求核性 H^- の発生源として用いられる（求核剤としての$LiAlH_4$については13.5節を参照）．これらの求核剤はきわめて強い塩基でもあるので，弱い酸であっても同時に存在しない（これらの試薬は酸が存在すると壊れる）．これが，上記の例のように，プロトン化（水での処理）を別の段階で行わなければならない理由である．

　すべての求核剤が強塩基というわけではない．実際，ハロゲン化物イオン（X^-）は強い求核剤であるが，きわめて弱い塩基なので，酸性条件でも存在できる．たとえば，HX は強い求核剤（X^-）と酸性条件（H^+）を同時につくることができる．エポキシドを HX と反応させると，予想通り，エポキシドは開環する．しかし位置特異性の点では，これまでの例とは反対になる．この場合は特別に，ハロゲン化物イオンはより多く置換された側に収まり，エポキシドの酸素原子はより少なく置換された側でOH基に変換される．

なぜだろうか．この反対の位置選択性を理解するために，酸性条件で起こっていると考えられる次の反応機構を検討してみよう．

酸性条件下では，エポキシドはまずプロトン化され，S_N2型の反応が続く．この反応の中間体（プロトン化されたエポキシド）は正電荷を帯びているので，出発したエポキシドより求電子性（電子が不足した状態）が大きい．

298 ◎ 14章 エーテルとエポキシド

電子不足の酸素原子は，隣接する炭素原子から電子密度を(誘起効果によって)引き寄せる．この結果，(影をつけた)これらの炭素原子は，かなり電子不足($\delta+$)になる．

影をつけた位置はどちらも電子不足であるが，一方は電子不足の状態により耐えられる．この場合，より多く置換された(第三級の)位置は，より少なく置換された(第一級の)位置に比べて，部分正電荷を保つのにはるかに適している．その結果，第三級の位置は第一級の位置に比べてカルボカチオン性が大きい．このことが，求核剤がより多く置換された位置を(酸性条件で)攻撃する理由である．君は S_N2 型の反応がなぜ第三級基質に起こるか不思議に思うかもしれないが，この場合は特別である．というのも，この第三級の位置はとくにカルボカチオン性が大きいからである．つまり，この炭素の構造は純粋に正四面体ではなく，正四面体と平面三角形の中間である．このため求核剤は，第三級であっても，より多く置換された位置を攻撃できる．

次の反応は，酸性条件下(H_2SO_4 のような酸触媒存在下)における開環反応の別の例である．

この反応の求核剤はアルコール(CH_3OH)であるが，これは弱い求核剤である．この反応機構を次に示す．反応条件が酸性なので，求核剤はより多く置換された位置を攻撃することに注意しよう．

これまでわれわれは，もっぱら開環反応の<u>位置選択性</u>にかかわってきて，酸性条件の有無が生成物の位置選択性に大きな影響を与えることを見てきた．それでは次に，開環反応の<u>立体化学</u>を考えなくてはならない．すでに学んだように，エポキシドの開環反応は(酸性条件であろうとなかろう

14.5 エポキシドの開環 ◎ 299

と)S_N2型機構で進むから，求核剤が立体中心を攻撃するなら，立体配置の反転が起こると期待される．次の例を考えてみよう．

酸性条件下では，求核剤は(エポキシドではなく)プロトン化されたエポキシドを攻撃するので，ここでの求核剤(臭化物イオン)はより多く置換された位置を攻撃する．

この場合，より多く置換された位置は立体中心であり，ここで立体配置の反転が起こる(RがSに変わる)．臭化物イオンはエポキシドを後ろ側から攻撃するので(後ろ側からの攻撃はS_N2の特徴)，Br は破線くさびで示される立体配置をとる(脱離基はくさびの立体配置をとる)．

　注意すべきは，立体配置の反転は求核剤に攻撃される位置でしか起こらない点である．次の例には立体中心はあるが，反転は起こらない．

確かに反応はS_N2機構で進むが，この場合，求核剤は立体中心を攻撃しない．

例題 14.26　次に示すそれぞれの反応で期待される生成物を予測しなさい．

(a)

1. LiAlH₄
2. H₂O

(b)

H₂SO₄触媒

解答　(a)出発物のエポキシドは非対称なので，反応の位置選択性を考える必要がある．つまりわれわれは，求核剤がエポキシドのより多く置換された側か，より少なく置換された側を攻撃するかを決めなくてはならない．反応式に示された試薬に酸はない(LiAlH₄は酸性条件と共存しないから，酸は存在できない)．そこで求核剤は，より少なく置換されている位置を攻撃すると期待される．

300 ◎ 14章 エーテルとエポキシド

求核剤(H⁻)は影をつけた位置を攻撃し，環を開く．

出発物のエポキシドにも生成物にも立体中心がないので，立体化学を考える必要はない．
　(b)出発物のエポキシドは非対称なので，反応の位置選択性を考える必要がある．反応式に示された試薬から，酸が存在していることがわかるので，求核剤はより多く置換された位置を攻撃する．

求核剤(イソプロピルアルコール)は影をつけた位置を攻撃し，エポキシドを開環し，イソプロポキシ基を導入する．出発物のエポキシドは立体中心をもち，実際，この位置で S_N2 過程が起こるので，立体配置の反転が期待される．

練習問題　次に示すそれぞれの反応で期待される生成物を予測しなさい．

14.27

14.28

14.29

14.30

14.31

14.32

15章

合 成

　合成(synthesis)は，生成物の予測のちょうど反対である．どんな反応にも，出発物，試薬，生成物の三つが含まれている．

$$\text{出発物} \xrightarrow{\text{試薬}} \text{生成物}$$

生成物が示されていないときは，「生成物を予測する」という問題になる．

$$\text{出発物} \xrightarrow{\text{試薬}} \text{?}$$

試薬が示されていないときは，合成の問題になる．

$$\text{出発物} \xrightarrow{\text{?}} \text{生成物}$$

　(もし一段階なら)合成の問題は簡単かもしれない．有機化学の講義で反応を習い始めると，教科書には合成の問題がでてくる．最初は一段階の問題に出合い，講義が進むにつれて多段階の合成に出合う．多段階合成ではしばしば，出発物とは非常に異なる生成物にたどり着くことがある．例として，次の一連の反応を見てみよう．どのように変化するかは気にしなくてよい．いまは，それぞれの反応で生成物が少しずつ変化し，最後には出発物とはまったく異なる生成物にたどり着くという事実だけに焦点を絞る．

　わずか三～四段階の反応で，問題が非常に難しくなっている．上の反応式を合成の問題に変えると，次のようになる．

302 ◎ 15章 合 成

合成の問題で君が困難にぶつかったとき，最悪の反応は，あきらめて「ああ，自分は合成の問題が苦手だ」と決めつけることである．この態度は，講義が進むにつれて，君のこの科目の成績を台なしにしてしまうだろう．なぜそうなのか，有機化学をチェスにたとえて考えてみよう．

チェスの仕方を習っていると想像しよう．駒の名前，その置き方など，まず駒について覚える．それから駒の動かし方を習い，どのようにとり合うかを覚える．実際にゲームを始めてみると，かなり多くの戦法があることを知るだろう．ほとんどの戦法は，二手以上を含んでいる．それぞれの駒の動かし方を知っているだけでは十分ではない．先のいくつかの手を計画できなければならない．そうして初めて敵の駒への攻撃を組み立てられる．時間をとって駒の動かし方を覚えているのに，自分は戦法を考えるのが得意ではないと思うのは，どんなにばかげたことだろうか．チェスをしているときに，その試合の形勢を判断するのが得意ではないと考えることを想像してみなさい．それはばかげている．なぜなら，その形勢そのものがゲームなのだから．戦法についても，習うか，さもなければチェスをしないかである．どちらかしかない．

有機化学もまったく同じである．合成は戦法そのものである．君はいくつかの変化を考える必要があり，その方法を学ばなければならない．合成の問題は苦手だと自分に言い聞かせることはできない．そして君は有機化学のもう一つの側面に目を向けることになる．合成こそ有機化学なのである．有機化学の後半はまさに，反応を覚えること，そしてそれを合成に応用することである．君がこれまでに習ったことすべてにより，合成の準備はできている．合成に慣れるには練習あるのみである．怠けてはいけない．そして合成を提案する方法を学ばずに，有機化学を終えられると思ってはいけない．そう考えるなら，君のこの科目の成績はみじめなまでに落ちるだろう．

合成の問題にもっと前向きに取り組めるような手法がいくつかある．また，合成の問題に慣れるための練習もある．これが本章の内容である．

15.1 一段階合成

すでに述べたように，一段階合成は，君が出合う最初の合成の問題である．その問題が生成物を予測するよりも難しいことはまずない．多段階合成へ移る前に，まず一段階合成で自信をつけよう．

そこで，反応のリストをつくる．ただし試薬の欄を空けておき，反応が五つそろうごとにコピーし，試薬を埋める練習をしよう．

より多くの反応を習うにつれて，このリストは増えていくだろう．五つの新しい反応ごとに，それまでに記録した反応すべてのコピーをとる．それから，そのコピーに試薬を書き込みなさい．新しい五つの反応を記録するごとに，これを繰り返そう．

講義の進行と並行してこの練習を続けていけば，一段階合成の問題はスムーズに解けるようになるだろう．君が直面する最も困難なことは，試験の前夜まで待たずに，この練習を始め，続けることである．（多くの学生がそうするように）試験前夜に手をつけるようなら，これをマスターするの

に時間がたりないことに気づくだろう．間違いをしてはいけない．この科目で成功する秘訣は，（試験の前日に詰め込むのではなく）毎晩少しずつやることである．詰め込みは，ほかの科目ではうまくいくかもしれないが，有機化学では難しい．

次ページがリストのテンプレートである．

いまは，305ページまで飛ぶことにする．君が合成の問題を解くときに助けとなるいくつかの手法を，まずは学ぶ．

304 ◎ 15章 合 成

まずは，試薬と反応機構は書き込まない．それぞれの反応について，ただ，矢印の左側に出発物を，右側に生成物を書く．矢印の上は空白にしておく．反応が五つそろうごとに，それまでのリストをすべてコピーし，試薬の欄を埋める．

$$\longrightarrow$$

$$\longrightarrow$$

$$\longrightarrow$$

$$\longrightarrow$$

$$\longrightarrow$$

15.2 多段階合成 ◎ 305

15.2 多段階合成

　多段階合成の問題を解くには，二つ以上の変化を考える方法を身につけなければならない．リストの反応を注意深く見返せば，ある反応の生成物は，ほかの反応の出発物であることに気づくだろう．たとえば，ある反応は二重結合をつくり，ほかの反応は二重結合に試薬を付加させている．だから，これらの可能性を組み合わせれば，二段階合成の多くのリストをつくることができる．これら二段階の可能性を学習すれば，二段階以上の合成を扱うことに慣れてくるだろう．

　その例を見てみよう．アルキンからシスアルケンが生成する一つの反応を次に示す．

$$\text{アルキン} \xrightarrow[\text{リンドラー触媒}]{H_2} \text{シスアルケン}$$

次に，このアルケンが出発物となる反応例を考えよう．

$$\text{アルケン} \xrightarrow[\text{2. } H_2O_2]{\text{1. } OsO_4} \text{HO～OH ジオール}$$

これら二つの反応を二段階合成としてつなげると，次のようになる．

$$\text{アルキン} \xrightarrow[\substack{\text{2. } OsO_4 \\ \text{3. } H_2O_2}]{\text{1. } H_2, \text{リンドラー触媒}} \text{HO～OH ジオール}$$

このように練習するとよい．君はおそらく，アルケンをつくる五つほどの反応と，アルケンが出発物として含まれる10ほどの反応を学ぶ．それらの可能性を組み合わせると，正確にいくつの反応を学ぶかによるが，およそ50の可能性がある．明らかに，この科目を学ぶ間中，このようなリストをつくり続けることはできない．そのリストはあまりにも長くなるだろう．そして三段階合成を考えようとしても，その組合せの数があまりにも大きく，編集さえできないことがわかるだろう．ちょうどチェスのゲームのようなものである．

　チェスでは，すべての可能な駒の配置を記憶し，それぞれの可能性について最善の手を記憶することは，ほとんど不可能である．あまりにも多くの組合せがある．かわりに，それぞれの状況を分析する方法を身につけ，練習を重ねるにつれて，よりうまく分析できるようになるだろう．特定の組合せに慣れることで，理解がより深まるはずである．だから，先ほど話したリストづくり——アルケンの形成とそのアルケンに対する反応の，およそ50の可能な二段階合成についてリストをつくり始めよう．

　繰り返すが，この科目を学ぶ間中，このようなリストをつくり続けることはしなくていい．この課題は現実的ではない．およそ50の合成のリストをまずつくれば，二段階以上の反応について考える方法を身につけられるだろう．このように考えることに慣れるのが重要である．紙を用意し，本書ですでに習った反応を使い，このリストをつくってみよう．もし反応が50に届かなくても，それはそれでよい．この練習を始めて10か20の反応を書けば，二段階以上の合成の考え方を理解し始めるだろう．

306 ◎ 15章 合 成

　この練習を終えた後，君がこれまで見たことがないような組合せの問題を分析するための，重要な手法に焦点を絞る．それが次の節で学ぶことである．

15.3 逆合成解析

　合成の問題を初めて見て，ただちにその答えがわかることを，君は求められていない．この点はいくら強調しても強調しすぎることはない．解けない合成の問題に出合うと，学生は極度に不安になってしまうものである．問題に慣れよう．慣れることが大事である．チェスのたとえにもどれば，自分の番がきても，あわてて駒を動かす必要はない．まず，考える時間が許されている．実際，考えることになるだろう．そこで，すぐには答えがわからないような多段階合成の問題について，どのように考え始めたらいいだろうか．最も強力な方法は<u>逆合成解析</u>(retrosynthetic analysis)と呼ばれるものである．これは，合成を逆にたどっていくという意味である．これがどのようなものか，例を見てみよう．

上の合成の例は多段階である．なぜなら，一段階だけでこのような変換が可能な反応はないからである．そこで，まず初めにやるべきことは，生成物を見て逆にもどることである．

　生成物は二臭化物であることがわかる．そこで自問する．二臭化物を合成する方法を知っているだろうか．この質問に答えるには，まず一段階合成を習得していなければならない．これまでに習った反応について，まだ習得していないようなら，この章の初めにもどり，まずそれをしなければならない（君がこの状況にある学生でも，さしあたり読み続けよう．今後どう進むかがわかるだろう）．

　二重結合から二臭化物を合成する方法を知っていなければならない．つまり，この生成物を与えるはずのアルケンを書く．

この問題を解くのに一歩近づいた．次の段階は，出発物をこの二重結合に変える方法があるかどうかである．そして，これはある．脱離反応を行ってアルケンを生成すればよい．逆にたどることによって，この合成の問題を解くことができた．

15.4 自分で問題をつくる ◎ 307

? Br Br Br NaOEt Br₂

それぞれの段階で，立体化学と位置選択性について考えなければならない．間違った立体化学や位置選択性の段階を経ることはできない．教科書にある反応の可能な二段階合成すべてを記憶できるとしたら，この問題も（おそらく）ただちに解くことができるだろう．しかし，それは現実的な方法ではない．三段階や四段階の合成だったら，どうなるだろうか．合成を逆に考えることに慣れよう．練習を重ねれば，うまくできるようになる．

ここで大きな問題にぶつかる．君に最適な問題を示すことが私にはできない．実際の講義はそれぞれのペースで，それぞれの順番で進み，違った観点で試験がある．すべての学生に完全に適切な問題を，この本で提供することはできない．それでは，どのように練習すればいいだろうか．答えはとても簡単である．自分で問題をつくることである．これを次の節で学ぶ．

15.4 自分で問題をつくる

自分で問題をつくることは，思っているより簡単である．この章の前半につくったリストから，ただ反応を選べばよい．それから，その反応の生成物を見て，それをほかの化合物に変換する反応を，すでに習っているなかから選べばよい．まず逆にもどって合成の問題を解き，次に前に進んで合成の問題をつくりあげるのである．それぞれの段階で反応の生成物を書き，次の段階へ移る．二〜四段階進んだところで，途中にあるものをすべて消す．最初の化合物と最後の生成物だけを残す．その間に矢印を引くと，問題ができあがる．

ひとつ難点がある．その問題は難しくない．なぜなら君自身がそれをつくったからだ．そこで君がするべきことがある．同じ講義を受けている友人を見つけ，それぞれ 10 か 20 の問題をつくる．そして，その問題を交換する．これは非常に効果的な学習法である．グループが大きくなれば，より効果的である．人見知りをしていてはいけない．効果的な練習をするために友人と一緒に学習する必要がある．友人のアドバイスに価値があることはいうまでもない．君がこの本を読んでいるなら，同じ講義のほかの学生もこの本をもっていることがあるだろう．彼らも同じ必要性を感じているはずだ．彼らと協力しよう．

たとえ問題を交換できる友人を見つけられなかったとしても，自分で問題をつくることは依然として役に立つ学習法である．問題をつくる過程は，それ自身価値のあるものである．多段階合成の問題に慣れるために，おおいに助けとなるだろう．

まとめると，次の点が合成の問題に熟達する鍵である．

1．一段階合成を繰り返し復習してマスターする．
2．反応を逆にもどって問題を解くことを身につける．
3．そして後は，たくさんの練習問題をこなす．

練習問題の解答

1章

1.2	6
1.3	6
1.4	5
1.5	7
1.6	6
1.7	8
1.8	4
1.9	10
1.10	9
1.11	10

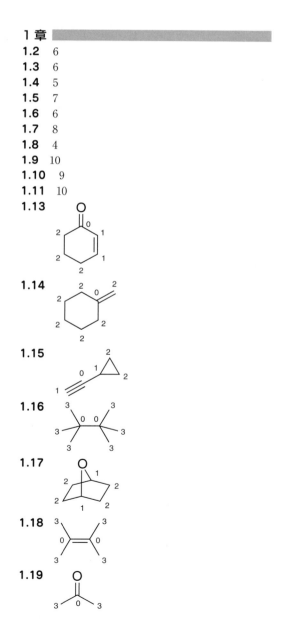

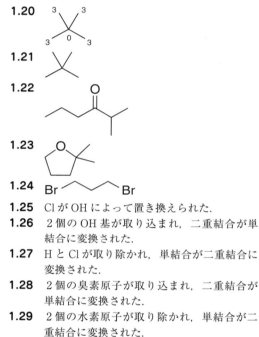

1.25 Cl が OH によって置き換えられた.
1.26 2個の OH 基が取り込まれ，二重結合が単結合に変換された.
1.27 H と Cl が取り除かれ，単結合が二重結合に変換された.
1.28 2個の臭素原子が取り込まれ，二重結合が単結合に変換された.
1.29 2個の水素原子が取り除かれ，単結合が二重結合に変換された.
1.30 ヨウ素が SH 基によって置き換えられた.
1.31 2個の水素原子が取り除かれ，二重結合が三重結合に変換された.
1.32 2個の水素原子が取り込まれ，三重結合が二重結合に変換された.
1.34 もたない
1.35 プラス1の形式電荷
1.36 マイナス1の形式電荷
1.37 もたない
1.38 プラス1の形式電荷
1.39 マイナス1の形式電荷
1.40 プラス1の形式電荷
1.41 マイナス1の形式電荷
1.42 もたない
1.43 プラス1の形式電荷
1.44 もたない

310 ◎ 練習問題の解答

1.45 もたない

1.47

1.48

1.49

1.50

1.51

1.52

1.54

1.55

1.56

1.57

1.58

1.59

1.60

1.61

1.62 H−C≡C:

1.63

1.64

1.65

1.66

1.67

1.68

2章

2.2 第二の掟を破っている．窒素は5本の結合をもつことはできない．

2.3 第二の掟を破っている．窒素は4本の結合と1対の孤立電子対をもつことはできない．

2.4 第二の掟を破っている．酸素は3本の結合と2対の孤立電子対をもつことはできない．

2.5 掟を破っていない．

2.6 第二の掟を破っている．炭素は5本の結合をもつことはできない．

2.7 第一の掟を破っている．単結合を切ることはできない．

2.8 第二の掟を破っている．炭素は5本の結合をもつことはできない．

2.9 掟を破っていない．

2.10 第一の掟を破っている．単結合を切ることはできない．

2.11 第二の掟を破っている．炭素は5本の結合をもつことはできない．

2.12 掟を破っていない．

2.14

2.15

2.16

2.17

2.18

2.19

2.21

2.22

2.23

2.24

2.25

2.26

2.27

2.28

2.30

2.32

2.33

2.34

2.35

2.36

2.37

2.38

2.39

2.40

2.41

2.42

312 ◎　練習問題の解答

2.43

2.44

2.45

2.46

2.47

2.48

2.49

2.50

2.51

2.52

2.53

2.54

2.55

2.56

2.57

2.58

2.59

2.60

2.62

2.63

314 ◎ 練習問題の解答

2.64

2.65

2.66

2.67

2.68

2.69

2.70

練習問題の解答　◎　*315*

2.71

2.72

2.73

2.74

3章

3.2

3.3

3.4

3.5

3.7

3.8

3.9

3.10

316 ◎ 練習問題の解答

3.11

3.12

3.14

3.15

3.16

3.19

3.20

3.21 H_2N

3.22

3.23

3.24

3.25

3.26

3.27

3.28 HI
3.29 CH_3SH
3.30 H_2O
3.31

3.32 SH

3.33 F_3C CF_3

3.35 右辺にかたよる.
3.36 左辺にかたよる.
3.37 右辺にかたよる.
3.39

3.40

3.41 CH_3S—H + $H\ddot{O}$:⁻

3.42

3.43

3.44

3.45

4章

4.2 sp^2
4.3 sp
4.4 sp^3
4.5 sp^2
4.6 sp^3
4.7 sp
4.8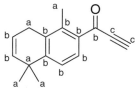
a = 正四面体
b = 平面三角形
c = 直線

4.10 すべて sp^2 で平面三角形

4.11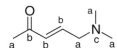
a = 正四面体, sp^3
b = 平面三角形, sp^2

4.12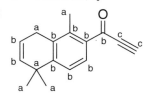
a = 正四面体, sp^3
b = 平面三角形, sp^2
c = 直線, sp

4.13
a = 正四面体, sp^3
b = 平面三角形, sp^2
c = 三角錐, sp^3

4.14
a = 正四面体, sp^3
b = 三角錐, sp^3
c = 折れ線, sp^3

4.15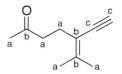
a = 正四面体, sp^3
b = 平面三角形, sp^2
c = 直線, sp

4.16
a = 正四面体, sp^3
b = 平面三角形, sp^2

4.17
a = 正四面体, sp^3
b = 平面三角形, sp^2

4.18 孤立電子対が共鳴に関与しているので，窒素原子は平面三角形である（したがって孤立電子対は p 軌道を占めなければならない）．酸素原子は折れ線構造．

4.19 それぞれの酸素原子は 2 本の結合と 2 対の孤立電子対をもっているので，混成状態に関係なく折れ線構造をとると期待される．

4.20 酸素原子は 2 本の結合と 2 対の孤立電子対をもっているので，混成状態に関係なく折れ線構造をとると期待される．

5章

5.2 -オン (-one)
5.3 -酸アルキル (-oate)
5.4 -アール (-al)
5.5 -アミン (-amine)
5.6 -オール (-ol)
5.7 -オール (-ol)
5.8 -アール (-al)
5.9 -オン (-one)

318 ◎ 練習問題の解答

5.10 -酸(-oic acid)
5.12 -エン-(-en-)
5.13 -イン-(-yn-)
5.14 -ジエン-(-dien-)
5.15 -トリエン-(-trien-)
5.16 -トリエン-(-trien-)
5.17 -エンジイン-(-endiyn-)
5.19 ヘキサ(hex)
5.20 ヘプタ(hept)
5.21 ヘキサ(hex)
5.22 ノナ(non)
5.23 オクタ(oct)
5.24 ヘキサ(hex)
5.25 ヘキサ(hex)
5.26 ヘキサ(hex)
5.27 ペンタ(pent)
5.29 二つのクロロ
5.30 ブロモ，ヨード
5.31 五つのメチル
5.32 六つのフルオロ
5.33 メチル
5.34 クロロ，*tert*-ブチル
5.35 アミノ，ブロモ，クロロ，フルオロ
5.36 ヨード，フルオロ，ブロモ
5.37 イソプロピル
5.38 エチル，ヒドロキシ
5.39 トランス
5.40 トランス
5.41 トランス
5.42 シス
5.43 トランス
5.45
5.46 (structure)
5.47 (structure)
5.48 (structure)

5.49 (structure)
5.50 (structure)
5.51 (structure)
5.52 (structure)
5.53 (structure)

5.55 *trans*-4-エチル-5-メチルオクタ-2-エン
   (*trans*-4-ethyl-5-methyloct-2-ene)
5.56 4-エチルノナン-3-オール(4-ethylnonan-3-ol)
5.57 4,4-ジメチルヘキサ-2-イン
   (4,4-dimethylhex-2-yne)
5.58 4,4-ジメチルシクロヘキサノン
   (4,4-dimethylcyclohexanone)
5.59 2-クロロ-4-フルオロ-3,3-ジメチルヘキサン
   (2-chloro-4-fluoro-3,3-dimethylhexane)
5.60 *cis*-3-メチルヘキサ-2-エン
   (*cis*-3-methylhex-2-ene)
5.61 2-エチルペンタンアミン
   (2-ethylpentanamine)
5.62 2-プロピルペンタン酸
   (2-propylpentanoic acid)
5.63 *trans*-オクタ-2-エン-4-オール
   (*trans*-oct-2-en-4-ol)
5.64 *trans*-5-クロロ-6-フルオロ-5,6-ジメチルオクタ-2-エン(*trans*-5-chloro-6-fluoro-5,6-dimethyloct-2-ene)

6章

6.2
6.3

6.4

6.5

6.6

6.7

6.9

6.10

6.11

6.12

6.13

6.14

6.16

6.17

6.18

6.19

6.20

6.21

6.24

6.25

6.26

6.27

320 ◎ 練習問題の解答

6.28

6.29

6.31

6.32

6.33

6.34

6.35

6.36

6.38

6.39

6.40

6.41

6.42

6.43

6.44

6.45

7章

7.2

7.3

7.4

7.5

7.6

7.7

7.9

7.10

7.11

7.12

7.13

7.14

7.15

7.17

練習問題の解答 ◎ *321*

7.18

7.19

7.21

7.22

7.23

7.24

7.25

7.26

7.27 *S*
7.28 *R*
7.29 *S*
7.30 *S*
7.31 *R*
7.32 *R*
7.33 *R*
7.34 *R*
7.35 *S*
7.37

7.38

7.39

7.40

7.41

7.42

7.44 (*Z*)-2-フルオロペンタ-2-エン
〔(*Z*)-2-fluoropent-2-ene〕
7.45 (1*R*, 3*R*)-3-メチルシクロヘキサン-1-オール
〔(1*R*, 3*R*)-3-methylcyclohexan-1-ol〕
7.46 (*S*)-3-メチルペンタ-1-エン
〔(*S*)-3-methylpent-1-ene〕
7.47 (*E*)-4-エチル-2,3-ジメチルヘプタ-3-エン
〔(*E*)-4-ethyl-2,3-dimethylhept-3-ene〕
7.48 (2*Z*, 4*E*)-ヘプタ-2,4-ジエン
〔(2*Z*, 4*E*)-hepta-2,4-diene〕
7.49 (2*E*, 4*Z*, 6*Z*, 8*E*)-デカ-2,4,6,8-テトラエン
〔(2*E*, 4*Z*, 6*Z*, 8*E*)-deca-2,4,6,8-tetraene〕
7.51

7.52

7.53

7.54

7.55

322 ◎ 練習問題の解答

7.56

7.58

7.59

7.60

7.61

7.62

7.63

7.65 エナンチオマー
7.66 ジアステレオマー
7.67 エナンチオマー
7.68 エナンチオマー
7.69 ジアステレオマー
7.70 ジアステレオマー
7.72 メソ体
7.73 メソ体ではない
7.74 メソ体

7.76

7.77

7.78

7.79

7.80

7.81

8章

8.2

8.3

8.4

8.5

8.6

8.7

8.8

8.9

8.10

8.11

練習問題の解答 ◎ 323

8.12
8.13
8.14

もし共鳴構造を書けば，これらの位置がなぜいずれも求電子的であるか理解できる．

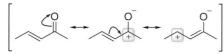

8.15 水酸化物イオンは求核剤として働き，求電子剤を攻撃する．
8.16 水酸化物イオンは塩基として働き，プロトンを引き抜く．
8.17 水酸化物イオンは塩基として働き，プロトンを引き抜く．
8.18 水酸化物イオンは求核剤として働き，求電子剤を攻撃する．
8.19 水酸化物イオンは塩基として働き，プロトンを引き抜く．
8.20 水酸化物イオンは求核剤として働き，求電子剤を攻撃する．
8.22 プロトン移動，プロトン移動．
8.23 求核攻撃と脱離基の離脱（C—O 結合の切断）が協奏的に起こり，プロトン移動が続いて起こる．
8.24 プロトン移動に続き，求核攻撃と脱離基の離脱（C—O 結合の切断）が協奏的に起こる．
8.25 求核攻撃，プロトン移動．
8.26 プロトン移動，求核攻撃，プロトン移動，プロトン移動，脱離基の離脱，プロトン移動．
8.27 プロトン移動，脱離基の離脱，カルボカチオンの転位，求核攻撃．
8.29
8.30 転位しない
8.31

8.32
8.33 転位しない
8.34

9章
9.2 S_N2
9.3 S_N2
9.4 S_N2
9.5 S_N1
9.7 生じない
9.8 生じる
9.9 生じない
9.10 生じる
9.12 S_N2
9.13 S_N1
9.14 S_N1
9.15 S_N2
9.16 S_N2
9.17 S_N2
9.19 メシラートイオン
9.20 ヨウ化物イオン
9.21 トシラートイオン
9.22 塩化物イオン
9.23 臭化物イオン
9.24 臭化物イオン
9.25 3-ヨード-3-メチルペンタン
9.26 HCl を使って OH をプロトン化し，よい脱離基に変える．
9.30 S_N2
9.31 S_N1
9.32 S_N1
9.33 両方とも起こらない
9.34 S_N2
9.35 S_N1

10章
10.1

ザイツェフ　ホフマン
10.2
ザイツェフ　ホフマン

324 ◎ 練習問題の解答

10.3

ザイツェフ　　　　　　ホフマン

10.5

10.6 *i*-Pr

10.7

10.8

10.9

主生成物　　　　　　副生成物

10.10

主生成物　　　　　　副生成物

10.11

主生成物　　　　　　副生成物

10.12 (d)
10.13 (a)
10.14 (c)
10.15 (a)
10.16 (d)
10.17 (a)
10.18 (d)
10.19 (a)

10.21 S_N2 が主生成物，E2 が副生成物を与える．
10.22 E1
10.23 E1 と S_N1
10.24 S_N2
10.25 S_N1
10.27

主生成物　　　　　　副生成物

10.28

主生成物　　　　　　副生成物

10.29

主生成物　　　　副生成物　　　　副生成物

10.30

主生成物　　　　　　副生成物

副生成物　　　　　　副生成物

10.31

主生成物　　　　　　副生成物

副生成物

10.32

主生成物　　　　　　副生成物

10.33

主生成物　　　　主生成物　　　　副生成物

10.34

10.35

主生成物　　　　　　副生成物

10.36

主生成物　　　　　　副生成物

練習問題の解答 ◎ *325*

10.37

主生成物 ＋ 副生成物

10.38

10.39

11 章

11.2

11.3

11.4

11.5

11.7 ＋ そのエナンチオマー

11.8 ＋ そのエナンチオマー

11.9 ＋ そのエナンチオマー

11.10 ＋ そのエナンチオマー

11.12 ＋ そのエナンチオマー

11.13 ＋ そのエナンチオマー

11.14 ＋ そのエナンチオマー

11.15 ＋ そのエナンチオマー

11.17 ＋ そのエナンチオマー

11.18 ＋ そのエナンチオマー

11.19 ＋ そのエナンチオマー

11.20

11.22 ＋ そのエナンチオマー

11.23 （メソ体）

11.24 ＋ そのエナンチオマー

11.25 （メソ体）

11.27 ＋ そのエナンチオマー

11.28 ＋ そのエナンチオマー

11.29

11.30 ＋ そのエナンチオマー

11.31 （メソ体）

11.32

326 ◎ 練習問題の解答

11.34

11.35

11.36

11.37

11.39

11.40

11.41

11.42

11.44

11.45

11.46

練習問題の解答 ◎ *327*

11.47

11.49

11.50 + そのエナンチオマー

11.51

11.52 + そのエナンチオマー

11.54 HBr, ROOR
11.55 HBr, ROOR
11.56 HBr
11.57 HBr, ROOR

11.59

11.60

11.61

11.62

11.64 + そのエナンチオマー

11.65

11.66 + そのエナンチオマー

11.67 + そのエナンチオマー

11.68 + そのエナンチオマー

11.69

11.71 1. $BH_3 \cdot$ THF
2. H_2O_2, NaOH
11.72 HBr
11.73 HBr, ROOR
11.74 H_2, Pt
11.75 HCl
11.76 1. $BH_3 \cdot$ THF
2. H_2O_2, NaOH

328 ◎ 練習問題の解答

11.77 NaOEt

11.78 *t*–BuOK

11.80 1. *t*–BuOK または NaH
2. HCl

11.81 1. NaOEt
2. HBr, ROOR

11.82 1. *t*–BuOK
2. BH₃・THF
3. H₂O₂, NaOH

11.83 1. 濃 H₂SO₄, 加熱
2. BH₃・THF
3. H₂O₂, NaOH

11.84 1. TsCl, ピリジン
2. NaOEt
3. BH₃・THF
4. H₂O₂, NaOH
この例では，合成（水の脱離反応）の最初の二段階のかわりに，濃硫酸を用いた E1 過程による一段階の反応で行うこともできる．

11.85 1. NaOEt
2. HBr

11.87 1. HBr, ROOR
2. *t*–BuOK

11.88 1. HBr
2. NaOEt

11.89 1. HBr
2. NaOEt

11.90 1. HBr, ROOR
2. *t*–BuOK

11.92 1. NBS, *hv*
2. *t*–BuOK

11.93 1. NBS, *hv*
2. NaOEt

11.94 1. NBS, *hv*
2. NaOEt

11.95 1. NBS, *hv*
2. *t*–BuOK

11.96 1. NBS, *hv*
2. *t*–BuOK
3. HBr, ROOR

11.97 1. NBS, *hv*
2. NaOEt
3. HBr, ROOR
4. *t*–BuOK

11.99

＋ そのエナンチオマー

11.100 ＋ そのエナンチオマー

11.101 ＋ そのエナンチオマー

11.102 ＋ そのエナンチオマー

11.103 （メソ体）

11.104 ＋ そのエナンチオマー

11.106 ＋ そのエナンチオマー

11.107 ＋ そのエナンチオマー

11.108

11.109 ＋ そのエナンチオマー

11.111 ＋ そのエナンチオマー

11.112 （メソ体）

11.113

11.114

練習問題の解答 329

11.115 + そのエナンチオマー

11.116 + そのエナンチオマー

11.118

11.119

11.120

11.121

11.122

11.123 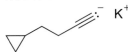 +

12章

12.2 塩基はアルキンを脱プロトン化するのに十分強く，次のアルキニドイオンを与える．

12.3 塩基は十分には強くない．もし十分に強い塩基を使えば，次のアルキニドイオンを与える．

12.4 塩基はアルキンを脱プロトン化するのに十分強く，次のアルキニドイオンを与える．

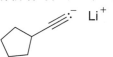

12.5 塩基は十分には強くない．もし十分に強い塩基を使えば，次のアルキニドイオンを与える．

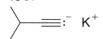

12.6
12.7
12.8
12.9

12.10 ≡ $\xrightarrow[\text{2. }\diagdown\diagdown\text{I}]{\text{1. NaNH}_2}$

12.11 次に示す反応式では，メチル基がまず導入され，その次にエチル基が導入される．かわりに，エチル基をまず導入することもできる．

≡ $\xrightarrow[\substack{\text{1. NaNH}_2\\\text{2. MeI}\\\text{3. NaNH}_2\\\text{4. EtI}}]{}$

12.12 次に示す反応式では，ブチル基がまず導入され，その次にエチル基が導入される．かわりに，エチル基をまず導入することもできる．

≡ $\xrightarrow[\substack{\text{1. NaNH}_2\\\text{2. }\diagdown\diagdown\diagdown\text{I}\\\text{3. NaNH}_2\\\text{4. EtI}}]{}$

12.13 ≡ $\xrightarrow[\substack{\text{1. NaNH}_2\\\text{2. MeI}\\\text{3. NaNH}_2\\\text{4. MeI}}]{}$

12.14 $\xrightarrow{\text{H}_2 / \text{Pt}}$

12.15 $\xrightarrow[\text{リンドラー触媒}]{\text{H}_2}$

12.16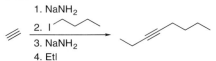

330 ◎ 練習問題の解答

12.17

H₂
リンドラー触媒

12.18

Na, NH₃

12.19

Cl Cl

1. 過剰のNaNH₂
2. H₂O

1. NaNH₂
2. MeI

H₂
リンドラー触媒

12.20 (a)

H₂
Pt

(b)

1. NaNH₂
2. CH₃I

(c)

1. NaNH₂
2. CH₃CH₂I

(d)

1. NaNH₂
2. CH₃CH₃CH₂I

H₂
リンドラー触媒

(e)

1. NaNH₂
2. CH₃CH₃CH₂I

Na
NH₃

12.21

H₂SO₄, H₂O
HgSO₄

12.22

H₂SO₄, H₂O
HgSO₄

12.23

H₂SO₄, H₂O
HgSO₄

12.24

1. R₂BH
2. H₂O₂, NaOH

12.25

1. R₂BH
2. H₂O₂, NaOH

12.26

1. R₂BH
2. H₂O₂, NaOH

12.27

1. R₂BH
2. H₂O₂, NaOH

12.28

H₂SO₄, H₂O
HgSO₄

12.29

H₂SO₄, H₂O
HgSO₄

12.30

Br

Br

1. 過剰のNaNH₂
2. H₂O
3. R₂BH
4. H₂O₂, NaOH

1. 過剰のNaNH₂
2. H₂O

1. R₂BH
2. H₂O₂, NaOH

12.32 (a)

OH

H₃O⁺

H

H—O⁺

H

H—O.

H

OH

H

+O—H

H

(b)

O—H

H

NaOH

H

:ÖH

:Ö⁻

H

.Ö.

H

練習問題の解答 ◎ *331*

12.33 (a)

12.37

$$\xrightarrow[\text{2. H}_2\text{O}]{\text{1. O}_3}$$

12.38

$$\text{H}\!\!-\!\!\!\equiv\!\!\!-\!\!\text{H} \xrightarrow[\text{2. H}_2\text{O}]{\text{1. O}_3} 2\ \text{O=C=O}$$

13 章

13.2 第三級
13.3 第一級
13.4 第一級
13.5 第二級
13.7 高い
13.8 低い
13.9 高い
13.10 低い

13.12

13.13

13.14

13.15

13.16

13.17

(b)

12.34 (a)

(b)

12.35

$$\xrightarrow[\text{2. H}_2\text{O}]{\text{1. O}_3}$$

12.36

$$\text{H}\!\!-\!\!\!\equiv \xrightarrow[\text{2. H}_2\text{O}]{\text{1. O}_3} \text{O=C=O} +$$

13.19

$$\xrightarrow{\text{H}_3\text{O}^+}$$

13.20

$$\xrightarrow[\text{2. H}_2\text{O}_2,\ \text{NaOH}]{\text{1. BH}_3\cdot\text{THF}}$$

13.21

$$\xrightarrow[\substack{\text{2. BH}_3\cdot\text{THF}\\ \text{3. H}_2\text{O}_2,\ \text{NaOH}}]{\text{1. }t\text{-BuOK}}$$

13.22

$$\xrightarrow[\text{2. H}_2\text{O}_2,\ \text{NaOH}]{\text{1. BH}_3\cdot\text{THF}} \quad +\ \substack{\text{その}\\\text{エナンチオマー}}$$

13.24 +1
13.25 +3
13.26 +1
13.27 +1

332 ◎ 練習問題の解答

13.28 0

13.29 + 1

13.31

13.32

13.33

13.34

13.35

13.36

13.38 1. CH₃MgBr 2. H₂O

13.39 1. CH₃MgBr 2. H₂O

13.40 MgBr 1. H-CHO 2. H₂O

13.41 MgBr 1. H-CHO 2. H₂O

13.42 1. CH₃MgBr 2. H₂O

1. BuMgBr 2. H₂O

13.43 1. CH₃MgBr 2. H₂O

1. BuMgBr 2. H₂O

13.44 1. CH₃MgBr 2. H₂O

13.45 1. EtMgBr 2. H₂O

13.46 1. ⬡—MgBr 2. H₂O

13.47 1. EtMgBr 2. H₂O

13.48 1. EtMgBr 2. H₂O

濃H₂SO₄ 加熱

1. TsCl, ピリジン 2. NaOEt

13.49

1. CH₃MgBr → 1. CH_3MgBr
2. H₂O → 2. H_2O

濃H₂SO₄ 加熱

1. TsCl, ピリジン
2. NaOEt

13.51

1. LiAlH₄
2. H₂O

1. PrMgBr
2. H₂O

13.52

1. LAH
2. H₂O

1. BH₃・THF
2. H₂O₂, NaOH

13.53

1. CH₃MgBr
2. H₂O

H₃O⁺

13.54

1. CH₃MgBr
2. H₂O

H₃O⁺

13.55

1. LiAlH₄
2. H₂O

1. BH₃・THF
2. H₂O₂, NaOH

13.56

1. CH₃MgBr
2. H₂O

H₃O⁺

13.58

OH → Br

HBr

13.59

OH → Cl

HCl
ZnCl₂

13.60

OH

濃H₂SO₄ 加熱

1. TsCl, ピリジン
2. NaOEt

13.61

OH

1. TsCl, ピリジン
2. t-BuOK

13.63

OH

Na₂Cr₂O₇
H₂SO₄

13.64

OH

PCC

13.65

OH

Na₂Cr₂O₇
H₂SO₄

13.66

1. LiAlH₄
2. H₂O

334 ◎ 練習問題の解答

13.67

1. LiAlH₄
2. H₂O

13.68

Na₂Cr₂O₇
H₂SO₄

13.70

1. Na

2.

13.71

1. Na

2. Br

14章

14.1 エチルイソプロピルエーテル(ethyl isopropyl ether)

14.2 シクロブチルプロピルエーテル(cyclobutyl propyl ether)

14.3 ジイソプロピルエーテル(diisopropyl ether)

14.4 18-クラウン-6(18-crown-6)

14.5 2-エトキシプロパン(2-ethoxypropane)

14.6 メトキシシクロヘキサン (methoxycyclohexane)

14.7 エトキシエタン(ethoxyethane)

14.9

1. NaまたはNaH
2. I

14.10

1. NaまたはNaH
2. I

14.11

1. NaまたはNaH
2.

14.12 次に示す第一級(ベンジル)アルコールから出発できる.

1. NaまたはNaH
2. I

あるいは,次に示す第一級アルコールから出発できる.

1. NaまたはNaH
2.

14.13

NaH

14.14

過剰のHBr
加熱

Br + Br + H₂O

14.15

過剰のHBr
加熱

OH + Br

14.16

過剰のHBr
加熱

Br Br + H₂O

14.17

過剰のHBr
加熱

HO OH + 2 Br

14.18

MCPBA

(立体中心なし)

14.19

MCPBA

+ そのエナンチオマー

練習問題の解答 ◎ 335

14.20

cyclohexene + MCPBA → epoxide (≡ epoxide)

14.21

methylcyclohexene + MCPBA → epoxide + そのエナンチオマー

14.22

MCPBA → + そのエナンチオマー

14.23

+ MCPBA → + そのエナンチオマー

14.24

+ MCPBA →

14.25

methylenecyclohexane + MCPBA →

14.27

epoxide $\xrightarrow{\text{1. NaSH}}$ $\xrightarrow{\text{2. H}_2\text{O}}$ HO...SH

14.28

spiro epoxide $\xrightarrow{\text{HBr}}$ Br...OH

14.29

epoxide $\xrightarrow{\text{1. NaCN}}$ $\xrightarrow{\text{2. H}_2\text{O}}$ HO...CN

14.30

epoxide $\xrightarrow[\text{EtOH}]{\text{H}_2\text{SO}_4\ 触媒}$ HO...OEt

14.31

epoxide $\xrightarrow{\text{1. CH}_3\text{CH}_2\text{MgBr}}$ $\xrightarrow{\text{2. H}_2\text{O}}$ OH

14.32

spiro epoxide $\xrightarrow{\text{1. NaOMe}}$ $\xrightarrow{\text{2. H}_2\text{O}}$ HO...MeO

索　引

アルファベット

α 炭素　262
β 水素　176, 179
π 結合　29-31
　C^+ のとなり　37-38
　p 軌道への攻撃　220
　位置の変更　227-228
　環を一周する──　39-40
　となりの孤立電子対　33-36
　2 原子間の　38-39
π 結合のとなりの孤立電子対　33-36
ARIO, 酸-塩基反応の　57-58,
　266, 267
C—C 結合形成反応　278
DME（ジメトキシエタン）　173
DMF（ジメチルホルムアミド）　173
DMS（ジメチルスルフィド）
　240-241
DMSO（ジメチルスルホキシド）　173
DNA　263
E1 反応　182-183
　アルコール　280
　位置選択性　183
　機構　182-183
　置換反応　184, 188, 190
　立体選択性　183
E2 反応　176-181
　アルコール　280
　位置選択性　177-178
　機構　176-177
　置換反応　184, 188, 190
　立体選択性　179-181
E 立体異性体　129-130
HBr（臭化水素）　211-215, 225-226
IUPAC 命名法　命名法を参照
LG　脱離基を参照
LiAlH₄（水素化リチウムアルミニウ
　ム）　272-274, 297
MCPBA（m-クロロ過安息香酸）
　235-237, 294-295

PCC（クロロクロム酸ピリジニウム）
　284
pK_a　266
p 軌道　66-67, 219
R（立体中心）　73, 83, 88, 127, 143
　光学活性　143-144
　フィッシャー投影式　141
　複数の立体中心　141
　命名法　127
　立体配置の決定　135
S（立体中心）　73, 83, 88, 116-117
　光学活性　143-144
　フィッシャー投影式　141
　複数の立体中心　141
　命名法　119-120
　立体配置の決定　143-144
S$_N$1 置換反応　163-165
　アルコール　280-281
　脱離反応　184, 188, 190
　ファクターとしての求核剤
　　168-169
　ファクターとしての求電子剤
　　166-168
　ファクターとしての脱離基
　　170-172
　ファクターとしての溶媒　172-174
　分析　174-175
S$_N$2 置換反応　163-165
　アルコキシドイオン　285
　アルコール　281
　ウィリアムソンのエーテル合成
　　290-292
　脱離反応　184, 188, 190
　ファクターとしての基質　166-167
　ファクターとしての求核剤
　　168-169
　ファクターとしての溶媒　172-174
　分析　174-175
s 軌道　66-67
sp 軌道　55-56, 66-67

sp^2 軌道　55-56, 66-67
sp^3 軌道　56, 66-68, 71-72
$tert$-ブチル基　81, 112, 113
$tert$-ブトキシド　186
THF（テトラヒドロフラン）
　219-220, 288
Z 立体異性体　129-130, 135

あ行

アキシアルの置換基　101-102,
　107-109, 112-113
アセチレン　90
アセトアルデヒド　90
アセトン　173
-アミノ-　82
アミン　75, 265
-アミン（接尾語）　75
アリル位　167-168
アリルカルボカチオン　156
-アール（接尾語）　74
アルカン　271
アルキル移動　221
アルキル化, アルキンの　246-248
アルキル基　57, 166-167, 212-213
アルキル基の置換基　80-81
アルキン
　アルキル化　246-248
　オゾン分解　261
　還元　248-251
　合成　244-246
　構造と性質　242-244
　互変異性　255-261
　水和　251-255
アルケン
　環状　197-200
　求核剤　230
　切断　239-241
　対称　193
　非環状　197
アルコキシドイオン　186, 285

索 引 ◎ *337*

アルコール　187，262-286
　E1 反応　182
　合成　267-279
　相対的酸性度　265-267
　反応　280-286
　命名と分類法　262-263
　溶解度　263-265
アルコールの合成　267-279
　還元反応　269-275
　グリニャール反応　275-278
　置換反応と付加反応　268
　まとめ　278-279
アルデヒド　74，271-275，284
アルミニウム　271-274
アンチ付加　161，196，230-231
アンチペリプラナー　179
アンチマルコウニコフ付加
　アンチ付加　196
　臭素水素　211-215
　定義　194
　水　218-223
アンモニア　57，68，69-70
硫黄　169，185
イオン機構の中間体　213
イオン結合　269
いす形立体配座　92，99-102，
　106-110，112-115，116，133
　安定性の比較　112-115
　エナンチオマー　133
　書き方　99-102
　環の反転　106-110
　基の配置　103-106
　命名法　115
イソプロピル基　81
位置選択性
　逆合成　307
　脱離反応　177-178，183，190
　置換反応　190
　付加反応　193-195，231-234
一段階合成　223-224，302-303
一置換アルケン　177
一分子脱離反応　182
-イン-　76
ウィリアムソンのエーテル合成
　285-286，290-292
エクアトリアルの置換基　101-102，
　107-109，112-113
エステル　74
エタナール　90
枝分れ置換基　81
エタン酸　90
-エチル-　80，88
エチルエーテル　90

エチル基　81
エチルメチルエーテル　287
エチレン　90
エチン　90
エーテル　90，285-286
　合成　290-292
　反応　292-293
エテン　90
2-エトキシヘキサン　288
エナンチオマー
　いす形立体配座　133
　書き方　131-135
　ジアステレオマー　135-136
　臭素の付加　230
　定義　117
エポキシド　235，236
　開環反応　295-300
　合成　293-295
塩化亜鉛　281
塩化アルキル　281
塩化チオニル　281-282
塩化物イオン　171，281
塩基　酸-塩基反応も参照
　アルコールの脱プロトン化　285
　共役──　46，170，265
　試薬　186
　脱離反応　178，182
塩基性　185-187
尾　19-22，23-25
-オ（接尾語）　82
-オクチル-　80
オクテット則　21-22，30-33
オゾン　239-241
オゾン分解
　アルキン　261
　酸化的分解，アルケンの　239-241
-オール（接尾語）　75-76
折れ線構造　70
-オン（接尾語）　74

か行

開環反応　295-300
＋回転　143-144
－回転　143-144
過酢酸　294
重なり形立体配座　95-99
過酸化水素　220
過酸化物　213，225-227
価電子　9
カルボカチオン
　E1 反応　182
　S_N1 反応　164，166-167
　付加反応　205-207，209-211

カルボカチオン的性質　232
カルボカチオンの転位
　アリルカルボカチオン　157
　安定性　156
　エネルギー図　155
　段階　155-156
　超共役　156
　メチル移動とヒドリド移動
　　157-159
カルボン酸　74-75，79
　合成　271，283
　酸性　50-51
　ペルオキシ酸　235
　還元　269
　還元剤　271
還元反応
　アルキン　248-251
　アルコールの合成　269-275
　環状アルケン　197-200
官能基　74-76，78-79，81-82
　主鎖　74-75
　置換基　80-83
　──なしの合成　228-229
環の反転　106-112
慣用名　90，287
ギ酸　90
基質　求電子剤を参照
軌道
　混成──　55-56，66-72
　酸-塩基反応　55-56
　三次元構造　68-71
　第 2 周期の元素　21-22
　炭素原子　6，12
　電子数　19
逆合成解析　306-307
求核剤
　π 結合　146
　アルケン　230
　孤立電子対　145-146
　試薬　186
　置換反応　163-165，168-169
　窒素原子　146
　強さ　168-169
　定義　163
　溶媒シェル　173
求核剤の攻撃　206
求核性　185-187
求電子剤（基質）
　脱離反応　177，179，182，187
　炭素原子　147
　置換反応　166-168
　低い電子密度　147
　付加反応　230

338 ◎ 索 引

強塩基 186-187
協奏反応 238
共鳴 17-18, 49-53, 266
共鳴構造 17-45
　π結合 29-31
　π結合のとなりの孤立電子対 33-37
　C⁺のとなりのπ結合 37-38
　C⁺のとなりの孤立電子対 36-37
　書いた図の再チェック 28
　書き方 29-40
　括弧 18
　環を一周するπ結合 39-40
　相対的重要性の評価 41-45
　2原子間のπ結合(1原子は電気陰性) 38-39
　パターン認識 33-40
　反応 18
　曲がった矢印 18-20
　まっすぐな矢印 18
　矢印の押しだしの二つの掟 20-25
　矢印の書き方 23-25
　用語としての共鳴 17-18
共役塩基 46, 170, 265
共役二重結合 39
共有結合 269
極性溶媒 172-174
キラル中心　立体中心を参照
金属触媒 202-205
くさび
　ニューマン投影式 93-95, 103, 105
　立体中心 118, 131-135
クラウンエーテル 288-289
グリニャール反応 275-278
クロム酸 283
-クロロ- 88
m-クロロ過安息香酸(MCPBA) 235-237, 294-295
クロロクロム酸ピリジニウム(PCC) 284
形式電荷
　共鳴構造 25-29
　決定 8-12
　孤立電子対を見つける 12-16
　電気陰性度 269
結合 269-270, π結合も参照
　均一開裂 212
　形成 19-20
　混成状態の決定 65-68
　三次元構造 68-71
　単——の切断 21, 62-63

電子の共有 9
結合の均一開裂 212
-ケト- 82
ケト-エノール互変異性, アルキンの 255-261
ケトン 74-75, 271-275, 283
原子
　混成状態 65-68
　三次元構造　三次元構造を参照
　周期表と大きさ 48
　電荷の安定性 47-49
　電気陰性—— 38-39
　優先順位, 立体中心に結合する ——の 119-122
原子価殻 9, 21
原子価殻電子対反発理論(VSEPR) 69
原子軌道 19
元素, 第2周期 6, 21-22, 周期表も参照
合成 301-307
　π結合の位置の変更 227-228
　アルキン 244-246
　一段階 223-224, 302-303
　ウィリアムソンのエーテル—— 285-286
　エーテル 290-292
　エポキシド 293-295
　官能基なしの 228-229
　逆合成分析 306-307
　自分で問題をつくる 307
　生成物の予測の反対 301
　多段階 305-306
　脱離基の位置の変更 224-227
　付加反応 223-229
　理解の重要性 301-302
ゴーシュ相互作用 97
孤立電子対 10-16
　π結合のとなり(共鳴構造) 33-37
　C⁺のとなり(共鳴構造) 37-38
　書かれていない—— 12-16
　軌道の三次元構造 65-68
　形式電荷 10-15
　混成状態の決定 71-72
　酸素原子 10, 12-16
　炭素原子 11-12
　窒素原子 12, 14-16
　電子 10, 18-20
混成軌道 55-56, 66-72
混成状態の三次元構造 65-68
混和性 264

さ行

ザイツェフ生成物 178, 183, 225, 228
酢酸 90
酸 46
-酸 74
-酸アルキル(接尾語) 74
酸-塩基反応 46-64
　軌道 55-56
　共鳴 49-53
　共役塩基 46
　重要性 46
　反応機構の表示 62-64
　ファクターの相対的重要性 56-59
　プロトン 46
　平衡の位置の予測 61-62
　誘起 53-55
三角ビラミッド構造 70, 72
酸化剤 271, 283-284
酸化状態 269-271
酸化反応
　アルコール 271, 283-284
　トリアルキルボラン 220
三次元構造 68-71
　軌道 65-68
　結合 66-68
　孤立電子対 71-72
　混成状態 65-68
　重要性 65
三重結合 68
　sp軌道 56, 68
　主鎖 78-80
　線構造式 2
　番号づけ 85-90
　命名法 76-77
酸触媒反応 216-218, 235
酸性
　共役塩基 46
　相対的—— 265-267
　定量的測定 60-61
酸素原子
　安定性 47
　塩基性と求核性 185
　価電子 10
　形式電荷 14
　孤立電子対 10, 12
三置換アルケン 177
-ジ- 76, 82, 88
ジアステレオマー 135-136
-ジイン- 76
ジエチルエーテル 90, 287, 288
-ジエン- 76

索 引 ◎ *339*

ジグザク形式　1-2，5，7
-シクロ-　78
-シクロヘキサ-　78
シクロヘキサノール　266
シクロヘキサン　99，107，111，
　112，133，137
-シクロペンタ-　78
四酸化オスミウム　238
シス結合　83-85，88
シス構造　105-106，128-129，137
ジボラン　219
ジメチルエーテル　90
ジメチルスルフィド（DMS）
　240-241
ジメチルスルホキシド（DMSO）
　173
ジメチルホルムアミド（DMF）　173
ジメトキシエタン（DME）　173
試薬
　アンチマルコウニコフ水和
　　220-223
　オゾン分解　239-240
　合成の問題　301
　脱離基の位置の変更　224-227
　置換反応と脱離反応　185-187
　平衡の調節　217
　マルコウニコフ水和　215-218
弱塩基　186-187
臭化水素（HBr）　211-215，225-226
臭化物イオン　171，281
周期表
　塩基性　185
　求核性　185
　原子の大きさ　48
　電気陰性度　47-49
重水素　204
臭素　230-235
臭素化，ラジカル的　228-229
主鎖　74，77-80，85-87
触媒
　塩化亜鉛　281
　酸　216-218，235
　水素化反応　202-204
親水性領域，アルコールの　264
シン付加　161
　アンチマルコウニコフ水和反応
　　219，220
　水素化反応　203-204
　定義　195-196
水酸化物イオン　295-296
　脱離反応　183-184，186
　置換反応　169，171
　付加反応　195-202，218-223，

　226，235-239
水素化ナトリウム　273
水素化ホウ素ナトリウム　272-274
水素化リチウムアルミニウム
　（LiAlH$_4$）　272-274，297
水素結合　263-264
水素原子　21-22
　臭化水素の付加　211-212
　線構造式　3-5，6
水素付加反応　215-223
水和反応
　アルキン　251-255
　マルコウニコフ付加　215-218
スルホン酸イオン　171
正四面体構造　69-70
生成物
　合成と予測　301
　置換反応と脱離反応　189-192
正電荷
　部分――　53-54
正の形式電荷　11，15
切断，アルケンの　239-241
線構造式　1-16
　書かれていない孤立電子対を見つ
　　ける　12-16
　書き方　5-8
　避けるべき誤り　6-7
　反応の表示　4-5
　読み方　1-5
双極子モーメント　230
相対的酸性度，アルコールの
　265-267
疎水性領域，アルコールの　264

た行

第一級アルコール　262，278-279，
　280，283，284
第一級基質　166-167，177
第三級アルコール　262，278-279
第三級カルボカチオン　207，211
第三級基質　166-167，177
第三級ハロゲン化アルキル
　183-184
第三級ラジカル　212
対称性，メソ化合物の　136-139
対称なアルケン　193
　アンチマルコウニコフ水和反応
　　219，220
　シンヒドロキシ化　237-239
　水素化反応　202-205
　定義　196
第二級アルコール　262，278-279，
　283

第二級カルボカチオン　207，
　210-211
第二級基質　166
第二級ラジカル　212
第2周期の元素　6，21-22
脱プロトン化　46
　β位　179
　アルコール　285
　過酸化水素　220
　カルボカチオン　216
　水　233，236
脱離基（LG）　163-165
　位置の変更　224-227
　水酸化物イオン　226
　脱離反応　176
　置換反応のファクター　170-172
　分類　170-171
　ベンジル位とアリル位　167-168
脱離反応　176-192，E1反応，E2
　反応も参照
　アルコール　280-283
　位置選択性　177-178，183，190
　塩基　178
　求電子剤（基質）　177，179，182，
　　187
　ザイツェフ生成物　177-178，183
　試薬の働き　185-187
　生成物の予測　189-192
　線構造式　7
　脱離基　176
　置換反応　176，182，183-184
　反応機構の分析　187-189
　付加反応　225-228
　ホフマン生成物　177-178
　立体選択性　179-181，183，190
単結合
　sp^{3}軌道　55-56，66-68
　切断　21，62-63
炭素原子
　α炭素　262
　価電子　9
　軌道　6，11
　共鳴構造　44
　形式電荷　11-12
　孤立電子対　11-12
　混成軌道　55-56，67
　線構造式　1-2
　中性の　3
炭素骨格　1，5
置換基　73-74，80-83，86-90
　アキシアル　101-102，107-109
　エクアトリアル　101-102，
　　107-109

枝分れ 81
番号づけ 86-90
置換反応 163-175
　S_N1 反応と S_N2 反応　163-165
　アルコキシドイオン 285
　アルコール 268, 280-281
　一段階合成 223-224
　求核剤 163-165, 168-169
　求電子剤 166-168
　試薬の働き 185-187
　重要な教訓 175
　生成物の予測 189-192
　線構造式 7-8
　脱離基 163-165, 170-172
　脱離反応 176, 182, 183-184
　反応機構の決定 187-189
　反応機構の分析 174-175
　溶媒 172-174
窒素原子
　価電子 10
　求核性と塩基性 185
　形式電荷 14-15
　孤立電子対 10, 12, 14-16
中間体
　S_N1 反応 164
　イオン機構とラジカル機構 213
中性の炭素原子 3
超共役 156
直線構造 69
強い求核剤 168-169, 186-187
釣り針矢印 212
−デシル− 80
−テトラ− 76, 82
テトラヒドロフラン（THF）
　219-220, 288
電荷
　求核剤の強さ 168-169
　共役塩基 46
　形式── 形式電荷を参照
　酸-塩基反応 47-49
　非局在化 50-51
　部分正電荷, 部分負電荷 53-54
　平衡の位置 61-62
　保存 28
電荷の保存 28
電気陰性度
　π結合 39
　共鳴構造 43
　部分電荷 53-54
電子　軌道も参照
　価── 9
　孤立電子対 10, 19-20
　電子密度の雲 17

の共有としての結合 9
曲がった矢印 18-20
電子的考察 167, 175
電子密度 17-18
トシラート 171, 226
トランス異性体 160, 179, 183
トランス結合 83-85, 88
トランス立体配座 105-106, 115
−トリ− 76, 82
トリアルキルボラン 220
−トリイン− 76
−トリエン− 76
トリフラートイオン 171

な行

ナトリウム 285
ナトリウムアミド 285
名前　命名法を参照
二環性の系 134
二環性の系, エナンチオマーの
　134
二酸化炭素 271
二次反応 164
二臭化物 306-307
二重結合 29, π結合も参照
　sp^2 軌道 56, 68
　ZとE 129-130
　書き方 5
　共役── 38, 39
　主鎖 78-80
　線構造式 2, 5
　多段階合成 305-306
　番号づけ 85-90
　命名法 83-85
　立体異性 83-85
　立体中心 128
　立体中心の立体配置 119-127
二置換アルケン 177
ニトロ基 37
二分子脱離反応 177, E2 反応も参
　照
ニューマン投影式 93-99
　E2 反応 180-181
　安定性の順位づけ 96-99
　書き方 93-96
　くさびと破線 93-95, 103, 105
ねじれ形立体配座 95-99
濃度 264
−ノニル− 80

は行

破線
　ニューマン投影式 93-95, 103,

105
　立体中心 118, 135
ハロゲン 75, 82
ハロゲン化アルキル 182-184
ハロゲン化水素 205-215, 265
ハロゲン化水素化反応 216
ハロゲン化物イオン 171, 186,
　205-215, 265-266
ハロヒドリン 233
番号づけ, 分子名の 85-90
反転中心 137-138
反転, 立体配置の 164
反応機構 145-162, 163-165
　アンチ付加 161
　塩基性と求核性 148-149
　カルボカチオンの転位
　　アリルカルボカチオン 157
　　安定性 156
　　エネルギー図 155-156
　　段階 155-156
　　超共役 156
　　メチル移動とヒドリド移動
　　　157-159
　求核剤
　　π結合 146
　　孤立電子対 145-146
　　窒素原子 146
　求電子剤
　　炭素原子 147
　　低い電子密度 147
　酸-塩基反応 63
　シン付加 161
　脱離反応 176-178, 181-182,
　　187-189
　置換反応 163-165, 174-175,
　　187-189
　トランス異性体 160
　二重結合 161
　ヒドロホウ素化 161
　矢印の押しだしパターン
　　S_N1 反応と S_N2 反応　152-153
　　カルボカチオンの転位 151-152
　　求核攻撃 150
　　協奏反応 152-153
　　脱離基の離脱 151
　　転位 151
　　プロトン移動 150-154
　立体化学と位置選択性の実験事実
　　159-162
非局在化された電荷 50-51
非極性溶媒 172
ヒドリドイオン 186
ヒドリドイオンの移動 210, 220

索引 ◎ *341*

-ヒドロキシ- 81
ヒドロキシ化 237-239
ヒドロペルオキシドアニオン 220
ヒドロホウ素化 161, 220
ヒドロホウ素化-酸化 221
ビニル位 195
非プロトン性極性溶媒 172-174
フィッシャー投影式 139-143
フェノール 266
付加反応 193-241
  アルケンの切断 239-241
  アルコール 268
  位置選択性 193-195
  合成の方法 223-229
  臭素 193-202, 230-235
  線構造式 7
  脱離反応 225-228
  ハロゲン化水素 205-215
  ヒドロキシ基 195-202, 235-239
  まとめ 241
  水 215-223
  立体化学 195-202
1-ブタノール 264
-ブチル- 80
ブチル基 81
フッ化物イオン 47-48
フッ素 47-48
負電荷
  安定性, 共役塩基の 46-47
  部分── 53-54
  平衡の位置 61-62
負の形式電荷 11-12, 13, 14-15
不飽和 76-77, 87
-フルオロ- 82
プロトン
  β── 176, 179
  pK_a 60-61
  酸-塩基反応 46
プロトン移動 205-206, 218
プロトン性溶媒 172
-プロピル- 80
プロピル基 81
-ブロモ- 82
ブロモニウムイオン 230-235
分極 169
平衡
  位置の予測 61-62
  試薬による調節 217
平衡を示す矢印 216-217
平面三角形構造 69, 84
-ヘキシル- 80
-ヘプチル- 80
ペルオキシ酸 235

偏光 143-144
ベンジル位 167-168
-ペンタ- 76, 82
-ペンタクロロ- 82
-ペンチル- 80
ホウ素 219-221, 271-272
ホフマン生成物 177-178, 225, 228
ボラン 219
ホルムアルデヒド 90

ま行

曲がった矢印 18-20
  頭 19-22
  尾 19-22
  オクテット則 21-22
  押しだしの掟 20-25
  書き方 23-25
  酸-塩基反応 62-63
  複数 26
  負電荷 27
マグネシウム, グリニャール試薬の 275-276
まっすぐな矢印, 共鳴構造の 18
末端アルキンのアルキル化 246-248
マルコウニコフ, ウラジミール 208
マルコウニコフ付加
  定義 194
  ハロゲン化水素 205-211
  水 215-218
水
  エポキシドの開環 236
  カルボカチオンの脱プロトン化 216, 218
  求核剤 169
  三次元構造 70
  脱離反応 187
  付加反応 215-223, 231-233
命名法 73-91
  アルコール 262-263
  官能基 74-76
  慣用名 90
  構造 91
  シスとトランス 128-129, 135
  主鎖 77-80
  置換基 80-83
  パーツ 73-74
  番号づけ 85-90
  不飽和 76-77
  立体異性 83-85
  立体中心 128-131
メシラートイオン 171

メソ化合物 136-139, 143, 200-202, 204
メタナール 90
メタン酸 90
-メチル- 80
メチル移動 210
メチル基 80
モルオゾニド 240
問題, 自分でつくる 307

や行

矢印
  釣り針── 212
  平衡 216-217
  曲がった── 曲がった矢印を参照
  まっすぐな──, 共鳴構造の 18
矢印の押しだしパターン
  S_N1 反応と S_N2 反応 152-153
  カルボカチオン転位 151-152
  求核攻撃 150
  協奏反応 152-153
  脱離基の離脱 151
  転位 151
  プロトン移動 150-154
誘起 53-55, 266
よい脱離基 170
溶解度, アルコールの 263-265
ヨウ化物イオン 170-171, 186
ヨウ素 169
溶媒 172-174, 288
溶媒シェル 173
よくない脱離基 171
-ヨード- 82
弱い求核剤 168-169, 186-187
四置換アルケン 177

ら行

ラジカル中間体 213
ラジカル的臭素化 228-229
ラセミ混合物 118, 143, 164
立体異性 73-74, 83-85, 88
立体異性体 117
  二重結合の命名 127-131
立体化学
  逆合成分析 307
  脱離反応 179-181, 190
  置換反応 164, 190
  付加反応 195-202, 217, 234, 238-239
立体障害 178, 225
立体選択性 179-181
立体中心 89, *R*(立体中心), *S*(立

342 ◎ 索 引

体中心）も参照
エナンチオマー　131-135
光学活性　143-144
ジアステレオマー　135-136
重要性　116-117
定義　116
番号づけ　119-120，123，127
フィッシャー投影式での書き方
　139-143
見つけること　117-119
命名法　83-84，88，127-131
メソ化合物　136-139
立体配置の決定　119-127

立体配置を決める技　125
立体的考察　167，175
立体特異性　179-181
立体配座　92-115
　アンチ　97
　いす形　92，99-115，133
　重なり形　95-99
　定義　92
　ニューマン投影式　93-99
　ねじれ形　95-99
　立体配置　116
立体配置　116-144
　RとS　116-117

エナンチオマー　131-135
光学活性　143-144
ジアステレオマー　135-136
定義　116
反転　164
フィッシャー投影式　139-143
命名法　127-131
メソ化合物　136-139
立体中心　117-119
立体配座　116
硫酸　186
リンドラー触媒　248
ルシャトリエの原理　217

【訳者紹介】

竹内 敬人（たけうち よしと）

1934 年，東京都に生まれる．1960 年，東京大学教養学部教養学科卒業．東京大学名誉教授，神奈川大学名誉教授．専門は有機合成化学，物理有機化学．理学博士．

山口 和夫（やまぐち かずお）

1951 年，東京都に生まれる．1976 年，東京工業大学大学院理学研究科修士課程化学専攻修了．現在，神奈川大学名誉教授．専門は生物有機化学，高分子化学．理学博士．

困ったときの有機化学 第2版（上）

2009 年 6 月 15 日　第 1 版第 1 刷　発行	訳　　　者　竹内敬人
2018 年 11 月 30 日　第 2 版第 1 刷　発行	山口和夫
2024 年 9 月 10 日　　　第 10 刷　発行	発　行　者　曽根良介
	発　行　所　(株)化学同人

検印廃止

JCOPY 〈出版者著作権管理機構委託出版物〉
本書の無断複写は著作権法上での例外を除き禁じられています．複写される場合は，そのつど事前に，出版者著作権管理機構（電話 03-5244-5088, FAX 03-5244-5089, e-mail: info@jcopy.or.jp）の許諾を得てください．

本書のコピー，スキャン，デジタル化などの無断複製は著作権法上での例外を除き禁じられています．本書を代行業者などの第三者に依頼してスキャンやデジタル化することは，たとえ個人や家庭内の利用でも著作権法違反です．

乱丁・落丁本は送料小社負担にてお取りかえいたします．

〒600-8074　京都市下京区仏光寺通柳馬場西入ル
編 集 部　TEL 075-352-3711　FAX 075-352-0371
企画販売部　TEL 075-352-3373　FAX 075-351-8301
振替　01010-7-5702
e-mail　webmaster@kagakudojin.co.jp
URL　https://www.kagakudojin.co.jp

印刷・製本　(株)太洋社

Printed in Japan © Y. Takeuchi, K. Yamaguchi 2018　無断転載・複製を禁ず　　ISBN978-4-7598-1945-8